换流站工程建设标准化管理

国家电网公司直流建设分公司 编

中国电力出版社
CHINA ELECTRIC POWER PRESS

内 容 提 要

为全面总结十年来特高压直流输电工程建设管理的实践经验，国家电网公司直流建设分公司编纂完成《特高压直流工程建设管理实践与创新》丛书。本丛书分标准化管理、标准化作业指导书、典型经验和典型案例四个系列，共12个分册。

本书为《换流站工程建设标准化管理》分册，包含管理模式及职责、管理流程、工期管理、安全质量管理、科技创新、物资管控、技术支撑、制度汇编8章以及附录等内容。

本丛书可用于指导后续特高压直流工程建设管理，并为其他等级直流工程建设管理提供经验借鉴。

图书在版编目（CIP）数据

特高压直流工程建设管理实践与创新. 换流站工程建设标准化管理 / 国家电网公司直流建设分公司编. —北京：中国电力出版社，2017.12
ISBN 978-7-5198-1552-3

Ⅰ. ①特… Ⅱ. ①国… Ⅲ. ①特高压输电–直流换流站–工程施工–标准化管理–中国 Ⅳ. ①TM726.1

中国版本图书馆CIP数据核字（2017）第310435号

出版发行：中国电力出版社
地　　址：北京市东城区北京站西街19号（邮政编码100005）
网　　址：http://www.cepp.sgcc.com.cn
责任编辑：肖　敏（010-63412363）
责任校对：郝军燕
装帧设计：张俊霞　左　铭
责任印制：邹树群

印　　刷：北京大学印刷厂
版　　次：2017年12月第一版
印　　次：2017年12月北京第一次印刷
开　　本：787毫米×1092毫米　16开本
印　　张：11.75
字　　数：260千字
印　　数：0001—2000册
定　　价：55.00元

《特高压直流工程建设管理实践与创新》丛书

本书专家组

郭贤珊　黄　勇　谢洪平　卢理成　赵大平

本书编写组

组　　长　丁永福

副 组 长　余　乐　白光亚　吴　畏　张　诚　邹军峰
　　　　　关金锁　刘宝宏　姚　斌

成　　员（排名不分先后）
　　　　　徐剑峰　李天佼　王然丰　陈绪德　宋　明
　　　　　宋　涛　曹加良　杨洪瑞　李　勇　魏常信
　　　　　羊　勇　谢永祥

序　言

建设以特高压电网为骨干网架的坚强智能电网，是深入贯彻“五位一体”总体布局、全面落实“四个全面”战略布局、实现中华民族伟大复兴的具体实践。国家电网公司特高压直流输电的快速发展以向家坝—上海±800kV特高压直流输电示范工程为起点，其成功建成、安全稳定运行标志着我国特高压直流输电技术进入全面自主研发创新和工程建设快速发展新阶段。

十年来，国家电网公司特高压直流输电技术和建设管理在工程建设实践中不断发展创新，历经±800kV向上、锦苏、哈郑、溪浙、灵绍、酒湖、晋南到锡泰、上山、扎青等工程实践，输送容量从640万kW提升至1000万kW，每千千米损耗率降低到1.6%，单位走廊输送功率提升1倍，特高压工程建设已经进入“创新引领”新阶段。在建的±1100kV吉泉特高压直流输电工程，输送容量1200万kW、输送距离3319km，将再次实现直流电压、输送容量、送电距离的“三提升”。向上、锦苏、哈郑等特高压工程荣获国家优质工程金奖，向上特高压工程获得全国质量奖卓越项目奖，溪浙特高压双龙换流站荣获2016年度中国建设工程鲁班奖等，充分展示了特高压直流工程建设本质安全和优良质量。

在特高压直流输电工程建设实践十年之际，国网直流公司全面落实专业化建设管理责任，认真贯彻落实国家电网公司党组决策部署，客观分析特高压直流输电工程发展新形势、新任务、新要求，主动作为开展特高压直流工程建设管理实践与创新的总结研究，编纂完成《特高压直流工程建设管理实践与创新》丛书。

丛书主要从总结十年来特高压直流工程建设管理实践经验与创新管理角度出发，本着提升特高压直流工程建设安全、优质、效益、效率、创新、生态文明等管理能力，提炼形成了特高压直流工程建设管理标准化、现场标准化作业指导书等规范要求，总结了特高压直流工程建设管理典型经验和案例。丛书既有成功经验总结，也有典型案例汇编，既有管理创新的智慧结晶，也有规范管理的标准要求，是对以往特高压输电工程难得的、较为系统的总结，对后续特高压直流工程和其他输变电工程建设管理具有很好的指导、借鉴和启迪作用，必将进一步提升特高压直流工程建设管理水平。丛书分标准化管理、标准化作业指导书、典型经验和典型案例四个系列，共 12 个分册 300 余万字。希望丛书在今后的特高压建设管理实践中不断丰富和完善，更好地发挥示范引领作用。

特此为贺特高压直流发展十周年，并献礼党的十九大胜利召开。

刘泽洪

2017 年 10 月 16 日

前　言

自 2007 年中国第一条特高压直流工程——向家坝—上海±800kV 特高压直流输电示范工程开工建设伊始，国家电网公司就建立了权责明确的新型工程建设管理体制。国家电网公司是特高压直流工程项目法人；国网直流公司负责工程建设与管理；国网信通公司承担系统通信工程建设管理任务。中国电力科学研究院、国网北京经济技术研究院、国网物资有限公司分别发挥在科研攻关、设备监理、工程设计、物资供应等方面的业务支撑和技术服务的作用。

2012 年特高压直流工程进入全面提速、大规模建设的新阶段。面对特高压电网建设迅猛发展和全球能源互联网构建新形势，国家电网公司对特高压工程建设提出“总部统筹协调、省公司属地建设管理、专业公司技术支撑”的总体要求。国网直流公司开展“团队支撑、两级管控”的建设管理和技术支撑模式，在工程建设中实施“送端带受端、统筹全线、同步推进”机制。在该机制下，哈密南—郑州、溪洛渡—浙江、宁东—浙江、酒泉—湘潭、晋北—南京、锡盟—泰州等特高压直流工程成功建设并顺利投运。工程沿线属地省公司通过参与工程建设，积累了特高压直流线路工程建设管理经验，国网浙江、湖南、江苏电力顺利建成金华换流站、绍兴换流站、湘潭换流站、南京换流站以及泰州换流站等工程。

十年来，特高压直流工程经受住了各种运行方式的考验，安全、环境、经济等各项指标达到和超过了设计的标准和要求。向家坝—上海、锦屏—苏州南、哈密南—郑州特高压直流输电工程荣获“国家优质工程金奖”，溪洛渡—浙江双龙±800kV 换流站获得“2016～2017 年度中国建筑工程鲁班奖”等。

《换流站工程建设标准化管理》分册分 8 章，内容包括管理模式及职责、管理流程、工期管理、安全质量管理、科技创新、物资管控、技术支撑、制度汇编等，突出风险预判及管控，落实各阶段管理内容及主要工作，突出全过程管理，对从事特高压建设管理工作的业主、监理、施工及各方提供借鉴和参考。

本书在编写过程中，得到工程各参建单位的大力支持，在此表示衷心感谢！书中恐有疏漏之处，敬请广大读者批评指正。

编　者

2017 年 9 月

目 录

序言
前言

第 1 章 管理模式及职责……1
1.1 管理模式……1
1.2 建设管理单位职责与分工……2
1.3 各承包商职责……7
第 2 章 管理流程……9
2.1 主流程……9
2.2 可研管理……9
2.3 招标管理……10
2.4 设计管理……13
2.5 施工管理……15
2.6 验收管理……27
2.7 专项管理……31
2.8 尾工管理……35
2.9 风险管理……41
2.10 全过程管理……44
第 3 章 工期管理……52
3.1 建设关键路径分析……52
3.2 主要建设流程……54
3.3 主要单位工程的工期研究……68
3.4 典型工期……74
3.5 不利因素及控制措施……79

第 4 章　安全质量管理 ……93
4.1　安全和环保水保管理 ……93
4.2　质量管理 ……94
第 5 章　科技创新 ……97
5.1　直流管控系统的开发与应用 ……97
5.2　“智慧工地”建设 ……99
5.3　公司近年科技进步和技术成果汇总 ……100
第 6 章　物资管控 ……110
6.1　甲供物资的管控 ……110
6.2　乙供物资的管控 ……118
6.3　主设备安装界面分工 ……120
第 7 章　技术支撑 ……122
第 8 章　制度汇编 ……125
附录 A　主设备安装界面分工表 ……137
附录 B　特高压直流工程施工图审查要点 ……160

第1章　管理模式及职责

1.1 管理模式

为适应特高压直流输电工程大规模集中建设形势，国家电网公司逐步推行“总部统筹协调、属地省公司建设管理、专业公司技术支撑”的建设管理模式。从溪浙工程开始，国网直流建设分公司（简称国网直流公司）主要负责±800kV送端换流站和创新引领型换流站工程的现场建设管理，以及对属地省公司负责建管的受端换流站开展专业技术支撑工作。

1.1.1　项目法人管理模式

国家电网公司直流建设部（简称国网直流部）代表国家电网公司行使项目法人职能，负责工程建设全过程管理。负责组织实施国家电网公司党组确定的工程建设的总体目标及换流站进口设备招标、设备选型、设备自主化制造等重大事项，组织审查重大技术方案和重大技术专题研究成果，指导、协调、监督工程建设各项工作。负责建立组织管理体系和制度体系；统一控制安全、质量、进度和投资；归口管理投资（资金）计划、工程概算和资金支付；统一组织开展关键技术研究，统一组织研究成果的工程应用；统一技术标准和规范，推行标准化设计、标准化设备；统一组织开展工程物资集中供应；统一组织、指导生产准备工作；统一组织调试试验和启动验收。

国家电网公司发展策划部（简称国网发展部）负责工程前期规划调研和论证，制定工程建设规划，提出工程项目建设意见，负责可行性研究全过程管理，编制项目核准申请报告，负责项目核准申请工作。负责组织工程后评估工作。

国家电网公司运维检修部（简称国网运检部）负责工程生产准备管理工作。

国家电网公司物资部（简称国网物资部）负责工程设备、材料采购及工程设计、施工及监理招标管理，负责工程物资和材料储运管理。

属地省公司负责换流站“四通一平”阶段建设管理及外部关系协调。

国网直流公司负责换流站主体工程的建设协调、安全、质量、进度、技术、造价及资信评价管理，配合总部开展工程带电调试、竣工移交及后评估工作。

国家电网公司信息通信分公司（简称国网信通公司）负责工程系统通信部分的建设管理。

1.1.2 建设单位现场管理模式

（1）前期阶段管理模式。属地省电力公司受国家电网公司的委托，负责换流站站址的征地、“四通一平”和接地极及接地极线路建设管理，办理主体工程临建用地租赁手续，承担建设全过程的属地协调责任。国网直流公司提前介入，协助做好“四通一平”工程质量、进度和档案管理，与属地公司完成换流站场平交接验收。

（2）主体阶段管理模式。国网直流公司受国家电网公司的委托，负责换流站主体工程桩基、土建、安装和竣工预验收工作，配合总部开展竣工验收、带电调试、试运行、移交和工程后评估，重点是对主体工程建设现场的全面管理和协调。

1.2 建设管理单位职责与分工

1.2.1 国网直流公司与总部及各专业公司的分工接口

（1）与国网直流部接口。国网直流公司依照国网直流部下发的《建设管理纲要》，编制《建设管理大纲》及各专项策划，签订和执行工程监理、施工合同，全面负责工程主体建设阶段现场的建设管理工作。

国网直流部签订并执行设计合同，负责工程初步设计管理。国网直流公司负责施工图设计阶段现场管理，包括其出图进度、设计创优及隐患排查、施工图会审和现场工代服务等。为进一步提高设计质量、统一设计原则，近年国网直流部通常委托专业单位（规划总院、经研院等）在施工图交付现场前定期组织集中审查。

国网直流部负责工程总体造价和重大技术方案管理，现场如有重大设计变更或变更设计（造价超过 50 万元，以及变更初步设计方案、原则或新增工程单项）时，国网直流公司应向国网直流部履行变更流程后再予以实施。

国网直流部负责签订特殊试验及带电调试合同，组织审查带电调试方案、开展站内系统和端对端系统调试工作。直流公司负责审查特殊试验方案、组织现场完成设备特殊试验，配合实施带电调试工作（安全管控、抢修和后勤保障）。

（2）与信通公司接口。国网直流公司与国网信通公司的工作接口一般在站内光端配线架上，并负责系统通信在站内安全文明施工和统一管理。为满足工程建设期间现场建设管理需要，应协调信通公司在土建主体进场前先行开通视频及内网通信通道直到施工临建。

（3）与国网物资有限公司（简称国网物资公司）接口。国网物资公司在工程现场设置物资项目部，负责执行换流站物资合同管理（供货计划、到货验收、问题处置协调、厂家现场服务等）。国网直流公司业主项目部根据现场施工进展和一、二级网络计划要求，定期滚动更新物资到货计划交由物资项目部实施，并与物资项目部共同完成物资到场开箱验收。

现场物资项目部负责组织协调厂家的售后服务工作，厂家人员现场工作接受国网直流公司的统一管理。

1.2.2　国网直流公司各部门/单位职能定位

公司本部各部门职能定位为：代表公司管理层面，根据职责分工，充分发挥专业特长，对业主项目部进行业务管理。公司各部门是具体负责各个工程项目建设管理的执行层，在业务管理上接受公司项目分管副总经理的领导。

工程建设部职能定位为：实行工程建设部和业主项目部一体化运作，充分发挥工程建设部支撑作用，派员组建业主项目部。

业主项目部职能定位为：是公司具体负责项目现场建设管理业务的机构，依托工程建设部组建，在业务上接受公司各部门的指导、监督、检查和考核。

在两级管理模式下，工程管理业务由公司各职能部门和业主项目部承担，工程建设部不再承担具体工程管理业务，作为公司一个层级的基建管理单位，主要是督促检查业主项目部各项工作的开展和公司各项工程管理要求在现场的落实。

1.2.3　部门及岗位职责

公司各职能部门的职责是：代表公司负责基建项目的建设管理，向业主项目部传达国网公司总部和国网直流公司本部的管理要求，负责对业主项目部工作进行专业指导和支持，保证工程建设各项目标的实现。

业主项目部的职责是：接受公司各职能、业务部门指导和工程建设部的监督检查，负责所管理工程项目的安全管理、质量管理、进度管理、造价管理、技术管理等工作，由专门责任人来负责各专业管理体系的具体管理工作。业主项目部具体管理职责按照《国家电网公司输变电工程业主项目部管理办法》《国家电网公司业主项目部标准化管理手册》及相关规定执行。

在两级管理模式下，工程管理流程将以往国网直流公司本部层面对工程建设部、工程建设部对业主项目部的管理模式，缩短为公司各业务和职能部门直接对现场业主项目部的点对点管理。公司各部门的各项具体管理要求直接对口业主项目部，必要时抄送工程建设部，由业主项目部负责执行，工程建设部检查督促。业主项目部需要公司支持的工作也直接对口公司各职能部门，同时告知工程建设部，由公司各职能部门负责协调解决，工程建设部配合。公司各职能部门对业主项目部的专业指导直接对口业主项目部各专责。

除重大紧急事项外，工程现场与公司分管领导或国网公司总部的信息报送均应通过公司本部部门，紧急时应采取同时报送的方式，保证正常的信息传递流程和通道。直流分公司各部门/岗位职责见表1–1。

表1–1　　直流分公司各部门/岗位职责

责任主体	职　责
分管领导	负责本工程项目建设管理的全面工作： （1）建立本工程基建标准化管理体系，健全业主项目部组织机构，落实管理职责，推动基建标准化管理体系正常运转。 （2）批准公司项目管理职能部门和业主项目部编制的项目策划文件（《工程现场建设管理大纲》等）。 （3）负责重大外部环境协调工作。

续表

责任主体	职　　责
分管领导	（4）主持召开公司相关部门参加的工程重大专项协调会，听取项目建设管理情况汇报，协调重大问题，确保年度建设任务按期完成。 （5）参加工程启动验收委员会工作；组织项目验收投产有关工作。 （6）审批或审核工程进度款和监理费支付申请；审核业主项目部重大工程变更及其费用变动预算；审批向国网公司提出调概或动用预备费的申请；审核竣工结算报告
换流站管理部	（1）参加工程初步设计审查等前期工作。 （2）配合制订工程里程碑进度计划，充分考虑并建议合理的建设工期；负责编制工程项目进度实施计划（一级网络进度计划）；负责工程工期调整的审核工作。 （3）参加工程设计和设备集中采购的招标、评标工作；参与工程监理、施工的标书评审及招标、评标工作，参与合同签订，依据公司有关文件，负责在工程监理、施工招标合同中明确工程质量、环境和职业健康安全工作要求、施工分包要求、双方责任和考核办法及工程建设目标，督促落实环评批复措施。 （4）参加工程项目合同执行过程中技术变更的认定。 （5）组织开展单位内部同类项目之间的对口竞赛和交流活动。 （6）负责组织编制《工程建设管理大纲》，审查业主项目部八项策划文件，负责组织编写工程建设总结，并报分管领导批准。 （7）负责审核业主项目部上报的工程进度、建设协调等管理信息，汇总上报国网公司。 （8）参加工程建设过程中重大质量、安全问题、紧急事项的处理工作，督促现场提出防止事故重复发生的纠正措施并监督落实；参加协调工程建设中重大安全隐患的防治工作；参加工程项目的安全大检查、抽查工作。 （9）参与换流站工程分系统调试方案审查和现场建设管理工作，配合站内系统和系统调试工作。 （10）负责组织或参加工程重大事项的专题协调会，对影响工程建设问题进行统一协调，指导业主项目部开展外部建设环境协调工作。 （11）组织工程预验收工作；提交竣工预验收报告；在站系统调试后向国家电网公司提出竣工验收申请；参加直流工程启动验收委员会的日常管理工作；配合竣工验收、启动调试及工程的移交工作。 （12）参加工程施工结算，组织完成单项工程的监理、调试及特殊试验合同结算工作。 （13）负责工程科技项目立项申报和具体组织实施及成果的形成汇总工作；组织开展新技术、新材料、新装备、新工艺、新流程在工程中的应用推广工作；参加行业有关政策、法规、标准的编订。 （14）负责达标投产自检，配合创优自检，配合迎检并组织整改工作。 （15）组织对施工、监理单位的资信评价及合同执行情况评价工作，配合国网公司对供应商、设计等工程参建单位的后评价工作
安全质量部	（1）负责编制公司年度安全、质量管理工作策划方案，督促业主项目部贯彻执行，并进行年终总结。 （2）组织开展国家、行业、上级单位基建管理规定和要求的宣贯；组织开展公司内部流动红旗竞赛活动。 （3）在工程建设项目中统一推广先进的安全、质量管理经验，制定工程建设项目带有普遍性安全隐患的预防措施。 （4）组织定期或随机的安全、质量专项检查工作；组织对施工、监理项目部进行安全性评价；组织迎接上级部门的安全、质量专项检查活动。 （5）承担公司安委会（工程建设安全应急）办公室职能，负责公司所管辖工程的安全生产应急工作的归口管理；负责公司应急预案的监督管理工作。 （6）负责汇总审核业主项目部上报国网公司的安全、质量、环保等管理信息。 （7）按规定程序上报安全、质量事故，参加安全、质量事故调查。 （8）负责工程创优自检；负责工程达标投产、创优、环保、水保的申报及组织复查迎检工作。 （9）负责汇总审核施工、监理单位合同履约情况，按年度进行评价，评价结果上报国网基建部。 （10）公司“三标”管理体系归口部门，负责组织公司业主项目部标准化体系的建立健全，指导、监督业主、施工、监理三个项目部标准化建设；负责业主项目过程管理的绩效监测；负责公司基建管理的综合评价
计划部	（1）配合国网发展部、直流部对口的项目前期、计划、统计、投资控制等工作，归口管理公司前期工作，负责收集各单项工程的环评、水保报告等专题评估资料，下发业主项目部及公司相关部门。 （2）负责公司年度建设管理任务书的下达。 （3）参加工程可研、初步设计、重大工程变更的审查。 （4）负责投资计划和资金计划管理，编制公司年度、季度资金（投资）、调整并监督计划的执行。 （5）负责公司年度、月度基建计划统计报表的编制。 （6）工程变更归口管理；组织完成单项工程的施工合同结算工作，编制工程施工结算工作计划并提出工作要求；审核各类结算资料的技经部分及对结算总价的核实；组织施工结算会议并形成结算报告报国网公司。 （7）配合项目竣工决算编制、审计等工作。 （8）合同管理归口部门

续表

责任主体	职　　责
物资与监造部	（1）负责国网物资部委托的有关工程设备的监造管理工作，对有关设备出厂进行质量监督。 （2）负责开展对物资供应商的产品质量监督和抽查工作，检查结果报国网物资部。 （3）负责国网公司委托的大件运输管理工作。 （4）参加材料设备供应后过程评价工作
财务部	（1）负责电网基建投资预算的编制。 审核各业主项目部上报的工程进度款和监理费支付申请，办理合同款项支付，进行工程成本会计核算，组织竣工决算报告的编制和上报，进行资产移交与划转等。 （2）组织公司各部门完成审计以及财务稽核配合工作
综合管理部	（1）核准业主项目部组织机构的归口部门，牵头组织对业主项目部各岗位人员的管理考核 （2）配合组织基建管理人员参加国网公司的管理培训或工程经验交流会。 （3）配合业主项目部做好法律咨询等工作。 （4）组织开展工程档案管理要求的宣贯、交底；定期进行工程档案的检查、验收工作；指导业主项目部工程档案的建立和管理等工作；工程竣工后，按时组织完成档案资料的归档，配合达标投产、创优、专项验收的档案迎检，负责组织档案资料的整改。 （5）负责组织工程项目相关对外宣传工作
科技信息办	（1）负责公司基建管控模块及各类工程管理系统软件应用管理，对业主项目部软件应用进行指导、检查、考核。 （2）负责公司工程项目科技成果的评选和申报
工程建设部	（1）支持配合业主项目部各项工作的开展。 （2）参与工程安全、质量事故的调查及处理。 （3）负责区域工程项目信息的收集、整理、报送。 （4）定期召开区域项目安委会，贯彻落实安全生产工作要求
业主项目部	（1）贯彻执行并监督参建单位贯彻执行国家、行业工程建设的标准、规程和规定，以及国家电网公司、国网直流公司各项管理制度、“三通一标”等标准化建设要求。 （2）负责本工程项目各项管理策划文件的编制，并督促工程各参建单位依此制定项目管理实施细则，审批各参建单位的实施细则并检查其实施情况。 （3）具体负责监理、施工合同条款执行，配合物资合同条款执行，及时协调合同执行过程中的各项问题；汇总上报施工、监理项目部合同履约情况；负责对工程监理、施工项目部进行评价；配合公司对物资供应商的产品质量监督和抽查工作；配合对设计、物资供应商等参建单位进行评价。 （4）参加项目的初步设计审查；组织施工图会审和设计技术交底；按照管理权限审查工程技术方案和工程变更；参加或受托组织对重大工程变更和重大技术方案的审查。 （5）组织参加项目安委会活动；开展及参加定期或随机的安全、质量专项检查工作；负责安全文明施工管理；审批安措费使用计划；按规定程序上报安全、质量事故；参加安全、质量事故调查。 （6）负责项目建设过程中工程所属地方关系的外部协调处理工作，重大问题上报公司协调解决。 （7）组织召开工程月度例会，根据需要召开专题协调会，检查工程安全、质量、进度、造价、技术管理体系运转情况，协调解决工程问题，提出改进措施，负责会议纪要的分发和跟踪落实。 （8）组织工程中间验收；参加或受托组织工程竣工预验收工作；参加竣工验收和启动试运行，负责组织工程移交；负责协调投产后质保期内服务工作；参加项目投产达标、创优和专项验收工作。 （9）审核工程进度款和监理费支付申请，及时组织启动工程变更办理流程，审核工程变更项目；上报月度、季度用款计划，编制年度投资及资金计划；工程过程结算管理，组织参建单位及时开展工程量测算，负责施工及监理单位的过程考核评分工作；负责收集并审核施工、监理及设计提供的结算申报及审核资料，提出工程结算预审核报告，配合工程结算审核、审计工作。负责工程预结算；配合工程竣工决算报告编制、审计以及财务稽核工作。 （10）负责工程信息与档案资料的收集、整理、上报、移交工作。 （11）项目投运后，及时对本项目管理工作进行总结和综合评价，并报送国网直流公司。 （12）负责组织配合现场迎检工作。 （13）完成国网直流公司布置的其他工作。 （14）国网物资公司派出物资项目部代表参加业主项目部的物资协调工作，负责编制工程设备材料供应计划，落实设备、材料供应协调工作，督促协调设备供应商严格履行合同条款，对其合同履行情况提出评价意见。 （15）负责协调联系质量监督总站，组织质量监督检查。 （16）负责国网公司及国网直流公司工程建设管控系统等信息化系统的现场应用组织工作。 （17）负责与属地公司的日常协调工作，工程后期整改、创优申报组织等协调工作。 （18）负责组织开展创优科技工作

1.2.4 各阶段管理分工

（1）前期策划及招标阶段。业主项目部组建由换流站管理部根据工程建设部的具体情况提出建议意见，报公司总经理办公会审定后下文成立。

换流站管理部负责编制《现场建设管理大纲》，业主项目部根据《现场建设管理大纲》编制各专项策划，换流站管理部及本部各专业部门组织对策划进行审查。

监理、施工招标由国家电网公司总部（国网直流部、物资部）负责组织，国网直流公司换流站管理部、计划部配合进行招标方案及招标文件的编制、澄清答疑，业主项目部参与招标文件的审查，并负责投标人现场踏勘；换流站管理部、计划部参加评标工作，根据资信评价结果提供推荐意见；定标后换流站管理部牵头组织各职能部门及业主项目部共同进行合同谈判。监理、施工合同文件由换流站管理部负责编制，有关部门参加审查，业主项目部具体负责合同的具体执行。

设备材料招标由国家电网公司总部（国网直流部、物资部）负责组织，公司物资与监造部、换流站管理部参加招标文件的审查和评标工作；物资合同的签订由国网物资公司负责，物资与监造部参加并负责组织主设备设计冻结评审。

（2）初设阶段。初设阶段，各类设计联络会、创优专题会原则上由换流站管理部牵头组织，业主项目部参与，在初设审查前和审查中共同提出设计优化建议。

（3）施工阶段。主体工程开工前，换流站管理部牵头组织建设管理交底，公司相关部门和业主项目部共同参与。

业主项目部审查批准监理规划、施工单位项目管理实施规划等策划文件。

监理组织施工图纸会审，业主项目部参加；换流站管理部参加重要图纸（总平面布置图、阀厅钢结构、换流站组装厂房、户内直流场、主控制楼、电气主接线图、控制保护配置图等）会审。

施工方案由现场监理组织审查批准。其中一般施工方案审查会业主项目部参与；重要施工方案（阀厅钢结构吊装、构架吊装、房屋装修、换流变/平抗安装、换流阀安装、分系统试验及涉及重大安全因素的方案等）由业主项目部审查后，报换流站管理部审查。

监理、施工、设计创优规划及安全文明施工策划及实施的审查，由业主项目部组织专题审查，换流站管理部参与。

现场签证单、设计变更单应按通用制度规定的标准化表单报换流站管理部、计划部等部门审查批准。

现场召开的各种会议，由召集部门（单位）负责编写会议纪要。

现场日常建设管理职责由业主项目部负责，包括质量、进度、投资、安全管理，合同及信息管理，文明施工及创优管理，环保及水土保持管理，地方协调及内部各施工单位、设计、监理、物资供应商的协调。换流站管理部等公司本部各职能部室对业主项目部负有指导服务责任。

现场各种报表由业主项目部负责汇总，其中与换流站管理部相关的，定期报换流站管理部，由换流站管理部归总后报有关部门。

工程照片、录像等信息资料由业主项目部负责按有关规定汇总整理留存。

质量监督站质监检查，由业主项目部负责申请组织，安全质量部、换流站管理部根据情况参加。

业主项目部组织过程验收、中间验收，换流站管理部、安全质量部根据情况参加并进行监督检查。

（4）验收及调试阶段。竣工预验收由换流站管理部组织，业主项目部参与。

竣工验收、站系统调试、系统调试由国网直流部组织，换流站管理部参加现场工作，业主项目部负责组织调试期间的抢修及后勤保障。

各种检查、验收及调试发现缺陷问题的整改检查工作，由业主项目部负责督促落实闭环，换流站管理部协调督促。

（5）试运行和移交。系统调试顺利完成后，由启委会确定试运行的开始时间。试运行时间根据《高压直流输电工程启动及竣工验收规程》和启委会的决定执行。

试运行结束，启委会组织审查并签署试运行结论意见。启委会确定工程正式移交运行后，工程转入系统调度管理，建设方与运行方办理交接手续。

业主项目部负责档案资料和备品备件向生产单位的移交管理工作，包括现场设备、竣工资料、备品备件、专用工具和仪器仪表等，负责三个月内办理完成竣工验收签证。

遗留问题分预验收问题清单、系统调试完成后的问题清单、竣工移交问题清单、达标投产问题清单，每次的问题清单必须在规定的时间内通过逐级探讨处理，形成一致意见方可归档，且每次的问题清单必须整改签证闭合。

业主项目部负责现场遗留问题处理的具体管理工作；换流站管理部负责督促协调工作。

业主项目部配合公司综合管理部（档案室）负责换流站工程档案资料的收集检查工作。综合管理部和换流站管理部、计划部、物资与监造部、安质部等职能部门负责总部归档资料的督促协调工作。

（6）工程总结。业主项目部负责收集监理、设计和施工单位的工程总结，并审查其是否符合工程总结的要求。

业主项目部负责建设管理单位关于“建设管理篇”和“工程大事记”的工程现场总结，换流站管理部代表公司收集各部门对工程的管理总结，并负责公司级汇总编写工作。

（7）工程后期。消防、劳动卫生、职业健康安全等专项验收由业主项目部负责（省公司负责的除外）；工程达标投产及各级创优申报由安全质量部负责，换流站管理部、业主项目部配合；环保、水保专项验收由安全质量部负责，业主项目部配合；档案专项验收由综合管理部负责，换流站管理部、业主项目部配合。

1.3 各承包商职责

1.3.1 监理单位职责

按项目法人要求组成项目监理部；制定监理规划（需报业主项目部批准）、监理实施细则、创优监理措施和监理管理办法，确保高质量地履行合同规定的职责和义务。

监理部要派出足够的、具有丰富的现场管理经验和组织协调能力强的监理工程师和监理人员进驻现场承担监理任务，并要求严守监理岗位，认真履行监理职责；完善检测手段；强化工程建设中的质量控制、安全控制、进度控制、投资控制、物资管理、信息管理、档案管理、工程协调等工作。

现阶段工程监理合同中通常还包括设计监理和水保监理的职责，并负责组织钢结构、构支架等材料的出厂监造工作。

1.3.2 设计承包商职责

设计承包商应根据设计合同的要求，深入调查、精心设计，并力求优化设计，确保设计文件的科学性、可行性。设计文件符合国家及行业标准、规程、规范、设计合同、设计审查和批复文件、国网公司有关反措/强条/隐患排查治理等文件的要求。需要提交设计图交付计划（需报建设方批准）、设计创优规划。

设计要派出合格的、满足现场服务的设计工代。

1.3.3 施工（调试）承包商职责

施工（调试）承包商应根据合同的要求，按投标承诺和相关要求进行施工策划，并确保其落实到施工过程之中；在工程建设的全过程中，全方位履行合同规定的义务，以确保顺利地实现工程目标。

1.3.4 物资供应商职责

物资供应商应根据合同的要求，全面履行义务。包括按计划交货、现场安装指导、安装施工（压型钢板、空调等）、配合验收、投运后的消缺等工作。

1.3.5 监造承包商职责

监造承包商应根据合同的要求，全面履行义务。对监造设备物资的制造过程及最终产品质量和交货期负监造责任，确保监造设备物资符合合同技术规范和有关国家标准、行业标准、企业标准要求。

第2章 管 理 流 程

2.1 主流程

特高压直流工程的建设管理是一项系统工程，其中包含了工程可研管理、设计管理、物资管理、施工管理等诸多环节，呈现出参建队伍多、专业种类多、管理界面多、责任交叉多等特点，并且还受到建设的自然和社会环境、设备制造、大件运输等不定因素的影响。只有科学、标准化的工程建设管理，才能使工程建设得以顺利、有序地推进，最大可能地规避工程建设过程中的一切风险，使工程建设做到可控、能控、在控，全面实现国家电网公司所提出的工程建设的各项目标。

通过对一级任务之间的逻辑关系进行分析，形成一级流程，并提炼出关键路径。一级任务包括可研管理、设计管理、物资管理、施工管理、尾工管理。一级任务之间的逻辑关系：从工程取得“路条”后，3 个月内完成可研阶段相关专题评估等工程核准支持性文件，然后开展（预）初步设计相关工作；（预）初步设计完成后进行施工图设计；4 个月内完成“四通一平”图纸设计，开始进行“四通一平”施工，进入工程施工阶段（从开工到投产的工作过程。换流站工程施工阶段包括土建、安装、调试等内容）；调试工作完成后开展竣工结算、决算、达标投产、创优等任务。换流站流程如图 2–1 所示。

2.2 可研管理

可研管理见表 2–1。

表 2–1　　可 研 管 理

序号	主要任务内容	责任单位
1	对工程建设项目进行经济、技术方面的分析论证和多方案的比较，提出评价意见，形成可行性研究报告	可研编制单位
2	签订环评、水保专题报告的委托与合同	国网直流部
3	进行项目总体环评、水保、用地预审、地灾、地震、压矿、文物、防洪等专题评估，形成项目环境影响评价表及报告、地质灾害评估报告、地震评估报告等	国网直流部
4	在各工程选址意见书、用地预审省级批复、省级投资主管部门意见、项目地震、地灾、压矿、文物等专题评估省级批复文件	属地省公司

续表

序号	主要任务内容	责任单位
5	提交工程环评方案、水土保持方案	评估单位
6	组织进行可行性研究报告的评估后报审，取得可行性研究报告批复；取得环保部、水利部批复等国家支持性文件	国网发展部
7	工程核准申请文件编制、上报，开始办理工程项目国家核准	国网发展部
8	成立工程项目管理组织机构：明确建设管理单位，成立业主项目部	国网直流部
9	编制工程《建设管理纲要》，明确工程建设目标、管理职责分工、工作流程及工程建设管理整体要求，制定工程总体里程碑计划	国网直流部
10	依据《建设管理纲要》编制工程《建设管理大纲》，作为各单项工作的指导性文件	建设管理单位
11	根据资金计划，制订并下达项目建设财务预算，根据预算拨付资金	国网直流部

2.3 招标管理

招标管理见表2–2～表2–5。

表2–2　　设计（监理）招标管理

序号	主要任务内容	责任单位	参与单位	国网直流公司分工
1	编制招标文件	国网直流部招标代理机构	可研、设计单位	公司计划部组织典型招标文件的编写，各单位提出修改意见
2	招标文件评审	招投标管理中心	国网直流部、法律部	换流站部、计划、业主项目部参与，积极提出意见
3	招标文件流转	国网直流部	国网法律部、招投标管理中心	
4	发售招标文件	招标代理机构	拟投标单位	
5	答疑	国网直流部、招投标中心	可研单位、设计单位	换流站部组织，计划、业主项目部参与
6	评标	国网直流部	国网法律部、招投标管理中心、国网直流公司	
7	定标	国网直流部	国网法律部、招投标中心	
8	签订合同	国网直流公司	中标单位	监理合同由换流站部组织签订，计划、业主项目部参与

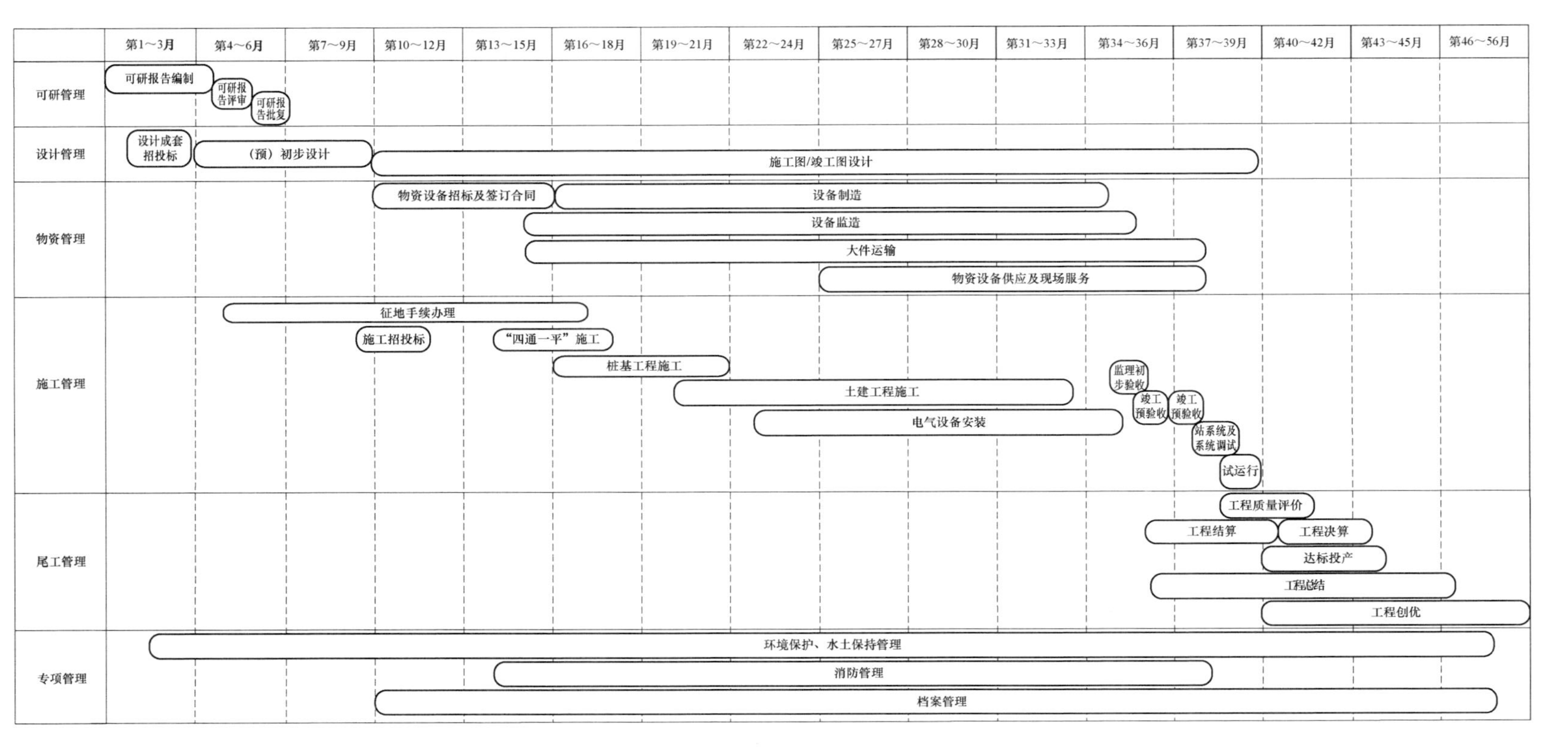
第1～3月
第4～6月
第7～9月
第10～12月
第13～15月
第16～18月
第19～21月
第22～24月
第25～27月
第28～30月
第31～33月
第34～36月
第37～39月
第40～42月
第43～45月
第46～56月
可研管理
可研报告编制
可研报告评审
可研报告批复
设计管理
设计成套招投标
（预）初步设计
施工图/竣工图设计
物资管理
物资设备招标及签订合同
设备制造
设备监造
大件运输
物资设备供应及现场服务
施工管理
征地手续办理
施工招投标
“四通一平”施工
桩基工程施工
土建工程施工
电气设备安装
监理初步验收
竣工预验收
竣工预验收
站系统及系统调试
试运行
尾工管理
工程质量评价
工程结算
工程决算
达标投产
工程总结
工程创优
专项管理
环境保护、水土保持管理
消防管理
档案管理

图 2-1 换流站流程图

表 2–3　　物资招标管理

序号	主要任务内容	责任单位	参与单位	直流公司分工
1	编制招标文件	国网物资公司、招标代理机构	设计单位	
2	招标文件评审	招投标管理中心	国网直流部、物资部	换流站部、业主项目部、物资部
3	招标文件流转	国网物资公司	国网直流部、招投标管理中心	
4	发售招标文件	招标代理机构	拟投标单位	
5	答疑	国网物资公司、招投标管理中心	国网直流部、设计单位	
6	评标	评标委员会	国网直流部、招投标管理中心	
7	定标	国网物资公司	国网直流部	
8	签订合同	国网物资公司	国网直流部	换流站部、业主项目部、物资部

表 2–4　　施工招标管理

序号	主要任务内容	责任单位	参与单位	直流公司分工
1	编制招标文件	国网直流部、招标代理机构	国网直流公司	换流站部、计划部、业主项目部
2	招标文件评审	招投标管理中心	国网直流部、直流公司	换流站部、计划部、业主项目部
3	招标文件流转	国网直流部	国网直流公司、招投标管理中心	换流站部
4	发售招标文件	招投标管理中心	拟投标单位	
5	答疑	国网直流部、招投标管理中心	国网直流公司、招投标管理中心	换流站部、计划部、业主项目部
6	评标	评标委员会	国网直流公司、招投标管理中心	换流站部
7	定标	国网直流部	国网直流公司	换流站部
8	签订合同	国网直流公司		换流站部、业主项目部

表 2–5　　服务（调试、质监、创优咨询及评价等）招标管理

序号	主要任务内容	责任单位	参与单位	直流公司分工
1	编制招标文件	国网直流部、招标代理机构	国网直流公司	换流站部、计划部、业主项目部
2	招标文件评审	招投标管理中心	国网直流部、直流公司	换流站部、计划部、业主项目部
3	招标文件流转	国网直流部	国网直流公司、招投标管理中心	换流站部

续表

序号	主要任务内容	责任单位	参与单位	直流公司分工
4	发售招标文件	招投标管理中心	拟投标单位	
5	答疑	国网直流部、招投标管理中心	国网直流公司、招投标管理中心	换流站部、计划部、业主项目部
6	评标	评标委员会	国网直流公司、招投标管理中心	换流站部
7	定标	国网直流部	国网直流公司	换流站部
8	签订合同	国网直流公司		换流站部、业主项目部

2.4 设计管理

2.4.1 初步设计管理

（1）初步设计管理流程如图 2–2 所示。

图 2–2 初步设计管理流程图

（2）主要工作内容见表 2–6。

表 2–6 主 要 工 作 内 容

序号	主要任务内容	责任单位	参与单位	直流公司分工
1	科研项目成果提交及评审	国网直流部	国网经研院、建设管理单位 科研单位、监理单位、设计单位	换流站部、业主项目部
2	初步设计专题评审	国网直流部	建设管理单位、监理单位、设计单位	换流站部、计划部、业主项目部
3	初步设计原则评审	国网直流部	建设管理单位、监理单位、设计单位	换流站部、计划部、业主项目部
4	初步设计平面布置图优化	国网直流部	建设管理单位、监理单位、设计单位	换流站部、计划部、业主项目部
5	初步设计平面布置图优化报告	设计单位	监理单位	

续表

序号	主要任务内容	责任单位	参与单位	直流公司分工
6	平面布置图评审	国网直流部	建设管理单位、监理单位、设计单位	换流站部、计划部、业主项目部
7	委托环境影响评价并报批	属地省公司	设计单位	
8	水土保持方案编制并报批	设计单位	属地省公司	
9	初步设计概算报批	设计单位	监理单位	
10	初步设计评审	国网直流部	建设管理单位、国网运行公司监理单位、设计单位	换流站部、计划部、业主项目部
11	取得建设工程用地规划许可证	属地省公司		

2.4.2 施工图设计管理

（1）施工图设计管理流程如图 2–3 所示。

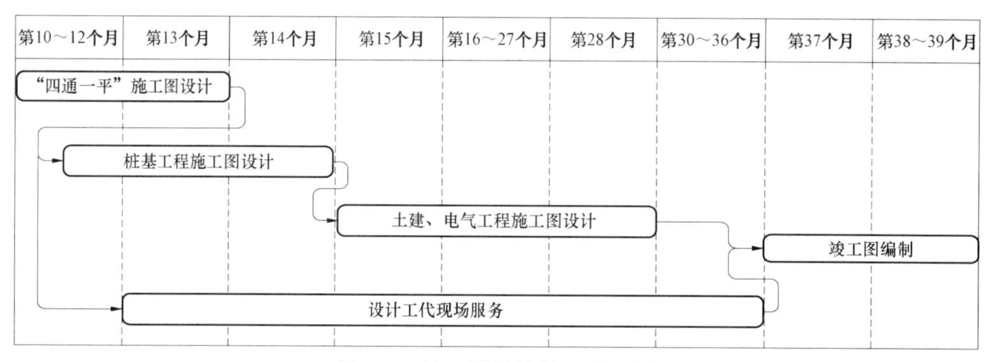

图 2–3 施工图设计管理流程图

（2）主要工作内容见表 2–7。

表 2–7 **主要工作内容**

序号	主要任务内容	责任单位	参与单位	直流公司分工
1	四通一平施工图	设计单位	建设管理单位、监理单位、施工单位	换流站部、业主项目部
2	四通一平施工图交底	设计单位	建设管理单位、四通一平施工单位、监理单位	业主项目部
3	设备采购规范书编制	设计单位	建设管理单位、监理单位	换流站部、业主项目部
4	设备采购规范书评审	国网直流部	国网物资公司、建设管理单位、监理单位、设计单位	换流站部、物资监造部、业主项目部
5	设备合同谈判	国网物资公司	国网直流部、建设管理单位、监理单位、设计单位	换流站部、物资监造部、业主项目部
6	土建、安装施工单位招标文件编制	设计单位	建设管理单位、监理单位	换流站部组织计划部、业主项目部参与

续表

序号	主要任务内容	责任单位	参与单位	直流公司分工
7	土建、安装施工单位招标文件评审	国网直流部	建设管理单位、监理单位、设计单位	换流站部组织计划部、业主项目部参与
8	土建/电气部分施工图	设计单位	建设管理单位、监理单位	业主项目部催办
9	土建/电气部分施工图交底	设计单位	建设管理单位、土建/电气施工单位、监理单位	业主项目部催办
10	竣工草图编制	施工单位	建设管理单位、监理单位、设计单位	业主项目部催办
11	竣工图编制	设计单位	建设管理单位、监理单位、施工单位	业主项目部催办

2.5 施工管理

2.5.1 征地手续办理

（1）征地手续办理流程如图 2–4 所示。

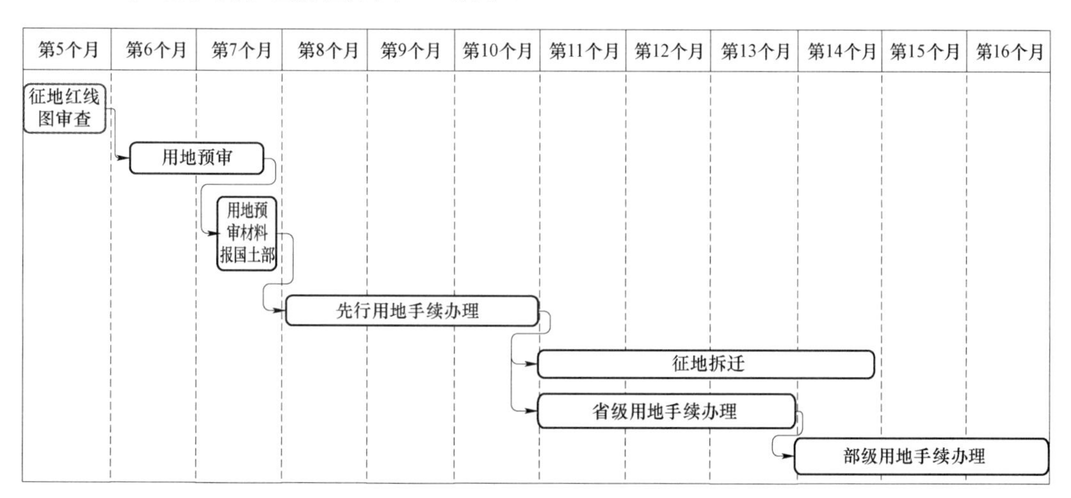

图 2–4 征地手续办理流程图

（2）主要工作内容见表 2–8。

表 2–8 主 要 工 作 内 容

序号	主要任务内容	责任单位	参与单位
1	完成征地红线图、编制工程环水保设计文件	设计单位	属地省公司
2	向国土部门申请用地	属地省公司	设计单位
3	下达建设用地允许使用批文	属地省公司	国网直流公司
4	签订委托征地协议	属地省公司	国网直流公司

续表

序号	主要任务内容	责任单位	参与单位
5	签订补偿协议	受委托单位	属地省公司
6	拨付征地款，取得环评、水保报告批复文件	国家电网公司	属地省公司
7	拆迁青赔工作	委托单位	属地省公司
8	土地使用证报批申办	属地省公司	设计单位
9	缴纳相关规费（森林植被、耕地占用、水土保持补偿等）	属地省公司	国网直流公司

2.5.2 “四通一平”施工管理

（1）“四通一平”施工流程如图2–5所示。

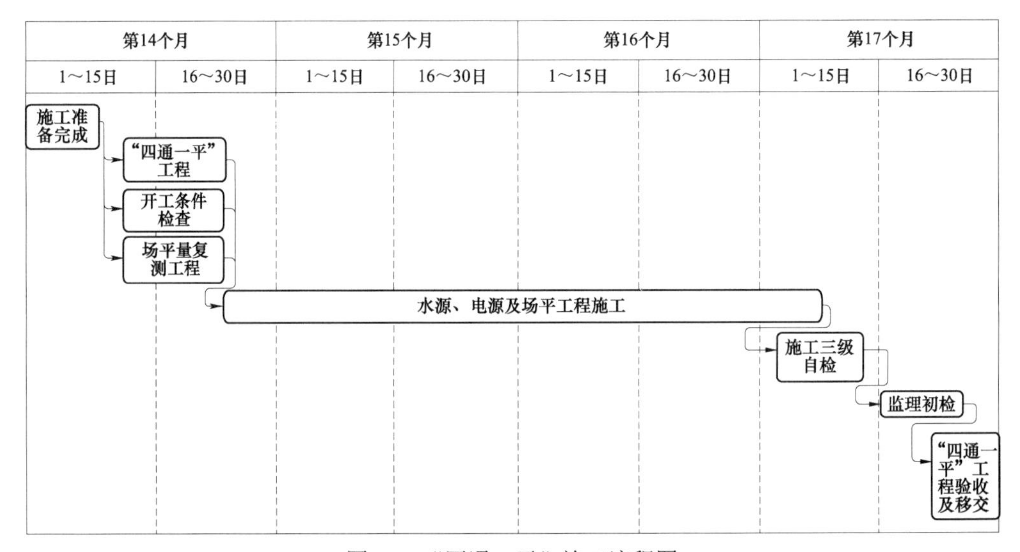

图2–5 “四通一平”施工流程图

（2）“四通一平”准备阶段应完成的工作见表2–9。

表2–9 “四通一平”准备阶段应完成的工作

序号	主要任务内容	责任单位	参与单位
1	取得工程项目核准、取得环评、水保报告批复文件	国网规划部	国网直流部、设计单位
2	办理工程建设用地批复、工程用地规划许可等手续	属地省公司	设计单位
3	拆迁、青赔补偿、明确取（弃）土场地、委托水保监测单位	属地省公司	设计单位
4	施工图纸交底及会检	属地省公司	监理单位、设计单位、施工单位、水保监测单位
5	移交工程控制桩坐标及高程	属地省公司	设计单位、施工单位、水保监测单位
6	报批场平工程施工方案	施工单位	监理单位、水保监测单位
7	报审项目验评范围划分方案	施工单位	监理单位、水保监测单位

续表

序号	主要任务内容	责任单位	参与单位
8	各项施工管理制度和作业指导书已制定并审查合格	施工单位	监理单位
9	施工技术交底	施工单位	监理单位
10	物资、材料准备能满足施工要求	施工单位	监理单位
11	计量器具、仪表经法定单位检验合格并报审	施工单位	监理单位
12	施工人员和机械已进场、施工组织	施工单位	监理单位
13	特殊工种人员、施工人员到位（数量满足基础施工要求）	施工单位	监理单位
14	编制场平工程施工技术、安全、质量、环保、水保进度计划文件并报审	施工单位	监理单位
15	进行项目部级施工技术培训、交底及考试	施工单位	监理单位
16	完成场平工程施工原材料、填土土样见证取样送检、采购，完成土石方倒运相关手续，确保满足连续施工要求；完成混凝土、砂浆配合比试验	施工单位	监理单位
17	完成场平工程开工前安全文明施工准备和项目部自检；落实场平工程开工前建设标准强制性条文要求	施工单位	监理单位
18	提交“四通一平”工程开工报审	施工单位	建设管理单位 监理单位
19	审查施工单位“四通一平”工程开工前各项报审文件	监理单位	建设管理单位、施工单位
20	场平工程开工前“设计建设标准强制性条文执行计划”检查	监理单位	设计单位
21	核查场平工程开工前安全文明施工准备情况，进行监理安全签证，核查是否存在环水保重大变更（动）情况	监理单位	施工单位
22	批准场平工程开工	监理单位	施工单位

（3）“四通一平”应完成的工作见表2–10。

表2–10　　“四通一平”应完成的工作

序号	主要任务内容	责任单位	参与单位
1	控制桩坐标及场平工程量复测	施工单位	监理单位、设计单位、水保监测单位
2	填土区淤泥清除及剥离	施工单位	监理单位、水保监测单位
3	填土料击实试验见证取样	施工单位	监理单位
4	场平填土工程监理旁站、巡视检查、平行检验、见证、签证、例会	监理单位	施工单位、水保监测单位
5	水保、环保工程施工	施工单位	监理单位、水保监测单位
6	深层接地工程施工	施工单位	监理单位、水保监测单位
7	挡土墙、护坡、排水等工程施工	施工单位	监理单位、水保监测单位
8	施工电源、水源及进站道路施工	施工单位	监理单位、水保监测单位
9	班组级自检	施工单位	监理单位
10	整改消缺闭环	施工单位	监理单位
11	项目部级复检	施工单位	监理单位
12	整改消缺闭环	施工单位	监理单位
13	公司级专检	施工单位	监理单位

续表

序号	主要任务内容	责任单位	参与单位
14	整改消缺闭环	施工单位	监理单位
15	提交公司级专检报告及监理初验申请	施工单位	监理单位
16	编写监理四通一平初步验收方案，报业主项目部备案	监理单位	建设管理单位
17	组织监理初步验收	监理单位	施工单位、设计单位、水保监测单位
18	监理初步验收发现问题消缺整改闭环	施工单位	/
19	整改复查，出具监理初步验收报告，向建设管理单位提交“中间验收申请”	监理单位	施工单位、建设管理单位
20	组织进行场平工程“中间验收”	建设管理单位	相关参建单位、水保监测单位
21	中间验收发现问题消缺整改闭环	各责任单位	监理单位
22	办理“四通一平”工程移交	建设管理单位	施工、监理单位、水保监测单位
23	核查、落实“四通一平”阶段结算，形成结算核查意见	监理单位	施工、设计单位
24	审查、确定“四通一平”阶段工程结算	建设管理单位	相关参建单位
25	签署结算协议书	业主	相关参建单位

2.5.3 桩基工程施工管理

（1）桩基工程施工管理流程如图 2–6 所示。

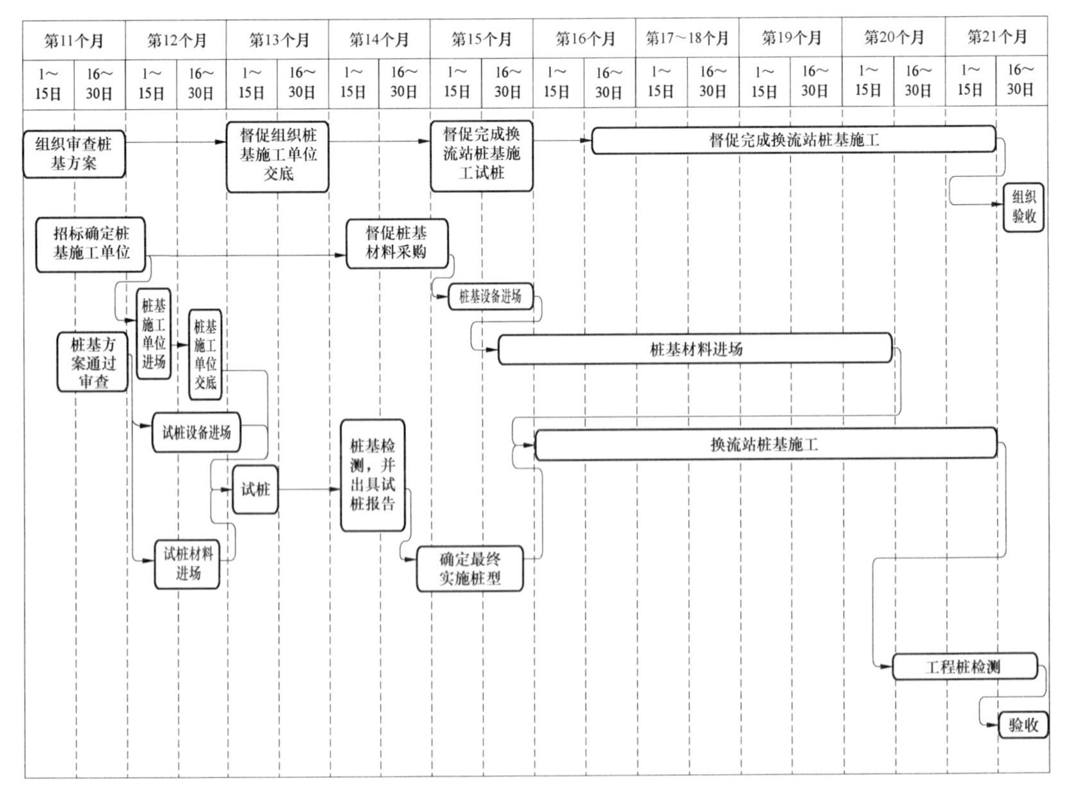

图 2–6　桩基工程施工管理流程图

（2）桩基工程准备阶段应完成的工作见表2–11。

表2–11 桩基工程准备阶段应完成的工作

序号	主要任务内容	责任单位	参与单位	国网直流公司分工
1	完成施工图纸交底及会检	建设管理单位	监理单位、施工单位	业主项目部
2	桩基础工程施工方案已报批	施工单位	监理单位	
3	各项施工管理制度和作业指导书已制定并审查合格	施工单位	监理单位	
4	完成施工技术交底	施工单位	监理单位	
5	工程桩及材料准备能满足施工要求	施工单位	监理单位	
6	完成施工原材料见证取样送检、采购，办理固体废弃物倒运相关手续，确保满足连续施工要求；完成混凝土、接桩材料的配合比试验	施工单位	监理单位	业主项目部
7	计量器具、仪表经法定单位检验合格并报审	施工单位	监理单位	
8	施工人员和桩械已进场、施工组织已落实到位	施工单位	监理单位	
9	特殊工种人员、施工人员到位（数量满足基础施工要求）	施工单位	监理单位	
10	编制桩基工程施工技术、安全、质量、环保、水保文件、进度计划并报审	施工单位	监理单位	业主项目部
11	进行项目部级施工技术培训、交底及考试	施工单位	监理单位	
12	桩基开工前“设计建设标准强制性条文执行计划”检查	监理单位	施工单位	
13	核查桩基开工前安全文明施工准备情况，进行监理安全签证	监理单位	施工单位	
14	批准“桩基础工程开工”	监理单位	建设管理单位、施工单位	业主项目部、换流站部

（3）桩基工程应完成的工作见表2–12。

表2–12 桩基工程应完成的工作

序号	主要任务内容	责任单位	参与单位	国网直流公司分工
1	桩体施工	施工单位	监理单位 设计单位	
2	桩工程施工监理旁站、巡视检查、平行检验、见证、签证、例会	监理单位	施工单位	

续表

序号	主要任务内容	责任单位	参与单位	国网直流公司分工
3	工程桩检测	施工单位	监理单位	
4	班组级自检	施工单位	监理单位	
5	整改消缺闭环	施工单位	监理单位	
6	项目部级复检	施工单位	监理单位	
7	整改消缺闭环	施工单位	监理单位	
8	公司级专检	施工单位	监理单位	
9	整改消缺闭环	施工单位	监理单位	
10	提交公司级专检报告及监理初验申请	施工单位	监理单位	
11	编写监理桩基础初步验收方案，报业主项目部备案	监理单位	建设管理单位	
12	组织监理初步验收;检查桩基础工程“建设标准强制性条文”落实情况	监理单位	施工单位	
13	监理初步验收发现问题消缺整改闭环	监理单位	施工单位	
14	整改复查，出具监理初步验收报告，提交“中间验收申请”	监理单位	建设管理单位	
15	组织进行“中间验收”	建设管理单位	施工、监理单位	业主项目部组织
16	中间验收发现问题消缺整改闭环	各责任单位	监理单位	
17	编报桩基础阶段结算文件	施工单位	建设管理单位、监理单位	
18	核查、落实基础阶段结算，形成结算核查意见	监理单位	施工、设计单位	
19	审查、确定基础阶段工程结算	建设管理单位	相关参建单位	计划部、业主项目部
20	签署结算协议书	建设管理单位	相关参建单位	计划部

2.5.4 土建工程、电气设备安装管理

（1）土建工程、电气设备安装施工流程如图 2–7 所示。

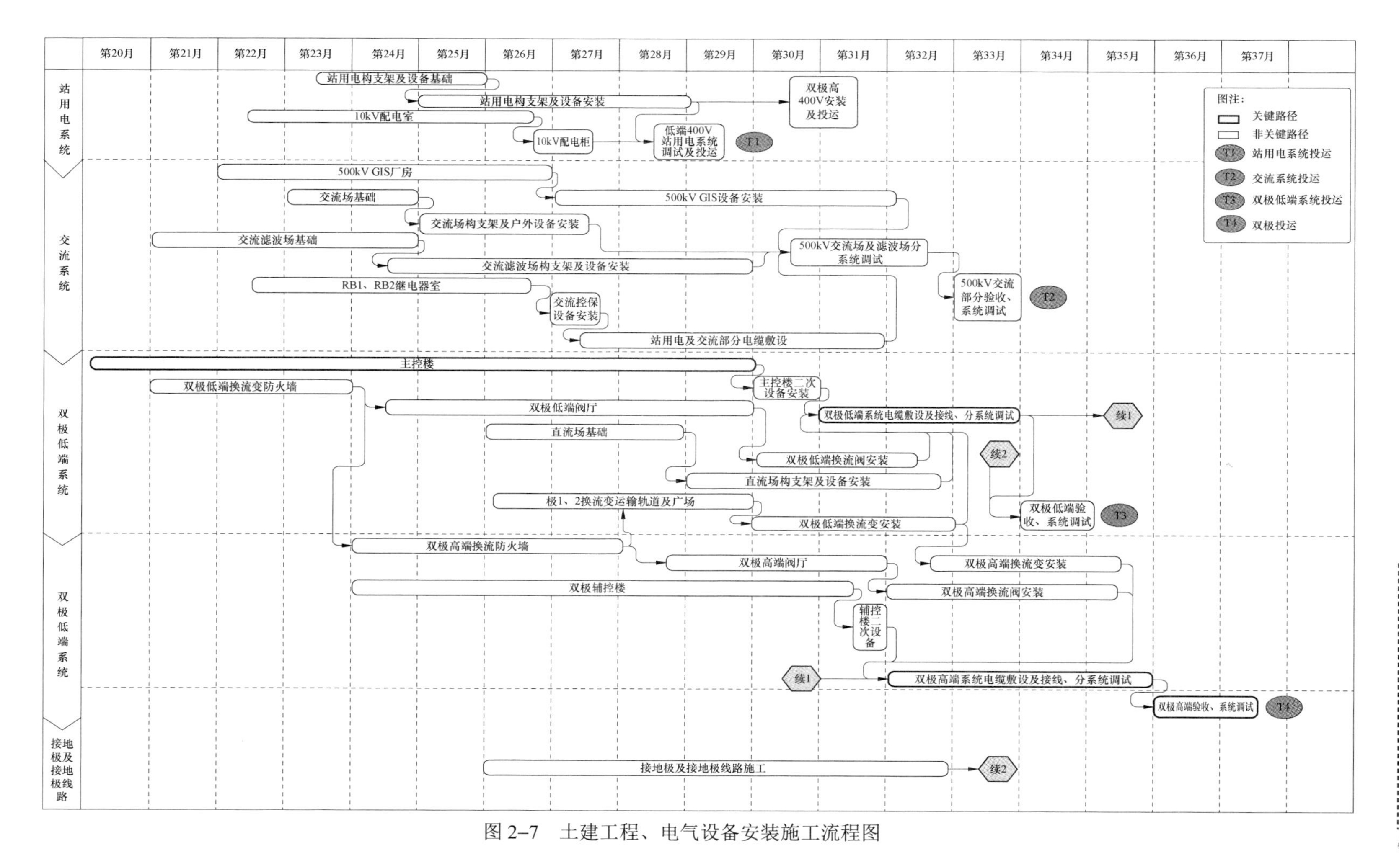

图 2-7 土建工程、电气设备安装施工流程图

（2）土建工程准备阶段应完成的工作见表 2–13。

表 2–13　　土建工程准备阶段应完成的工作

序号	主要任务内容	责任单位	参与单位
1	施工图纸交底及会检完成	建设管理单位	监理单位、设计单位、施工单位、环水保验收单位、水保监测单位
2	工程桩检测合格，提供桩基检测报告	施工单位	监理单位、设计单位
3	编制项目管理实施规划、安全文明施工实施细则、工程创优施工实施细则等施工管理策划和安全、质量、环保、水保等施工方案并报审，进行交底	施工单位	监理单位、环水保验收单位、水保监测单位
4	各项施工管理制度和作业指导书已制定并审查合格	施工单位	监理单位
5	首道工序施工方案已报审并交底	施工单位	监理单位
6	施工质量、水保验收及评定项目划分已审批	施工单位	建设管理单位、监理单位、环水保验收单位、水保监测单位
7	施工进度计划已审批	施工单位	建设管理单位、监理单位、环水保验收单位
8	试验单位已委托并报审	施工单位	建设管理单位、监理单位
9	物资及材料准备能满足施工要求，乙供材料已报审	施工单位	监理单位
10	完成施工原材料见证取样送检、采购，办理固体废弃、废水处理和余土堆放倒运相关手续，确保满足连续施工要求；完成混凝土、砂浆材料的配合比试验	施工单位	监理单位、业主项目部
11	计量器具、仪表经法定单位检验合格并报审	施工单位	监理单位
12	施工机械、工器具、安全用具检验和进场报审	施工单位	监理单位
13	施工人力和机械已进场、施工组织已落实到位	施工单位	监理单位
14	特殊工种作业人员资质已报审	施工单位	监理单位
15	施工人员已进场，入场教育及施工技术培训、交底及考试合格	施工单位	监理单位
16	质量通病防治措施、建设标准强制性条文执行措施已审批	施工单位	监理单位
17	大型施工机械已报审	施工单位	监理单位
18	工程控制网的测量结果已报审	施工单位	监理单位
19	提交工程开工申请	施工单位	建设管理单位
20	编制监理工作制度和质量安全管理制度	监理单位	建设管理单位
21	监理规划、监理实施细则等监理文件已审批	监理单位	建设管理单位、环水保验收单位
22	完成安全监理工作方案、应急预案	监理单位	建设管理单位
23	完成质量监理工作方案、创优实施细则、土建阶段环保和水保实施细则	监理单位	建设管理单位、环水保验收单位

续表

序号	主要任务内容	责任单位	参与单位
24	编制一级网络计划并报建设单位审批，审查施工单位二级网络计划	监理单位	建设管理单位
25	核查开工前安全文明施工准备情况，进行监理安全签证；核查是否存在工程环水保重大变更（动）情况	监理单位	建设管理单位、环水保验收单位
26	核查开工条件，审批开工文件	监理单位	建设管理单位 施工单位

（3）土建工程施工及交安验收见表2–14。

表2–14　　土建工程施工及交安验收

序号	主要任务内容	责任单位	参与单位	国网直流公司分工
1	基础施工	施工单位	监理单位、设计单位	
2	主体工程施工（包含环保、水保设施）	施工单位	监理单位、设计单位	
3	装饰装修工程施工	施工单位	监理单位、设计单位	
4	屋面防水工程施工	施工单位	监理单位、设计单位	
5	给排水及通风空调安装	施工单位	监理单位、设备厂家	
6	建筑电气安装	施工单位	监理单位	
7	钢结构及围护结构安装	施工单位	监理单位、加工厂家	
8	站内道路、轨道及广场、电缆沟、降噪设施、事故油池等	施工单位	监理单位	
9	监理旁站、巡视检查、平行检验、见证、签证，例会，质量验评；按照环境监理规范和水保施工监理规范开展监理和验评工作	监理单位	施工单位、环水保验收单位、水保监测单位	业主项目部
10	班组级自检及整改消缺闭环	施工单位	监理单位	
11	项目部级复检及整改消缺闭环	施工单位	监理单位	
12	公司级专检及整改消缺闭环	施工单位	监理单位	
13	提交公司级专检报告及监理初验申请	施工单位	监理单位	
14	编写监理桩基础初步验收方案，报业主项目部备案	监理单位	建设管理单位	业主项目部
15	组织监理初步验收；检查土建工程“建设标准强制性条文”落实情况，形成强条执行检查记录；环水保措施落实情况	监理单位	建设管理单位、环水保验收单位、水保监测单位	业主项目部
16	监理初步验收发现问题消缺整改闭环	监理单位	建设管理单位	业主项目部
17	整改复查，出具监理初步验收报告，提交土建交安“中间验收申请”	监理单位	建设管理单位	业主项目部
18	组织进行“中间验收”	建设管理单位	施工、监理单位、环水保验收单位、水保监测单位	业主项目部
19	中间验收发现问题消缺整改闭环	各责任单位	监理单位	

续表

序号	主要任务内容	责任单位	参与单位	国网直流公司分工
20	土建阶段质量监督检查	电力质监站	监理单位、设计单位、施工单位、环水保验收单位、水保监测单位	
21	检查发现问题消缺整改闭环	各责任单位	监理单位	
22	办理土建交电气安装移交手续	施工单位	监理单位	
23	核查、落实土建阶段结算，形成结算核查意见	监理单位	施工、设计单位	
24	审查、确定土建阶段工程结算	建设管理单位	相关参建单位	计划部、业主项目部
25	签署结算协议书	业主	相关参建单位	计划部

（4）电气安装工程准备阶段应完成的工作见表 2–15。

表 2–15　　电气安装工程准备阶段应完成的工作

序号	主要任务内容	责任单位	参与单位	国网直流公司分工
1	签订施工承包合同	建设管理单位	施工单位	换流站部、计划部
2	签订安全文明施工协议	建设管理单位	施工单位	换流站部
3	完善工程安全委员会	建设管理单位	各参建单位	安全质量部
4	下达工程安全文明与环境保护策划、工程创优策划	建设管理单位	各参建单位、环水保验收单位、水保监测单位	业主项目部
5	下达安装调试工程质量通病防治任务书	建设管理单位	施工单位、监理单位	业主项目部
6	下达电气安装工程强制性条文执行计划	建设管理单位	施工单位、监理单位	业主项目部
7	电气设备安装施工图	设计单位	建设管理单位	业主项目部
8	组织施工图会检和设计交底会，并下发纪要	建设管理单位	监理单位、设计单位、施工单位、环水保验收单位、水保监测单位	业主项目部
9	批准开工报告及有关文件	建设管理单位	监理单位、施工单位	业主项目部、换流站部
10	参加电气设备施工图会检和设计交底会	施工单位	建设管理单位、监理单位、设计单位	
11	编制相关电气安装工程关键施工方案和工艺编审批和报审	施工单位	监理单位、建设管理单位	业主项目部
12	编制“建设标准强制性条文”执行计划，并报审	施工单位	建设管理单位、监理单位	业主项目部
13	编制“质量通病防治措施”“安全通病防治措施”“环水保施工实施细则”并报审	施工单位	建设管理单位、监理单位、环水保验收单位、水保监测单位	业主项目部

续表

序号	主要任务内容	责任单位	参与单位	国网直流公司分工
14	特殊工种人员、施工人员到位，组织培训、交底及考试	施工单位	监理单位	
15	施工机械、工器具、安全用具检验和进场报审	施工单位	监理单位	
16	大型施工机械已报审	施工单位	监理单位	
17	计量器具、仪表经法定单位检验合格并报审	施工单位	监理单位	
18	完成开工前安全文明施工准备和项目部自检	施工单位	监理单位	
19	提出换流站设备到货需求计划	施工单位	国网物资公司 监理单位	
20	租赁设备堆场，催交、清点、整理到场设备	施工单位	国网物资公司 监理单位	
21	电气安装工程开工前各文件的报审	施工单位	监理单位	
22	提交“电气安装单位工程开工报审”	施工单位	建设管理单位 监理单位	业主项目部
23	参加电气安装施工图会检和设计交底会	监理单位	建设管理单位、设计单位、施工单位	
24	审查施工单位电气安装单位工程开工前各报审文件	监理单位	施工单位、环水保验收单位、水保监测单位	
25	核查电气安装工程开工前安全文明施工准备情况，进行监理安全签证，核查固体废弃物、危废处理相关手续办理情况	监理单位	施工单位、环水保验收单位、水保监测单位	
26	编制“电气安装、调试工程监理实施细则”“监理安全工作方案”“电气阶段环保和水保监理实施细则”并报审	监理单位	施工单位、环水保验收单位、水保监测单位	
27	开展“设计建设标准强制性条文”执行情况检查	监理单位	施工单位	
28	核查“质量通病防治措施”“安全通病防治措施”	监理单位	施工单位	
29	审核“电气安装单位工程开工”申请	监理单位	施工单位	
30	组织电气安装工程施工图会检，并下发纪要	建设管理单位	监理单位、设计单位、施工单位	业主项目部
31	批准有关报审文件	建设管理单位	监理单位、设计单位、施工单位	业主项目部
32	督促厂家按设备需求计划供货	国网物资公司	建设管理单位、监理	业主项目部
33	组织现场协调会	建设管理单位	各参建单位、环水保验收单位、水保监测单位	换流站部、 业主项目部

（5）设备安装及验收工作见表 2–16。

表 2–16　　设备安装及验收工作

序号	主要任务内容	责任单位	参与单位
1	基础及预埋件复核	施工单位	监理单位、设计单位
2	构支架安装	施工单位	监理单位、加工厂家
3	组织电气设备安装工程各批次开箱检查，检查设备噪声是否满足要求	监理单位	国网物资公司、施工单位、设备厂家
4	组织建设、土建施工、设备安装、厂家、设计等单位召开工地例会	监理单位	各参建单位
5	站用电设备安装	施工单位	国网物资公司、监理单位、设备厂家
6	交流场设备安装	施工单位	国网物资公司、监理单位、设备厂家
7	交流滤波场设备安装	施工单位	国网物资公司、监理单位、设备厂家
8	二次设备安装	施工单位	国网物资公司、监理单位、设备厂家
9	全站电缆施工	施工单位	监理单位、设计单位
10	换流变压器系统设备安装	施工单位	国网物资公司、监理单位、设备厂家
11	换流阀系统设备安装	施工单位	国网物资公司、监理单位、设备厂家
12	直流场设备安装	施工单位	国网物资公司、监理单位、设备厂家
13	其他设备安装	施工单位	国网物资公司、监理单位、设备厂家
14	交接试验	施工单位/调试单位	国网物资公司、监理单位、设备厂家
15	班组级自检	施工单位	监理单位
16	整改消缺闭环	施工单位	监理单位、设计单位
17	项目部级复检	施工单位	监理单位、设计单位
18	整改消缺闭环	施工单位	监理单位
19	公司级专检	施工单位	监理单位
20	整改消缺闭环	施工单位	监理单位
21	提交公司级专检报告及监理初验申请	施工单位	监理单位
22	编写监理初步验收方案，报业主项目部备案	监理单位	建设管理单位
23	组织监理初步验收；检查电气安装调试工程“建设标准强制性条文”执行检查情况，检查环保、水保措施落实情况	监理单位	施工单位、环水保验收单位、水保监测单位
24	监理初步验收发现问题消缺整改闭环	施工单位	设备厂家
25	整改复查，出具监理初步验收报告，提交“预验收申请”	监理单位	施工单位、设备厂家
26	组织竣工预验收	建设管理单位	各参建单位
27	竣工预验收发现问题消缺整改闭环	施工单位	监理单位、设计单位、设备厂家
28	交接验收	建设运行单位	监理单位、施工单位、设计单位、设备厂家
29	交接验收发现问题消缺整改闭环	施工单位	监理单位、设计单位、设备厂家

续表

序号	主要任务内容	责任单位	参与单位
30	竣工验收	国网直流部	各参建单位
31	启动调试	国网直流部	施工、调试、厂家
32	投产前质量监督申请	建设管理单位	施工单位
33	质量监督检查提出问题消缺整改闭环	各责任单位	监理单位、设计单位
34	下达质量监督检查报告	质监站	各参建单位
35	投产试运行	运行单位	各参建单位、环水保验收单位、环保和水保监测单位
36	编报工程竣工结算文件	施工单位	建设管理单位、监理单位、设计单位
37	核查、落实工程竣工结算，形成结算核查意见	监理单位	施工、设计单位
38	审查、确定工程结算	建设管理单位	相关参建单位
39	形成并签署结算协议书	业主	相关参建单位

2.6 验收管理

2.6.1 施工三级自检验收管理

（1）施工三级自检验收流程如图 2–8 所示。

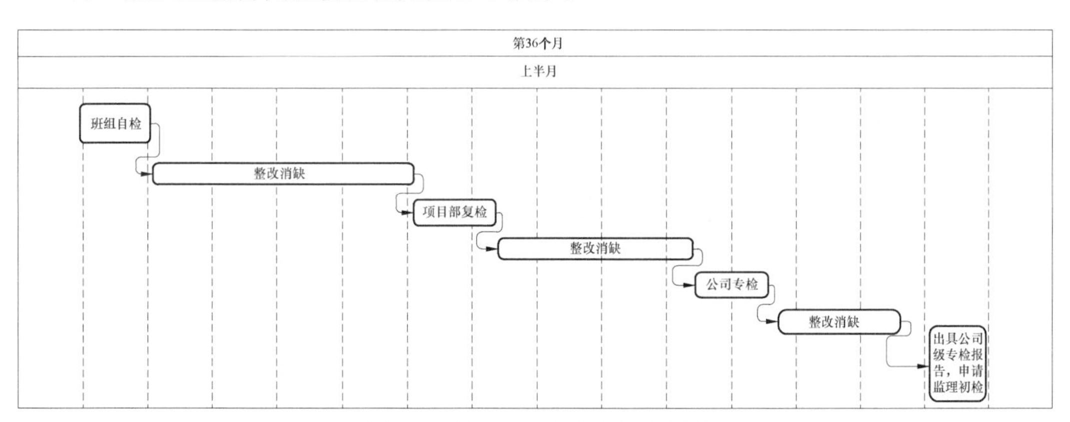

图 2–8 施工三级自检验收流程图

（2）主要工作内容见表 2–17。

表 2–17 主 要 工 作 内 容

序号	主要任务内容	责任单位	参与单位
1	班组自检	施工班组	
2	整改消缺	施工班组	
3	项目部复检	施工项目部	

续表

序号	主要任务内容	责任单位	参与单位
4	整改消缺	施工班组	
5	公司专检	施工单位	
6	整改消缺	施工班组	
7	出具公司级专检报告，申请监理初检	施工单位	

2.6.2 监理竣工初步验收管理

（1）监理竣工初步验收流程如图 2–9 所示。

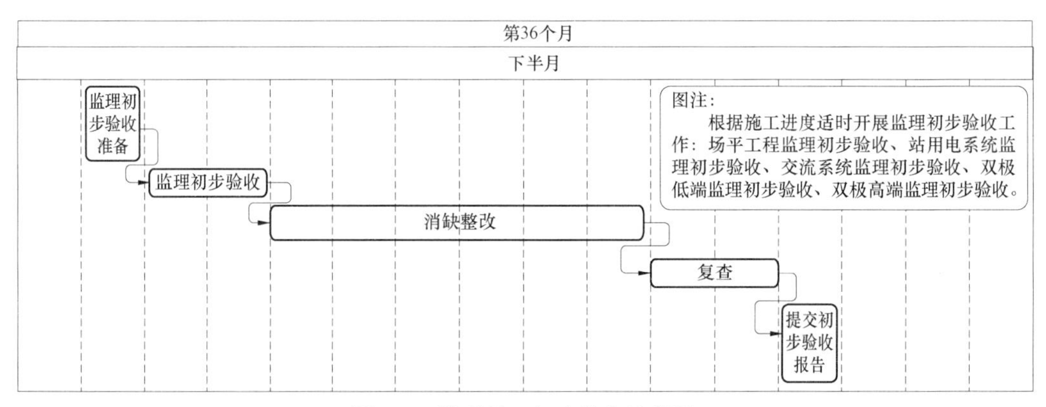

图 2–9　监理竣工初步验收流程图

（2）主要工作内容见表 2–18。

表 2–18　　主 要 工 作 内 容

序号	主要任务内容	责任单位	参与单位
1	确定初步验收组织机构、编制初步验收方案，报建设单位备案	监理单位	建设管理单位
2	确定初步验收时间，发出验收通知	监理单位	施工单位
3	相关单位做好初步验收的准备工作	其他相关单位	监理单位
4	组织有关专业专家、监理人员对工程进行初步验收，提出发现问题整改消缺单	监理单位	施工、调试、物资管理单位
5	消缺整改	施工单位	物资管理单位
6	复查	监理单位	施工单位、物资管理单位
7	提交监理初步验收报告，并向建设管理单位申请竣工预验收	监理单位	建设管理单位

2.6.3 竣工预验收管理

（1）竣工预验收流程如图 2–10 所示。

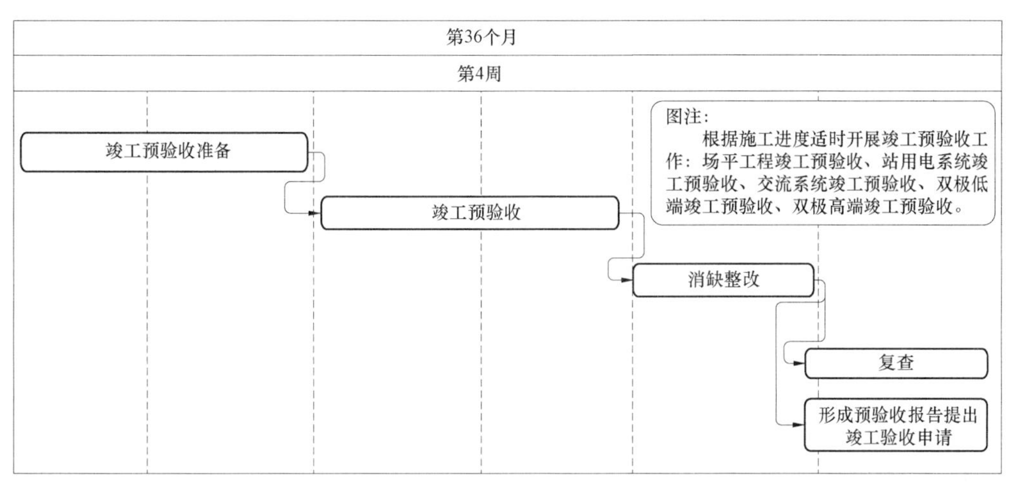

图 2–10 竣工预验收流程图

（2）主要工作内容见表 2–19。

表 2–19 主 要 工 作 内 容

序号	主要任务内容	责任单位	参与单位	国网直流公司分工
1	成立验收组组织机构、编制预验收方案	建设管理单位	各参建单位	换流站部
2	确定验收时间，发出验收通知	建设管理单位	各参建单位、环水保验收单位、水保监测单位	换流站部、业主项目部
3	其他相关单位提前做好预验收准备工作	建设管理单位	各参建单位	业主项目部
4	竣工预验收	建设管理单位	运行、监理、设计、施工单位、物资管理单位、环水保验收单位、水保监测单位	换流站部
5	消缺整改	相关责任单位	监理单位	业主项目部
6	复查	建设管理单位	运行、监理、施工、物资管理等单位	换流站部
7	形成竣工预验收报告	建设管理单位	国网直流部	换流站部
8	建设管理单位提出竣工验收申请	建设管理单位	国网直流部	换流站部

2.6.4 竣工验收管理

（1）竣工验收流程如图 2–11 所示。

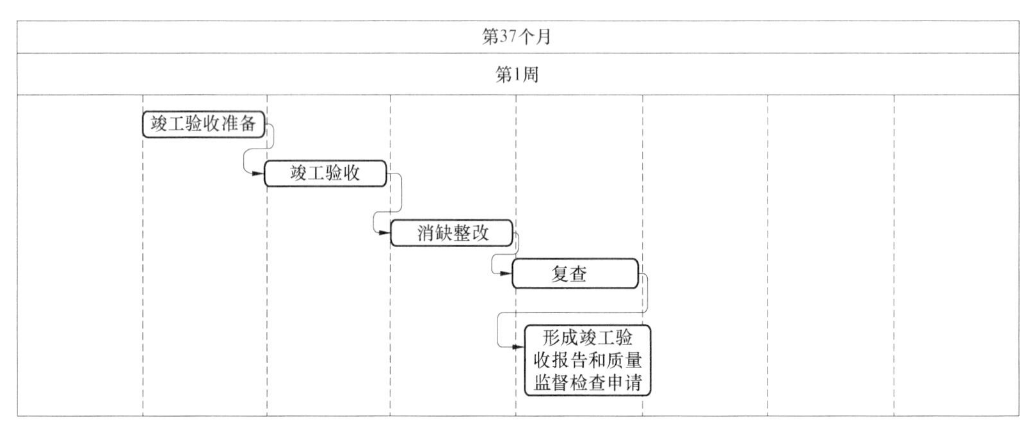

图 2–11　竣工验收流程图

（2）主要工作内容见表 2–20。

表 2–20　　主要工作内容

序号	主要任务内容	责任单位	参与单位
1	成立启动验收委员会	国网直流部	公司本部、建设管理单位、调度、生产运行管理及主要参建单位
2	成立验收组组织机构，编制竣工验收方案（工程竣工验收实施细则）	国网直流部	运维检修部、国网直流公司、环水保验收单位
3	确定验收时间，发出验收通知	国网直流部	运维检修部、国网直流公司、环水保验收单位
4	其他相关单位做好交接验收准备工作	各参建单位	监理单位
5	召开竣工验收会议，确定竣工验收检查的方式、内容及组织安排	国网直流部	建设管理、运行、质量监督、监理、设计、施工、物资管理单位、环水保验收单位
6	进行竣工验收，形成竣工验收报告	国网直流部	建设管理、运行、质量监督、监理、设计、施工、物资管理单位、环水保验收单位
7	竣工验收总结会	国网直流部	建设管理、运行、质量监督、监理、设计、施工、物资管理单位、环水保验收单位
8	消缺	各责任单位	监理单位
9	复查	运行单位	各责任单位
10	提交投运前质量监督检查申请	建设管理单位	各参建单位

2.6.5　启动调试管理

（1）启动调试流程如图 2–12 所示。

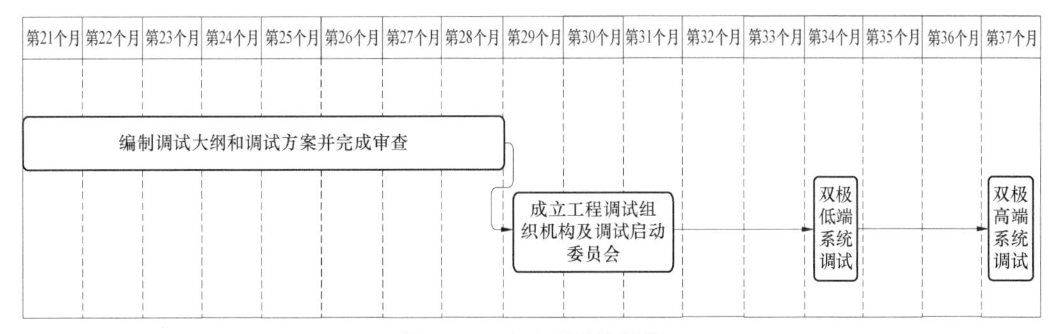

图 2–12 启动调试流程图

（2）主要工作内容见表 2–21。

表 2–21 主 要 工 作 内 容

序号	主要任务内容	责任单位	参与单位	国网直流公司分工
1	工程启动调试调度方案的编制和报审	国家电力调度通信中心	各参建单位	
2	审查批准“工程启动调试调度方案”	工程启动验收委员会	各参建单位	
3	按调度部门规定动作的新设备启动调试规定，办理启动申请手续	国网直流部	各参建单位	
4	对调试中发现的问题的消缺整改	各责任单位	各参建单位	
5	工程投产后一个月内，负责组织完成启动投产签证书的办理，经建设部、运维检修部、建设管理、生产运行管理、运行维护、质量监督、设计、监理、施工单位共同签署后，报启委会主任签批	建设管理单位	各参建单位	业主项目部
6	参与大负荷试验环境监测和工程试运行期间环境监测、公众参与调查等工作	国网直流部	环境监测单位、环保验收单位	安质部、业主项目部

2.7 专项管理

专项管理见表 2–22～表 2–25。

表 2–22 档案管理主要工作内容

序号	工 作 名 称	责任单位	配合单位	国网直流公司分工
1	可研资料收集整理	发展策划部		计划部
2	工程立项资料的收集整理	建设管理单位	发展策划部、建设部	计划部
3	在建设管理纲要中提出工程档案管理的相关要求	建设部	/	综合部
4	初步设计资料收集整理	设计单位	物资部 建设部	换流站部
5	工程准备资料收集整理	建设管理单位	监理、设计、施工单位	换流站部

续表

序号	工　作　名　称	责任单位	配合单位	国网直流公司分工
6	工程开工后建立资料管理联系渠道	单位	各参建单位	换流站部
7	工程施工资料收集整理	施工单位 监理单位	设计单位	业主项目部
8	竣工验收资料收集整理	监理单位 施工单位	建设管理单位、设计单位	业主项目部
9	调试、试运行阶段收集整理	监理单位	调试单位	业主项目部
10	网省公司组织参建单位向建设分公司档案室办理档案移交，移交一套竣工资料、图纸	各责任单位	/	综合部
11	达标投产及评优资料的收集	建设管理单位	各参建单位	安质部

表 2–23　　环境保护管理主要工作内容

序号	工　作　名　称	责任单位	配合单位	国网直流公司分工
1	可行性研究报告及批复文件	发策部	/	计划部
2	省级环境保护部门对项目环境评价影响报告初审意见	网省公司	/	
3	环境影响评价报告编制并获得国家环保部对项目环境环境影响评估文件的批复	直流部	建设管理单位	安质部
4	编制环保设计文件，并复核环境保护重大变动情况	设计单位	监理单位	安质部、业主项目部
5	工程环境保护组织机构的建立、制度的建立	建设管理单位	各参建单位	业主项目部
6	编制安全文明施工和环境保护总体策划；安全文明施工和环境保护实施方案	建设管理单位	/	业主项目部
7	编制环境保护监理规划，执行环境监理规范企标内容	监理单位	/	业主项目部
8	环境保护实施细则的编制	施工单位	/	业主项目部
9	环境保护图纸会检、设计交底	业主项目部	设计单位、监理单位、施工单位、环保验收单位	安质部
10	召开设计复核审查会；审查设计对环境保护评估报告（环保专题评估报告）及批复意见的落实情况	直流部	设计单位、建设管理单位、环保验收单位	安质部、业主项目部
11	环境保护施工	施工单位	/	业主项目部
12	检查环保设施建设和工程质量	监理单位	/	业主项目部
13	检查各施工阶段环境保护内控处理意见的落实情况	建设管理单位	环保验收单位	安质部
14	征求工程涉及的省级行政主管部门对工程环评报告的意见；解决各级行政主管部门发现的问题，并完善相关工作	网省公司	环保验收单位、环保监测单位	业主项目部

续表

序号	工 作 名 称	责任单位	配合单位	国网直流公司分工
15	与主体工程同步开展环境保护工程竣工预验收工作	建设管理单位	各参建单位、环保验收、环境监测单位	业主项目部
16	建设、施工、监理环境保护总结初稿内部审核	建设管理单位	/	业主项目部
17	工程竣工环保验收调查实施方案的落实	环保验收单位	建设管理单位、设计单位、监理单位、施工单位	安质部
18	编制《竣工环保验收调查报告》	环保验收单位	建设管理单位、设计单位、监理单位、施工单位	安质部、业主项目部
19	竣工环保验收调查报告内审	直流部	建设管理单位、环保验收单位、环境监测单位、环评编制单位	安质部、业主项目部
20	建设项目竣工环境保护验收申请	直流部	/	安质部
21	现场检查和验收资料检查	科技部	各参建单位、环保验收、监测单位	安质部、业主项目部
22	环境保护验收批复	科技部	建设管理单位	安质部
23	环境保护验收资料归档	建设管理单位	/	安质部、业主项目部

表 2–24　　水土保持管理主要工作内容

序号	工 作 名 称	责任单位	配合单位	国网直流公司分工
1	可研报告、项目申请核准报告及核准申请	发策部	设计单位、建设管理单位	计划部
2	工程属地省级水利部门、流域的批复文件	网省公司	/	
3	项目水土保持方案报告书及水利部批复	直流部	建设管理单位	安质部
4	编制水保设计文件，并复核环境保护重大变动情况	设计单位	监理单位	安质部 业主项目部
5	水土保持组织管理机构的建立、制度的建立	建设管理单位	/	业主项目部
6	安全文明施工总体策划（水保部分）；水土保持施工实施方案	建设管理单位	/	业主项目部
7	编制水保监理规划和纲要，执行水保施工监理规范行业标准内容	监理单位	/	业主项目部
8	水土保持施工实施细则的编制	施工单位	/	业主项目部
9	水土保持施工图纸会检、设计交底	业主项目部	设计单位、监理单位、施工单位、水保验收单位、水保监测单位	安质部

续表

序号	工　作　名　称	责任单位	配合单位	国网直流公司分工
10	召开设计复核审查会，审查初步设计对水土保持方案及批复意见的落实情况；组织水土保持方案交底会	直流部	设计单位、建设管理单位、水保验收单位	业主项目部
11	水土保持工程施工	施工单位	/	业主项目部
12	检查水土保持设施建设和工程质量	监理单位	/	业主项目部
13	检查各施工阶段水土保持内控处理意见的落实情况	建设管理单位	水保验收、监测单位	安质部
14	征求工程涉及的流域机构及省级水行政主管部门对工程水保方案的意见；解决各级水行政主管部门发现的问题，并完善相关工作	网省公司	水保验收单位、水保监测单位	业主项目部
15	与主体工程同步开展水土保持工程竣工预验收工作	建设管理单位	各参建单位、水保验收、水保监测单位	业主项目部
16	建设、施工、监理水土保持总结初稿内部审核	建设管理单位	/	业主项目部
17	工程水保竣工验收实施方案的落实	水保验收单位	建设管理单位、设计单位、监理单位、施工单位、水保监测单位	安质部
18	编制《水保竣工验收报告》、组织《水保监测报告》	水保验收单位	建设管理单位、设计单位、监理单位、施工单位、水保监测单位	安质部、业主项目部
19	水保竣工验收调查报告、水保监测报告内审	直流部	建设管理单位、水保验收单位、水保监测单位、水保方案编制单位	安质部、业主项目部
20	建设项目水保竣工验收申请	直流部	/	安质部
21	现场检查和验收资料检查	科技部	各参建单位、水保验收、监测单位	安质部、业主项目部
22	水保验收批复	科技部	建设管理单位	安质部
23	工程照片光盘、水土流失补偿费缴纳收据收集整理，水保验收资料归档	建设管理单位	/	安质部、业主项目部

表 2-25　　　　消防管理主要工作内容

序号	工　作　名　称	责任单位	配合单位	国网直流公司分工
1	项目立项批复或取得规划许可证	建设部	设计单位、建设管理单位	业主项目部
2	消防设计招标	建设部	建设管理单位	
3	消防设计	设计单位	/	
4	消防设计文件报审	建设管理单位	/	业主项目部

续表

序号	工 作 名 称	责任单位	配合单位	国网直流公司分工
5	消防设计审核，出具消防设计审核意见	消防部门	建设管理单位	业主项目部
6	消防设计备案	建设管理单位	施工单位	业主项目部
7	消防施工方案	施工单位	/	
8	消防产品质量合格证明文件报审	施工单位	消防部门、监理单位	业主项目部
9	消防设施施工	施工单位	/	
10	建筑消防设施检测报告书	消防部门	施工单位	
11	消防验收应提供的证明文件	建设管理单位	/	
	（一）建设工程消防验收申报表		/	
	（二）工程竣工验收报告		/	
	（三）消防产品质量合格证明文件		施工单位	
	（四）有防火性能要求的建筑构件、建筑材料、室内装修装饰材料符合国家标准或者行业标准的证明文件、出厂合格证		施工单位	
	（五）消防设施、电气防火技术检测合格证明文件		施工单位	
	（六）施工、工程监理、检测单位的合法身份证明和资质等级证明文件		有关单位	
	（七）其他依法需要提供的材料		有关单位	
12	消防竣工验收，出竣工验收报告	监理、建设管理单位	施工单位	业主项目部
13	消防竣工验收备案抽查申请	建设管理单位	施工单位	
14	竣工验收备案受理系统进行消防设计、竣工验收备案，或者报送纸质备案表由公安机关消防机构录入消防设计和竣工验收备案受理系统	消防部门	施工、监理、建设单位	
15	消防竣工验收备案抽查	消防部门	施工、监理、建设单位	
16	取得消防验收意见书	消防部门	施工单位	
17	消防验收资料归档	建设管理单位	施工单位	业主项目部

2.8 尾工管理

2.8.1 工程结（决）算管理

（1）工程决算流程如图 2–13 所示。

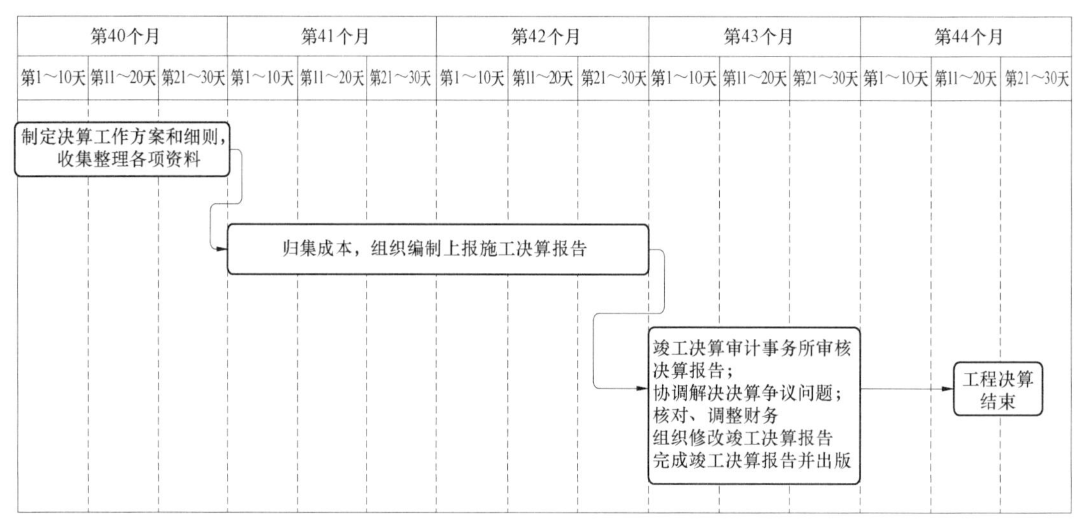

图 2–13　工程决算流程图

（2）工程结算主要工作内容见表 2–26。

表 2–26　　　　　　　　工程结算主要工作内容

序号	主要任务内容	责任单位	参与单位	国网直流公司分工
1	收集、整理全部结算协议和结算文件、资料	建设管理单位	业主项目部、监理项目部	计划部、业主项目部
2	将合同工程中的场平工程、桩基工程、土建工程、电气安装工程、调试等工程结算值合并在一起形成换流站整个工程结算值	建设管理单位	业主项目部、监理项目部	计划部、业主项目部
3	编制形成各单位承包工程结算书，将各承包单位结算书汇总形成整个工程结算书	建设管理单位	业主项目部、监理项目部	

（3）工程决算主要工作内容见表 2–27。

表 2–27　　　　　　　　工程决算主要工作内容

序号	主要任务内容	责任单位	参与单位	国网直流公司分工
1	收集全部工程结算资料、全部费用（如项目前期工作费、勘测设计费、土地征收及附着物清理费、物资采购费、建设期贷款利息等等）结算资料	国家电网公司	建设管理单位	财务部、业主项目部
2	编制投资项目决算报告	国家电网公司	国网直流部 建设管理单位	财务部、业主项目部
3	移交固定资产	国家电网公司	国网直流部、生产部	

2.8.2 质量评价管理

（1）质量评价流程如图 2–14 所示。

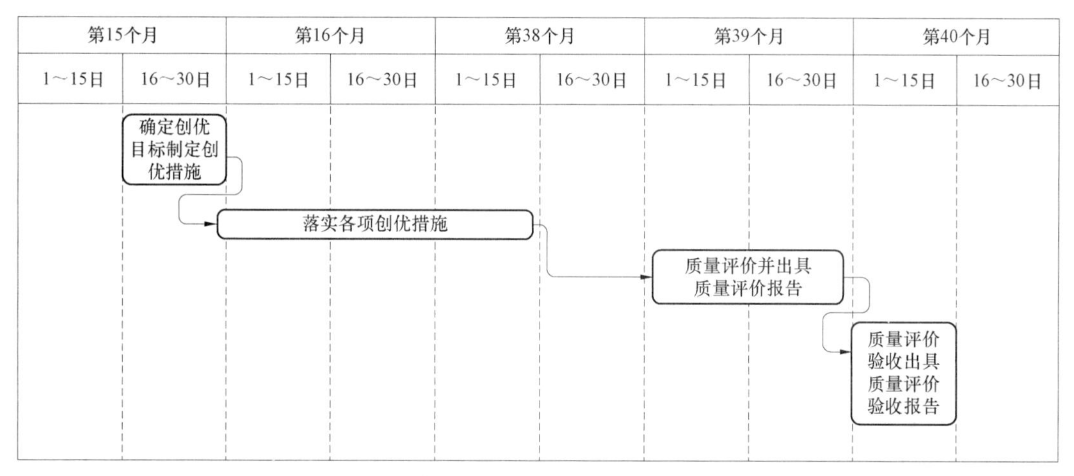

图 2–14 质量评价流程图

（2）主要工作内容见表 2–28。

表 2–28 主 要 工 作 内 容

序号	主要任务内容	责任单位	参与单位
1	建立工程质量目标	建设管理单位	施工单位
2	制定工程创优措施	施工单位	监理单位
3	地基及桩基工程施工	施工单位	监理单位
4	主体结构工程（钢筋混凝土工程、钢结构工程、砌体工程、地下防水层工程）施工	施工单位	监理单位
5	屋面工程施工	施工单位	监理单位
6	装饰装修工程施工	施工单位	监理单位
7	安装工程施工	施工单位	监理单位
8	工程质量自检	施工单位	监理单位
9	工程质量验收	监理项目部、国网直流部	施工单位
10	各工程部位、单位工程质量评价	监理公司或第三方机构	施工单位
11	出具质量评价报告	监理公司或第三方机构	施工单位
12	向中电建协申请质量评价验收	监理公司或第三方机构	施工单位
13	质量评价验收工作： （1）专业组现场复查； （2）对档案资料核查； （3）质量评价报告核查	中电建协	施工、监理或第三方机构
14	质量评价验收的审意见	专家组	中电建协
15	工程质量评价验收报告	中电建协	建设管理单位

2.8.3 达标投产管理

（1）达标投产流程如图 2–15 所示。

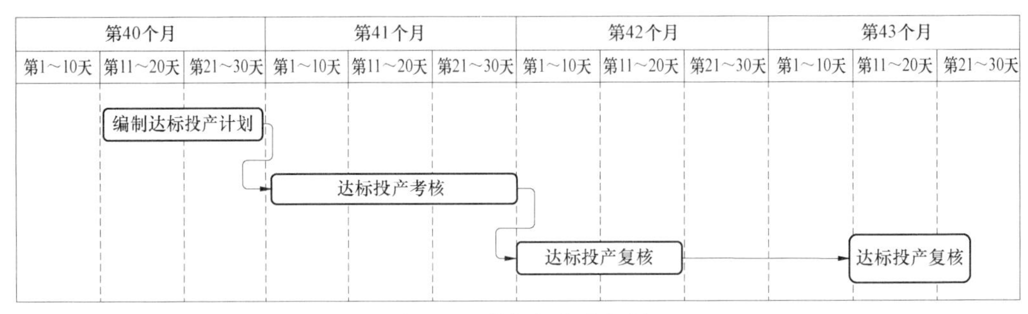

图 2–15 达标投产流程图

（2）主要工作内容见表 2–29。

表 2–29 主 要 工 作 内 容

序号	主要任务内容	责任单位	参与单位	国网直流公司分工
1	达标投产准备	建设管理单位	设计、施工、调试、运行、监理单位	安质部、业主项目部
2	达标投产考核	建设管理单位	设计、施工、调试、运行、监理单位	安质部、业主项目部
3	“达标投产考核”批复申请	建设管理单位	项目法人	安质部、业主项目部
4	“达标投产考核”复核	项目法人	设计、施工、调试、运行、监理单位	
5	“达标投产考核”批复	项目法人	建设管理单位	

2.8.4 优质工程评选管理

优质工程评选流程如图 2–16 所示。优质工程评选主要任务及责任单位见表 2–30、表 2–31，申报材料见表 2–32～表 2–35。

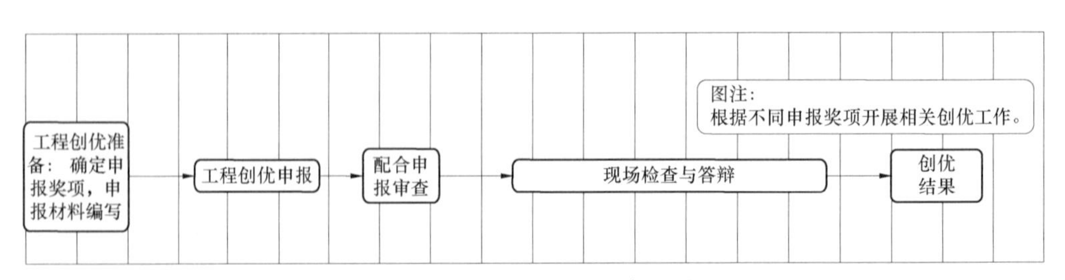

图 2–16 优质工程评选流程图

表 2-30 国家电网公司输变电优质工程评选主要任务内容及责任单位

序号	主要任务内容	责任单位	参与单位	国网直流公司分工
1	工程创优申报	建设管理单位	质监、设计、监理、施工、调试、运行、物资管理单位	安质部、业主项目部
2	工程创优准备	建设管理单位	质监、设计、监理、施工、调试、运行、物资管理单位	安质部、业主项目部
3	自检（自检结果通过基建信息化系统填报）	国网直流部	建设管理、质监、设计、监理、施工、调试、运行、物资管理单位	安质部、业主项目部
4	抽检	国网直流部	建设管理、质监、设计、监理、施工、调试、运行、物资管理单位	安质部、业主项目部
5	核检命名	国网基建部	建设管理单位	安质部

表 2-31 中国电力优质工程奖评选主要任务内容及责任单位

序号	主要任务内容	责任单位	参与单位	国网直流公司分工
1	工程创优申报	建设管理单位	质监、设计、监理、施工、调试、运行、物资管理单位	安质部、业主项目部
2	工程创优材料准备	建设管理单位	质监、设计、监理、施工、调试、运行、物资管理单位	安质部、业主项目部
3	申报材料预审	中电建协	建设管理、质监、设计、监理、施工、调试、运行、物资管理单位	安质部
4	现场复查	中电建协	建设管理、质监、设计、监理、施工、调试、运行、物资管理单位	安质部、业主项目部
5	评审委员会评审	中电建协	建设管理单位	安质部
6	中电协批准	中电建协	建设管理单位	安质部
7	授予中国电力优质工程	中电建协	建设管理、质监、设计、监理、施工、调试、运行、物资管理单位	

表 2-32 国家优质工程奖评选主要任务内容及责任单位

序号	主要任务内容	责任单位	参与单位	国网直流公司分工
1	工程创优申报	建设管理单位	质监、设计、监理、施工、调试、运行、物资管理单位	安质部、业主项目部
2	工程创优材料准备	建设管理单位	质监、设计、监理、施工、调试、运行、物资管理单位	安质部、业主项目部
3	申报材料检查、审核	中电建协	建设管理、质监、设计、监理、施工、调试、运行、物资管理单位	安质部
4	出具正式的推荐函	中电建协	建设管理单位	安质部
5	现场复查	审定委员会专家组	建设管理、质监、设计、监理、施工、调试、运行、物资管理单位	安质部、业主项目部

续表

序号	主要任务内容	责任单位	参与单位	国网直流公司分工
6	评审会员会评审	审定委员会	中电建协	
7	批准	审定委员会主任委员	中电建协	
8	授予国家优质工程奖牌及奖状	审定委员会	国网直流部、建设管理、质监、设计、监理、施工、调试、运行、物资管理单位	安质部、业主项目部

表 2–33　　国家电网公司输变电优质工程申报材料内容

序号	主要任务内容	责任单位	参与单位
1	工程项目批准建设立项文件	建设管理单位	设计、施工、监理、调试单位
2	工程项目建设有关批准文件（规划许可证、开工批复等）	建设管理单位	设计、施工、监理、调试单位
3	工程建设项目管理单位创优规划、主要参建单位（设计、施工、监理）的创优实施细则	建设管理单位	设计、施工、监理、调试单位
4	工程建设合同	建设管理单位	设计、施工、监理、调试单位
5	工程启动竣工验收证书	建设管理单位	设计、施工、监理、调试单位
6	工程质量监督部门对工程项目质量的评价意见	质量监督部门	建设管理单位
7	工程项目达标投产批复文件	建设管理单位	设计、施工、监理、调试单位
8	运行单位对本工程项目的评价意见	运行单位	/
9	工程总结	建设管理单位	设计、施工、监理、调试单位
10	本工程过程质量控制数码照片	建设管理单位	设计、施工、监理、调试单位
11	介绍工程项目创优管理及工程实体质量的视频材料	建设管理单位	设计、施工、监理、调试单位

表 2–34　　中国电力优质工程奖申报材料内容

序号	主要任务内容	责任单位	参与单位
1	工程质量创优简介（工程概况；工程建设的合法性；工程质量管理的有效性；建筑、安装工程质量优良的符合性；工程质量评价结论；性能、技术指标的先进性；“四新”应用、工程获奖情况；经济效益和社会效益	建设管理单位	施工、设计、监理、调试单位
2	工程建设合法性证明文件： （1）项目核准文件； （2）移交生产签证书； （3）建设期无较大安全事故证明； （4）档案专项验收证书； （5）消防专项验收证书； （6）竣工财务决算审计报告（首页、结论页和审定部门盖章页）； （7）环保专项验收证书； （8）水保专项验收书	建设管理单位	施工、设计、监理、调试单位
3	达标投产证书	项目法人	建设管理单位
4	工程质量监督总站对工程投产后质量监督评价意见	质量监督部门	建设管理单位

续表

序号	主要任务内容	责任单位	参与单位
5	反映工程质量全貌和工程亮点的 6 寸数码彩照 12 张	建设管理单位	施工、设计、监理、调试单位
6	DVD 光盘	建设管理单位	施工、设计、监理、调试单位

表 2–35　　国家优质工程申报材料内容

序号	主要任务内容	责任单位	参与单位
1	项目核准文件（国家发改委）	建设管理单位	施工、设计、监理、调试单位
2	规划许可证（规划管理部门）	建设管理单位	施工、设计、监理、调试单位
3	土地使用证（国土部门）（含规划用地许可证和国有土地使用证两份）	建设管理单位	属地省公司
4	水土保持专项验收证书	建设管理单位	水利部门
5	工程概算批复	建设管理单位	施工、设计、监理、调试单位
6	招投标程序符合“招投标法”规定证明	建设管理单位	施工、设计、监理、调试单位
7	质量监督注册证书及规定阶段的监督报告	质量监督部门	建设管理单位
8	特种设备使用登记证明（特种设备安全监督管理部门）	施工单位	建设管理单位
9	建设项目安全设施竣工验收（地方安全生产监督部门）	施工单位	建设管理单位
10	建设期未发生较大安全事故的证明（地方安全生产监督部门）	施工单位	建设管理单位
11	劳动保障专项验收（地方劳动保障部门）	施工单位	建设管理单位
12	职业卫生专项验收（地方卫生部门）	施工单位	建设管理单位
13	移交生产签证书（启委会）	建设管理单位	施工、设计、监理、调试单位
14	档案专项验收证书（上级主管单位）	建设管理单位	施工、设计、监理、调试单位
15	消防专项验收证书（消防部门）	施工单位	建设管理单位
16	环保专项验收证书（国家环境保护部门）	建设管理单位	施工、设计、监理、调试单位
17	竣工财务决算审计报告（有资质的第三方会计师事务所）	建设管理单位	施工、设计、监理、调试单位
18	无拖欠工程款、农民工工资证明（上级主管单位）	施工单位	建设管理单位
19	整体工程竣工验收	建设管理单位建设部	建设、施工、设计、监理、调试单位
20	工程质量等级评价（有资质的咨询/监理等评价单位）	建设管理单位	施工、设计、监理、调试单位

2.9 风险管理

换流站建设项目风险是指换流站工程建设前、中、后可能导致项目损失、偏离项目建设目标、增加项目成本的一系列不确定事件。进行工程风险的正确及时识别、分析、管控对做出正确决策、优化组织管理、实现工程总体目标具有重要意义。

2.9.1 工程建设特点及难点分析

建设管理大纲策划时应充分分析工程建设特点及难点，识别可能存在的风险，提出可行的预控措施。主要特点及难点列举如下：

（1）现场管理类。雨季及冬歇等导致工程施工进度紧张；特高压项目大规模建设背景下，施工单位资源因多个并行工作任务分散，技术储备不足；输送容量提升，交直流主电流回路发热、设备外壳发热、穿墙导体周边发热可能性增加；新型换流站或大型户内钢结构；场平土方工程量大等。

（2）设备管理类。可能出现主设备到货时间调整；新研制设备超重、超高、超长等；新设备或进货设备无安装调试经验等。

（3）设计管理类。新型换流变设计经验不足；电压提升导致出线构架高度、设备支架高度、阀厅高度和跨度增加。

2.9.2 项目风险识别

为规避项目风险，需要首先识别项目风险的根源和产生的原因，采取正确的方法识别、评价，采取有效应对措施，正确处理，以降低和减少项目风险。按照“总体策划、需求对接、流程优化、资源整合、创新管控、专题研讨、专项协调、落地生根、闭环管理、持续提升”的全过程管理思路，结合换流站工程全过程管理方案，对换流站建设全过程风险进行辨识，提出管控措施，编制工程风险管控方案，其中，每个风险项目包含风险描述、控制措施、风险性质、责任部门和控制时间五项内容。

风险管控项目按照可能出现后果的严重程度分为五级。一级风险主要针对现场实际作业行为的不合理、违规；二级风险主要针对现场重要作业、基础管理行为的不确定性；三级风险主要针对作业方案不明确、现场协调、主要管理行为的不确定性；四级风险主要针对特殊、重大、首台首套作业方案不明确以及关键流程、关键管理行为的执行不确定性；五级风险主要针对特别重大、特殊方案、关键外部协调、工程重大变更的不确定性。

风险管控责任按照两级管控的原则进行区分。风险管控力度应随风险级别同步加强。公司及各职能部门负责四级、五级风险的管控；业主项目部负责一级、二级、三级风险的管控。管控部门作为相应风险管控的责任部门；风险管控作为各责任部门的重点工作，列入考核考评指标。

业主项目部作为公司派驻现场的代表，作为工程现场的直接管理组织者，负责工程风险管控的闭环整改流程。

安全风险按照《国家电网公司输变电工程施工安全风险识别评估及预控措施管理办法》进行识别和管理。

2.9.3 风险管控流程和措施

现场风险应按月进行阶段性管控梳理。

现场风险管控按分层逐级管控原则进行管理及考核评价。对各级监督评价中发现管控项目疏漏、管控措施不合理、预控措施执行不到位的情况，应下发整改通知，限期整改，并对整改结果进行确认，实行闭环管理；对因故不能立即整改的问题，责任单位应采取临时措施，并制定整改措施计划上报批准，分阶段实施。

2.9.4 风险专项管控

因工程内外部条件显著差异，各工程需要进行专项研讨，并制定专项管控方案。专项管控方案由换流站管理部组织编制并在现场实施。专项管控方案一览表（见表 2–36）随工程进度及时更新。

表 2–36　　专项管控方案一览表

序号	风　　险	专项方案名称
1	“四通一平”工程进度失控	“四通一平”工程专项管控方案
2	场平回填粒径控制不严	
3	桩基遇交叉施工影响	桩基工程专项管控方案
4	周边居民阻工	现场安保专项管控方案
5	工程排水、施工排水不畅	现场排水专项管控方案
6	直流电压提升引起构支架、设备升高、阀厅体量加大施工风险	户外构筑物、设备特殊高空作业管控方案； 阀厅及户内直流场建筑物特殊高空作业专项管控方案； 特殊大电流回路及周边设施施工专项管控方案； 户内直流场设备安装专项管控方案
7	直流电流提升、交流电流提升施工风险	
8	户内直流场土建及安装施工风险	
9	换流变压器二次拖运网侧、阀侧套管震动风险	换流变压器二次拖运专项管控方案； 换流变压器安装专项管控方案
10	高端换流变压器安装风险	
11	连续雨季施工	雨季施工、排水专项管控方案
12	分层接入系统风险	分层接入相关隔离措施、调试强化方案

注　以上为示例，具体工程应具体分析，编制专项管控方案。

2.9.5 持续性专项管控

对识别的重点关注内容和重要经常性风险管控项目，需要进行持续性专题协调，并在工作过程中持续监测，发现问题及时闭环整改并持续提升。持续性专题协调由换流站管理部（每月）、业主项目部（每周）组织进行。持续性专题协调见表 2–37。

表 2–37　　持 续 性 专 题 协 调

序号	风　　险	专题协调内容	协调周期
1	工程出现重大变更	重大变更分析，重大变更流程跟踪	月度
2	现场排水	现场排水设施设立、调整	月度
3	设计图纸供应滞后	设备提资情况，图纸提交进度，施工图交付质量	每周

续表

序号	风　　险	专题协调内容	协调周期
4	施工图质量达不到要求	设备提资情况，图纸提交进度，施工图交付质量	每周
5	主设备、主要材料供应滞后	设备生产情况，设备运输交付情况	月度
6	乙供设备材料供应滞后	施工单位招标情况，运输交付情况	月度
7	土建施工并行作业接口	施工接口和工序安排	每周
8	土建安装交接	交接工序安排	每周
9	地材供应受阻	地材供应及运输情况	月度
10	档案归集不及时		月度

2.10 全过程管理

全过程管理见表 2–38。

表 2–38　　　　全 过 程 管 理

序号	工作内容	责任单位	配合单位	备　　注	重要性
一、工程可研阶段					
1	收集可研评审意见	计划部	换流站部	电力规划总院发布评审意见	一般
2	收集水土保持方案批复意见	计划部	换流站部、安质部	水利部批复	一般
3	收集环境影响报告批复意见	计划部	换流站部、安质部	环保部批复	一般
二、初步设计阶段					
4	成立业主项目部	换流站部	业主项目部	经总经理办公会审批	非常重要
5	成立项目管理组织机构	换流站部	计划部、安质部、物资监造部	由各部门确定工程联系人	重要
6	项目核准批复文件	计划部	换流站部	发展改革委批复	非常重要
7	可研资料归档	总经部	计划部	核准后尽快收集相关可研材料	重要
8	编制建设管理大纲	换流站部	计划部	依据国网直流部建设管理纲要编制	重要
9	业主项目部管理策划	业主项目部	换流站部	创优、绿色施工、依法合规等 8 个策划	一般
10	签署建设管理委托协议	计划部	换流站部	国网直流部下发建设管理委托协议，属地协调由省公司负责	重要
11	采购换流站水土保持检测单位	安质部	物资监造部	在“四通一平”开工前确定水土保持检测单位，争取在“四通一平”过程中进行检测	重要

续表

序号	工作内容	责任单位	配合单位	备　　注	重要性
12	委托换流站创优咨询单位	安质部		委托两站一线的创优咨询单位	重要
13	委托换流站工程质量监督单位	安质部		委托晋北换流站质量监督单位	重要
14	工程监理、设计采购，即第一批服务采购	换流站部	/	工程第一批服务采购	重要
15	监理合同谈判	换流站部	计划部、业主项目部	根据转资要求，合同拆分为换流站本体、接地极及线路、通信工程、大件运输	重要
16	签署监理合同	换流站部	计划部、财务部	换流站本体部分，核准后30天内完成	重要
17	征地红线图评审	换流站部	业主项目部	根据国网直流部安排参会	
18	参与初步设计专题评审，包括电气布置、总平面、建筑结构等	换流站部	业主项目部	换流站汇总优化意见，重大问题向分管领导汇报	一般
19	换流站临建方案	业主项目部	换流站部	临建占地、费用	重要
20	污水及垃圾排放	业主项目部	换流站部	落实施工及生活污水、垃圾处理的要求，避免引起环保事件或地方矛盾	重要
21	“四通一平”方案审查	换流站部	业主项目部	确保主体工程施工的电源、水源、道路、通信，以及复耕	重要
22	换流站设计创优技术交流	换流站部	业主项目部	重大问题及时向分管领导汇报	重要
23	初步设计评审	换流站部	计划部、业主项目部、物资监造部	重大问题及时向分管领导汇报	非常重要
24	组建联合业主项目部	换流站部	业主项目部	与属地公司联系确定	重要
25	工程里程碑计划	换流站部	业主项目部	国网直流部下发	一般
26	项目进度实施计划	换流站部	业主项目部	换流站管理部下发	一般
27	物资需求计划和图纸需求计划	换流站部	业主项目部	换流站管理部下发	一般
28	编制换流站 WBS 结构	计划部	换流站部	与出资省公司财务部联系确定，向省公司申请 ERP 地址	重要
29	工程进度款支付流程	财务部	计划部、换流站部、业主项目部	与出资省公司财务部联系确定	重要
30	“四通一平”采购	换流站部	业主项目部	属地省公司负责采购，国网直流部组织采购文件评审。落实租地、集中办公临建场平及复耕等	重要
31	换流站主设备技术规范书审查	物资监造部	换流站部	国网直流部/物资公司组织	一般

续表

序号	工作内容	责任单位	配合单位	备　注	重要性
32	换流站主设备采购，即第一批物资采购	物资监造部	换流站部	国网直流部组织，物资与监造部填ERP	一般
33	换流站主设备评标	物资监造部	换流站部	根据国网直流部安排参加	一般
34	换流站主设备设计联络会	物资监造部	换流站部	试行标准化格式审查，重点反馈以往出现的问题	重要
35	换流站辅助设备技术规范书审查	物资监造部	换流站部	国网直流部/物资公司组织	一般
36	换流站辅助设备采购，即第二批物资采购	物资监造部	换流站部	国网直流部组织，物资与监造部填ERP	一般
37	换流站辅助设备评标	物资监造部	换流站部	关注中标公示发布时间，积极安排设计联络会	一般
38	换流站辅助设备设计联络会	物资监造部	换流站部	视频会议系统永临结合，尽快到场；钢结构等现场急需材料尽早召开设联会	一般
39	换流站土建施工招标文件审查	换流站部	计划部	重点关注标包划分和接口、工程量清单	重要
40	换流站土建施工采购，即第二批服务采购。通常包括设备监造、大件运输采购	换流站部	计划部	由换流站管理部和物资与监造部填报ERP	一般
41	土建施工现场踏勘	业主项目部	换流站部	落实相关费用分摊、管控系统使用	一般
42	换流站土建施工（设备监造、大件运输）评标	换流站部	计划部	选择合适的施工、监造、大件运输单位	一般
43	土建施工合同谈判	换流站部	计划部、财务部、业主项目部	签署合同备忘录，及安排创新研究课题	一般
44	设备监造、大件运输合同谈判	物资监造部			一般
45	签署土建施工合同和安全协议书	换流站部	计划部、财务部	中标公示后30天内完成，启动预付款支付	重要
46	签署设备监造、大件运输合同	物资监造部		中标公示后30天内完成	一般
47	换流站电气安装招标文件审查	换流站部	计划部	重点关注标包划分和接口、工程量清单	重要
48	换流站电气安装采购，即第三批服务采购。通常包括特殊试验、系统调试采购	换流站部	计划部	由换流站管理部填报ERP	一般
49	电气安装现场踏勘	业主项目部	换流站部	落实相关费用分摊、管控系统使用	一般
50	换流站电气安装评标	换流站部	计划部	选择合适的施工单位	一般
51	电气合同谈判	换流站部	计划部、财务部、业主项目部	签署合同备忘录，及安排创新研究课题	一般
52	签署电气安装合同和安全协议书	换流站部	计划部、财务部	中标公示后30天内完成，启动预付款支付	重要

续表

序号	工作内容	责任单位	配合单位	备注	重要性
53	水土保持检测采购	安质部	物资监造部	换流站水土保持检测采购应在“四通一平”开工前完成	重要
54	成立工程建设项目安委会	安质部	换流站部、业主项目部	报国网直流部备案	非常重要
55	工程基建建议计划及调整计划编制及执行	计划部	换流站部	配合国网直流部计划处	重要
三、“四通一平”施工					
56	建设工程规划许可证、建设用地规划许可证、建设项目土地使用证、建设项目用地批复	业主项目部	换流站部	由属地省公司具体负责	重要
57	协助“四通一平”施工管理	业主项目部	换流站管理部	业主项目部在“四通一平”阶段即进场协助省公司业主项目部进行施工管理	重要
58	组织对场平参建单位的档案交底和培训	换流站部	总经部	对“四通一平”施工单位、监理进行培训	一般
59	“四通一平”施工图交底	业主项目部	换流站部	由属地省公司业主项目部组织，国网直流公司参与	一般
60	工程建设协调会	换流站部	业主项目部	根据工程建设进展，组织工程建设协调会	重要
61	竣工预验收	业主项目部	/	由省公司组织竣工预验收，结束后向国网直流部申请竣工验收	一般
62	竣工验收及消缺整改闭环。含工程档案	国网直流部	换流站部/业主项目部/总经部	国网直流部发文组织，国网直流公司配合	重要
63	“四通一平”移交	业主项目部	监理单位	业主项目部签署移交签证书	一般
四、主体工程施工					
64	建设管理培训，含直流项目管控系统培训	换流站部	安质部、计划部、财务部、业主项目部	在施工单位中标后、进场前组织	非常重要
65	召开第一次工地会议	业主项目部	换流站部	土建施工单位进场	重要
66	监理开工准备	监理项目部	完成以下工作：监理规划、工程项目监理实施细则、创优监理实施细则、安全文明施工与环境保护监理实施细则、监理网络计划，开工条件审核、“两型三新”和“两型一化”监理检查与控制措施、监理旁站计划及方案、应急预案		一般
67	设计开工准备	设计项目部	完成以下工作：创优设计实施细则、输变电工程设计强制性条文执行计划、两型三新”和“两型一化”设计实施方案、主要设备材料招标清册及技术规范、变电站征地和线路路径图纸、初步设计图纸及审查纪要、拟分包计划报批		一般
68	施工开工准备	施工项目部	完成以下工作：施工管理体系和施工人员资质报批、项目管理实施规划、创优施工实施细则、安全文明施工与环境保护实施细则、输变电工程施工强制性条文执行计划、事故预防和应急处理预案、主要施工机械/工器具/安全用具报审、施工质量验收及评定项目划分、分包单位资质报审表、工程开工报审表		一般

续表

序号	工作内容	责任单位	配合单位	备　注	重要性
69	批准开工报告	业主项目部	施工项目部满足以下要求：项目管理实施规划（施工组织设计）已审批、施工图会检已进行、各项施工管理制度和相应的作业指导书已制定并审查合格、安全文明施工二次策划满足要求、施工技术交底、施工人力和机械已进场，施工组织已落实到位、物资和材料准备能满足连续施工的需要、计量器具和仪表经法定单位检验合格、特殊工种作业人员能满足施工需要		一般
70	办理建设项目施工许可证	业主项目部配合省公司办理	属地省公司办理，需具备的条件包括：建筑工程用地批准手续、城市规划区建筑工程的规划许可证、拆迁进度符合施工要求、确定建筑施工企业、施工图纸及技术资料、质量和安全的具体措施、落实建设资金、法律和行政法规规定的其他条件		一般
71	批准设计和施工强条执行计划	业主项目部	安质部、换流站部	包括设计A、B包，阀厅设计	一般
72	首次质量监督预检查完成，排定质量监督检查计划	业主项目部	质监站	与质检总站联系确定	一般
73	图纸供应	换流站部	业主项目部	根据工程进展提出图纸供应需求，及时预警	重要
74	施工图纸交底及会检	业主项目部	换流站部	重要图纸换流站部参加会检	一般
75	乙供物资采购计划及监造	业主项目部	换流站部	土建含水系统、照明、电梯、行车等	重要
76	沉降观测	业主项目部	换流站部	与设计院确定观测时间	重要
77	施工过程协调管控	业主项目部	换流站部	根据工程进展情况适时组织	重要
78	对监理、施工单位进行过程考核	业主项目部	换流站部	按月进行	重要
79	工程变更管理	计划部	换流站部、业主项目部	根据工程进展情况适时组织	重要
80	进度款支付审核	计划部	换流站部、业主项目部	根据工程进展情况适时组织	一般
81	阶段性竣工预结算审核	计划部	换流站部、业主项目部	根据工程进展情况适时组织	一般
82	一般施工方案审查	业主项目部	换流站部	除换流站部组织审查之外的施工方案	一般
83	重大施工方案审查	换流站管理部	业主项目部	包括：换流变防火墙、阀厅钢结构施工、换流变轨道及广场、GIS安装、换流变安装、换流阀安装、平波电抗器安装、直流穿墙套管安装、分系统调试方案	重要
84	四级施工风险旁站	换流站管理部	业主项目部	根据风险识别确定	重要
85	组织中间验收	业主项目部	安质部、质检中心站	根据工程进展情况安排	一般
86	消防报建	业主项目部	换流站部	委托土建单位牵头进行火灾报建	重要

续表

序号	工作内容	责任单位	配合单位	备　注	重要性
87	设备监造	物资与监造部	换流站部	将监造过程重大质量问题反馈至总部部门	重要
88	进站大件运输	物资与监造部	业主项目部	督促大件运输单位提前完备交警、路政等相关手续，省公司或业主项目部建管的运输道路按时满足运输要求、过程中及时养护	一般
89	审核“电气安装单位工程开工”申请	业主项目部	换流站部	电气施工单位进场后审核	一般
90	电气安装及分系统调试培训	换流站部	安质部、计划部、财务部、业主项目部	根据工程进展情况安排	重要
91	督促厂家按设备需求计划供货	业主项目部	换流站部、物资与监造部	与物资需求计划进行比较	一般
92	流动红旗迎检方案	业主项目部	安质部、换流站部	根据国网公司统一安排	重要
93	组织施工单位三级自检、监理初检	业主项目部		根据工程进展安排	一般
94	竣工预验收方案	换流站部	业主项目部	统一发布竣工预验收方案，分阶段实施	重要
95	站用电竣工预验收及整改	换流站部	业主项目部	由换流站管理部组织	重要
96	分系统调试方案审查	换流站部	业主项目部	由换流站管理部组织	重要
97	特殊试验方案审查	国网直流部	换流站部	根据国网直流部安排参会	重要
98	系统试验方案审查	国网直流部	换流站部	根据国网直流部安排参会	重要
99	参加启动调试委员会	换流站部		根据国网直流部安排参会	非常重要
100	交流场及交流滤波器场带电隔离方案审查	换流站部	业主项目部	换流站部派人负责	重要
101	交流场及交流滤波器场分系统调试	换流站部	业主项目部	换流站部派人负责	重要
102	消防报验	业主项目部		根据工程竣工预验收情况分阶段报验	重要
103	交流场及交流滤波器场竣工预验收及整改，质监站质检。含档案专项检查	换流站部	总经部、安质部、业主项目部	向国网直流部报送带电证明	重要
104	交流场及交流滤波器场竣工验收	换流站部	业主项目部	国网直流部组织	非常重要
105	交流场及交流滤波器场站系统调试	换流站部	业主项目部	组织做好应急抢修和消缺工作	非常重要
106	双极低端带电隔离方案审查	换流站部	业主项目部	换流站部派人负责	重要
107	双极低端竣工预验收及整改，质监站质检。含档案专项检查	换流站部	总经部、安质部、业主项目部	向国网直流部报送带电证明	非常重要

续表

序号	工作内容	责任单位	配合单位	备　注	重要性
108	双极低端竣工验收	换流站部	业主项目部	国网直流部组织	非常重要
109	双极低端调试	换流站部	业主项目部	组织做好应急抢修和消缺工作	非常重要
110	双极高端带电隔离方案审查	换流站部	业主项目部	换流站部派人负责	重要
111	双极高端竣工预验收及整改，质监站质检。含档案专项检查	换流站部	总经部、安质部、业主项目部	向国网直流部报送带电证明	非常重要
112	双极高端竣工验收	换流站部	业主项目部	国网直流部组织	非常重要
113	双极高端调试	换流站部	业主项目部	组织做好应急抢修和消缺工作	非常重要
114	试运行	业主项目部		组织做好应急抢修和消缺工作	重要
五、工程竣工投产					
115	办理房屋产权证	业主项目部		属地省公司协助办理	一般
116	竣工图纸交付	业主项目部		与监理部共同督促设计单位编制并交付竣工图纸	一般
117	备品备件移交	业主项目部		与监理部共同督促施工单位、物资公司向运行单位移交备品备件，签订移交清单	一般
118	竣工档案接收	总经部	换流站部、计划部、财务部、安质部、物资监造部、业主项目部	竣工后3个月内	一般
119	档案专项预验收、验收	总经部	换流站部、计划部、财务部、安质部、物资监造部、业主项目部	组织项目各建管单位、参建单位参加档案专项验收自查及整改工作；组织预验收及验收的迎检及整改工作。检查问题整改情况及时向总部国网直流部汇报，并通报各建管单位、参建单位； 对因参建单位原因导致档案问题严重的单位，扣除一定合同质保金	一般
120	档案进馆移交	总经部	换流站部、计划部、财务部、安质部、物资监造部、业主项目部	向国网档案馆提出进馆移交申请；印发通知，按照国网档案馆的要求组织项目各建管单位开展项目档案的进馆移交	一般
121	环境保护验收申请	安质部	业主项目部	配合环评验收单位开展工作	一般
122	水土保持验收申请	安质部	业主项目部	配合水土保持验收单位开展工作	一般
123	安全设施竣工验收申请	业主项目部	省公司协调	由安全生产监管部门负责	一般
124	劳动保障验收申请	业主项目部	省公司协调	由劳动保障部门负责	一般
125	建设期未发生较大安全事故的证明	业主项目部	省公司协调	由地方安全生产监督部门负责	一般
126	无拖欠工程款、农民工工资证明	业主项目部	省公司协调	由上级主管部门负责	一般
127	竣工预结算	计划部	换流站部、业主项目部	配合总部国网直流部预结算审核工作	重要

续表

序号	工作内容	责任单位	配合单位	备　注	重要性
128	临建复耕	业主项目部	省公司协调		重要
129	编写工程总结	换流站部	业主项目部	根据国网直流部统一安排	一般
130	达标投产考核	安质部	换流站部、业主项目部		一般
131	申报国网优质工程	安质部	换流站部、业主项目部		重要
132	办理竣工验收移交签证书	换流站部	业主项目部		重要
133	申报中国电力优质工程	安质部	换流站部、计划部、业主项目部等	陪同中电建协现场检查	非常重要
134	申报国家优质工程奖	安质部	换流站部、计划部、业主项目部等	陪同中电建协现场检查	非常重要

第3章 工 期 管 理

本章工期管理主要以±800kV 常规换流站工程为例分析，提出的工期研究均以有效工作日计算，如遇雨季、冬歇等因素影响，则工期应顺延。

3.1 建设关键路径分析

3.1.1 关键路径的确定

关键路径按照交流区域和换流区域分别考虑。按照以往经验，交流区域 GIS 室土建施工成为了制约交流部分投运的关键因素；换流区域阀厅土建施工和换流变压器到货安装成为制约换流部分投运的关键因素。

交流区域关键路径：场平工程—地基处理工程—（站用电建筑—站用电设备安装—站用电投运）—（GIS 室—GIS 设备安装）—（交流继电器室建筑—保护控制设备安装—电缆敷设及二次接线）—（分系统调试—站系统调试—系统调试—投运）。

换流区域关键路径：场平工程—地基处理工程—主控楼、低端阀厅基础及主体结构—极 1 辅控楼、极 1 高端阀厅基础及主体结构—换流变基础及广场—低端换流变安装—低端阀厅设备安装—高端换流变安装—高端阀厅设备安装—主辅控楼保护控制设备安装—主辅控楼电缆敷设及二次接线—分系统调试—站系统调试—系统调试—投运。

3.1.2 主要单位工程施工主线

（1）主排水、道路：土建单位进场后，为满足施工需要，首先要形成站内临时道路。站内临时道路除进站主干道外，应围绕换流区形成环路。各站平面布置不同，但换流区作为中心区域，围绕其形成环形道路，基本满足大多数站施工需要，各区域临时路按实际施工需求设置。一般换流站可设两至三条临时进站路，但部分换流站仅具备一条进站道路条件，这就需要站内临时主干道设置时加宽，以便正式道路施工时，不影响车辆通行。

站内正式道路施工应及早进行，因为随着土建作业面逐步增多，后期施工正式道路的干扰因素也愈多。应确保第一个月内开展进站主干道施工，施工通道较紧张时，可采取半幅施工方式。站内道路首先应形成环形道路，原则是围绕换流区成环。当站内交流电压等级较多时（如换流变网侧 500kV 时，站内同时有 750kV 场区），应在该区域同步成环，此环部分路段应与换流区环形道路重叠。交流滤波场，应在内部优先施工两条支干道与主环形路相接。其他区域支道及围墙边道路施工顺序可放在最后，因受围墙施工影响，围墙边道路完成时间较晚。总体进度来讲，开工 3 个月内应完成主循环道路，6 个月内站内道路施工。为确保道路施工进度，设计院应及时提供电气、水工等埋管和接地图纸，特别是过道路电缆沟采用埋管时，必须充分考虑裕量，多个站出现电缆过道路通道不足问题。

按照先地下、后地上的施工顺序，主排水施工应在土建单位进场后即开始实施。特别是进站主干道或主控楼门前道路，设计院一般考虑将排水管道沿道路边敷设，且埋深较深，如不及早完成，会影响道路施工。站内事故油池、雨水泵房等也应安排在首批开工项目内，因开挖较深，会对临近基础或道路造成影响，如直流场事故油池靠近道路，其他区域油池设置或临近道路，或靠近其他设备基础。

（2）主（辅）控楼：控制楼施工是换流站的关键工序之一。它的及时开工及完成对其他工序的开工及完成起着至关重要的作用。直接影响到的：一是站用电系统，二是通风空调系统，三是调试所必需的直流电源。最终影响到的是控制保护等二次屏盘及阀厅设备的安装，以及分系统调试。表面上看，人们以为阀厅重要，且施工工程量大，应设为关键工序；其实不然，控制楼内的电气设备及辅助系统设备安装比阀厅要复杂得多，并且在楼内的土建及装饰工程施工时与安装工程相互交叉，相应的施工工期比阀厅施工长，影响面也较广。

（3）低端、高端阀厅：其中阀厅屋面吊装要依赖换流变防火墙及阀厅钢结构的完成。阀厅阀组安装必须等待控制楼和阀厅通风空调系统开通运行。阀架安装要在换流变套管推入阀厅前完毕，并且阀组安装要放在换流变套管推入阀厅、阀厅密封后进行。

（4）主控楼、阀厅、换流变广场施工安排与衔接：主控楼作为主要建筑物，是换流站工程首个开工项目之一。土建单位进场后即开展主控楼基础开挖，在第二个月开始进行换流变筏板基础施工。从施工空间来讲，主控楼与换流变筏板基础可以同时作业，但施工单位人力、机械资源进场是一个逐步增加的过程，故开工时间错开 1 个月，是符合现场实际的。

阀厅基础在换流变防火墙施工过程中同步进行，但靠直流场侧基础施工时间应后置，考虑施工通道问题。阀厅钢结构在防火墙施工完前 15 天到货即可，先开展钢结构地面检查拼装，与防火墙相隔较远的立柱可先行吊装。

换流变广场主轨道施工应与主控楼同步开工，支轨道开工时间建议安排在低端防火墙完成，高端防火墙第一板（地下部分）浇筑完成后。低端换流变防火墙完成时间约在第 5 个月末，此时高端防火墙开工约 1 个月，如此进行施工组织，施工单位资源投入可实现最优化。低端防火墙施工人员、模板等与高端防火墙施工实现了流水作业。换流变广场双极可基本同步施工，优先施工主轨道和低端支轨，高端支轨可留作防火墙施工通道。

主控楼、低端阀厅、换流变广场交安时间基本相近，应在主体工程开工第 10 个月内完成，为换流变安装创造条件。高端阀厅可以晚 2 个月交安。

（5）换流变安装：首批低端换流变运抵现场前，极 1、极 2 低端阀厅主体应施工完毕；极 1 换流变基础和组装广场应达到换流变安装条件。对于每一极，低端换流变应先到站并安装；安装完每极低端换流变（推入防火墙后）再安装高端换流变。

在换流变安装策划阶段，应考虑集中到货安装的情况。每极配置油罐应考虑 2 台高端换流变压器油量，布置在广场靠直流场侧。干燥空气发生器、真空泵、滤油机均应按 2 套配置。现场应及时了解换流变到货计划，确定换流变安装位置，单极同电压等级到货两台时，宜放 AC 相，到货 1 台时，宜放于 B 相。正常情况下，一极广场换流变安装为 1 台。如同批到货较多，则现场应合理分配，一极广场最多布置 2 台。如按此情况无法布置时，现场应充分利用换流变大件运输时间差，对到场的换流变及时安装，并推入运行位置。应尽可能避免出现 3 台换流变同时在一极广场的情况，一方面是作业空间有限，另一方面会带来较大安全风险。

为确保换流变安装进度，特别是集中到货情况下的进度，现场应及时协调变压器油、附件等提前到货，一般按至少提前一周考虑。对于压力释放阀、瓦斯继电器、表计等如需送外单位（如电科院）校验的，可由厂家提前发货给电科院，然后寄往现场。换流变小车应提前一个月到达现场，施工单位应对轨道通行情况进行检查，有通行不畅的可提前处理。在换流变安装过程中，应注意吊车与汇流母线距离，防止刮伤母线。如遇到低运高建的情况，则应制定专项方案，确保安全距离足够。换流变推入运行位置后，应及时进行正式封堵，要求在 8 小时内完成，故封堵材料和施工队伍应提前进场。

（6）GIS 安装：目前特高压换流站 GIS 存在 1000kV、750kV、500kV 等电压等级，同时存在户内式和户外式两种。户内式以 500kV 为主，其他基本采用户外式。

户外式 GIS 安装时，采用安装厂房，从一端往另外一端推进。如采用两家供应商设备和两套厂房，则从中间往两端安装。户外式安装重在防尘控制。

采用 GIS 厂房时，推荐配置两组行车。室内由中间串往两边安装，可同时开展两个作业面，厂家技术人员配置应到位。当安装至有分支母线间隔时，可开始逐步往外进行分支母线出户，为户外安装争取时间。如受作业空间或产品到货等影响，分支出户时间较晚时，一般情况下应优先开展至交流滤波场出线工作。户外分支母线安装，一般形成 2～4 个作业面，具体施工应根据现场进度及场地进行合理安排。滤波器场出线管母较长，且部分管线段只能安排一个作业面，故此部分施工应优先开展，换流变及线路出线等分支可另开作业面同步施工，其工作量较小，一般不会对整体工期造成影响。

3.2 主要建设流程

3.2.1 土建工程施工管理流程（见图 3–1）

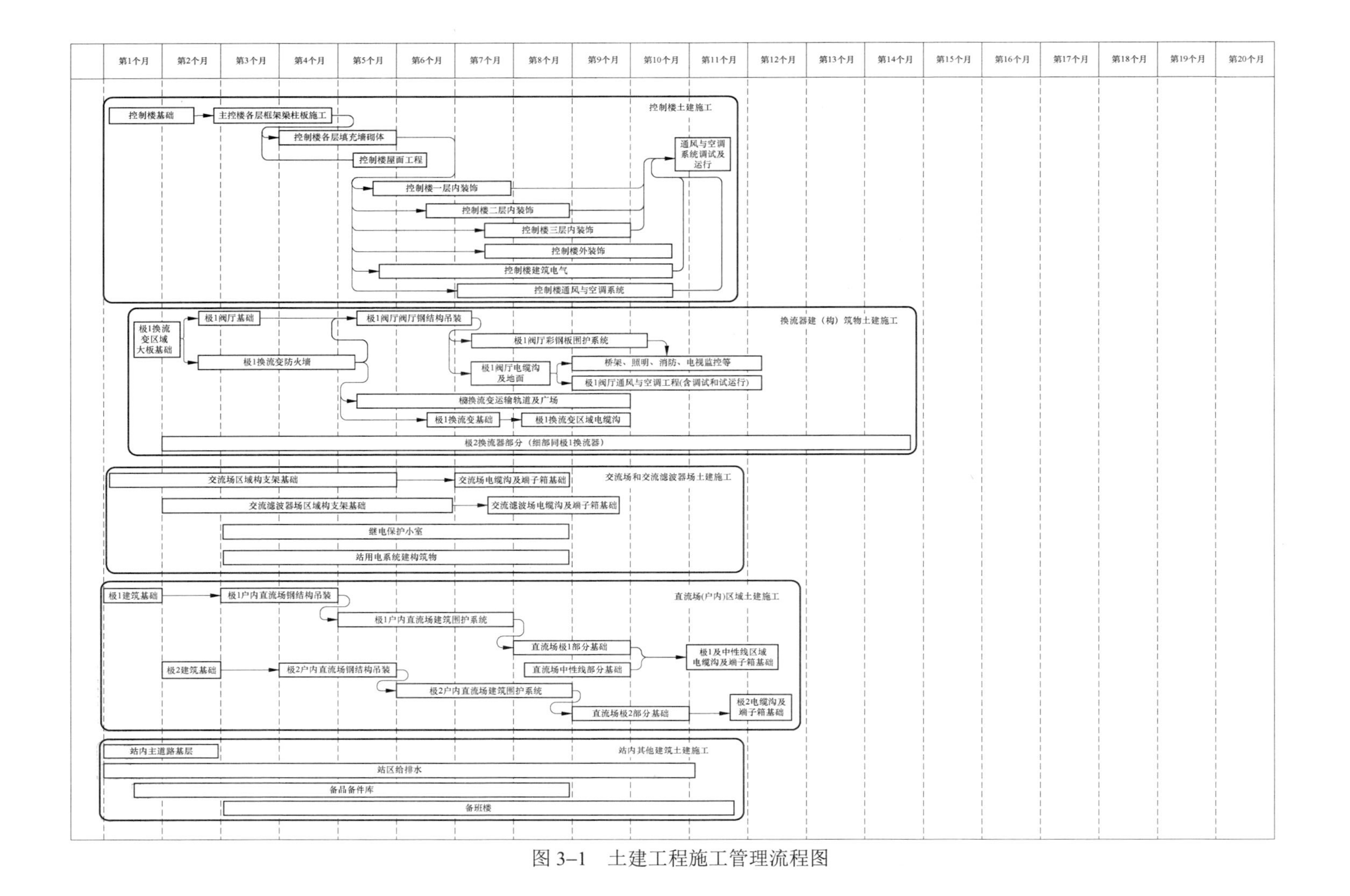

图 3-1 土建工程施工管理流程图

（1）控制楼建筑物施工主流程如图 3-2 所示。

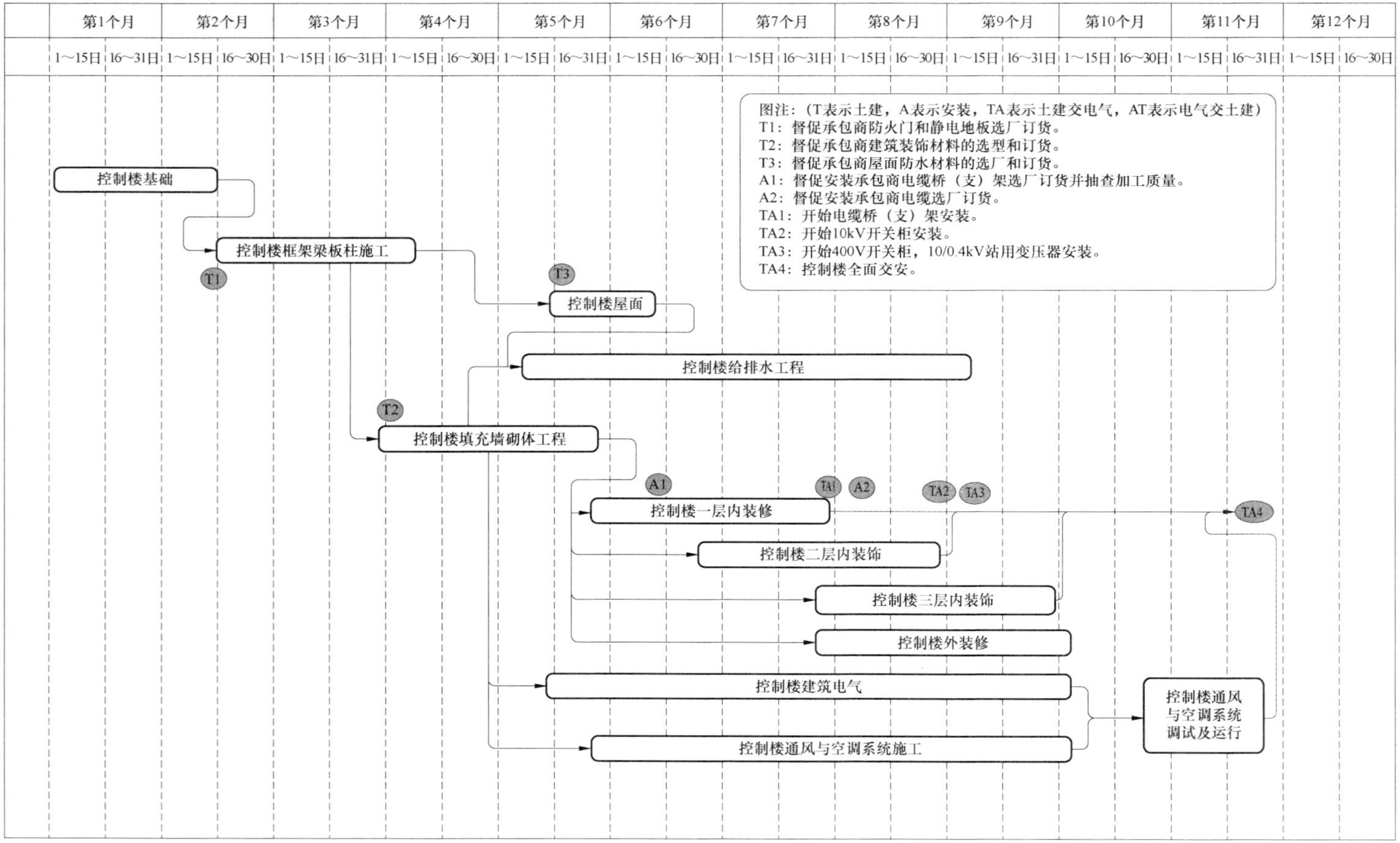

图 3-2　控制楼建筑物施工主流程图

（2）阀厅及其附属设施施工主流程如图 3–3 所示。

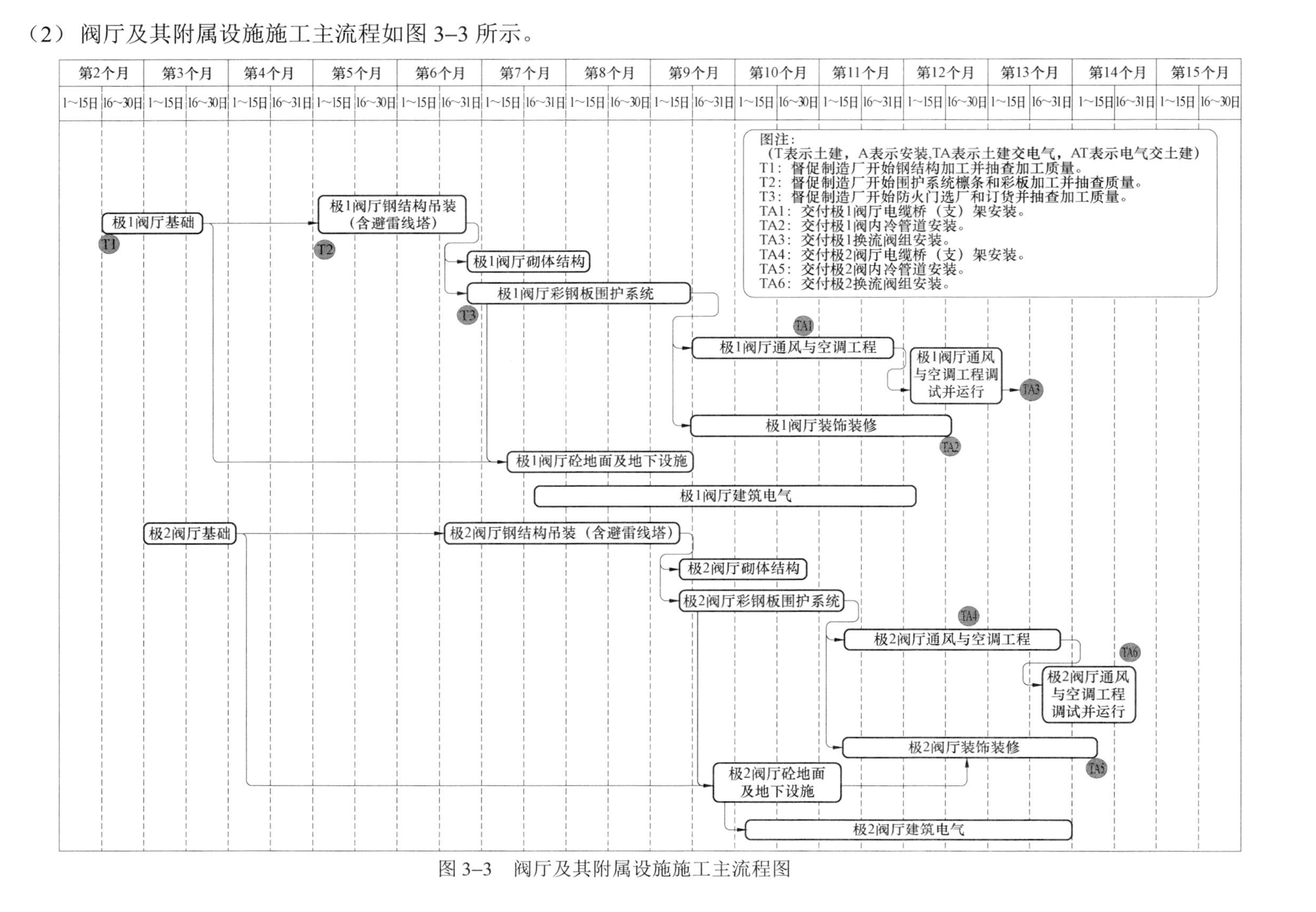

图 3–3 阀厅及其附属设施施工主流程图

（3）户外直流场建（构）筑物施工主流程如图 3–4 所示。

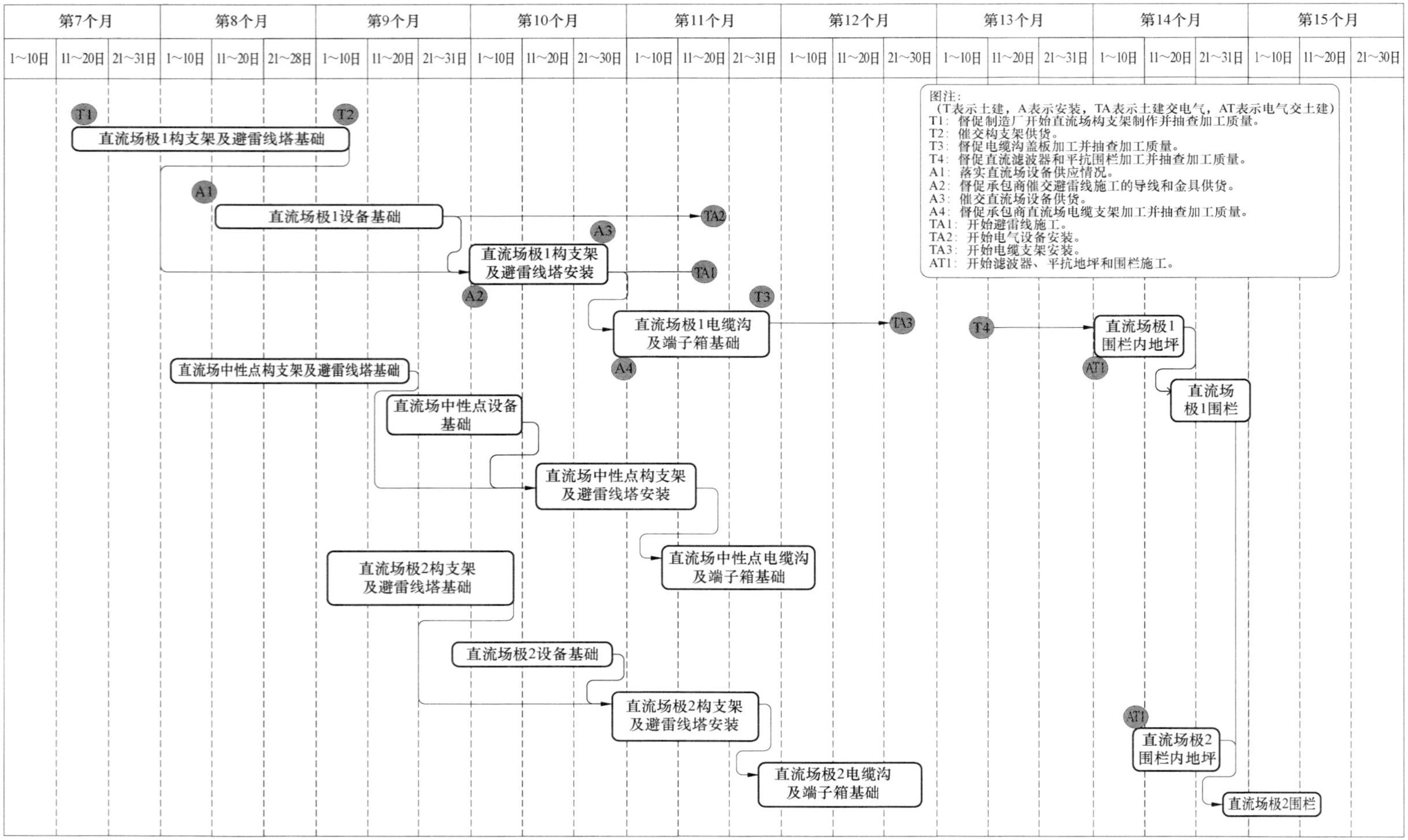

图 3–4　户外直流场建（构）筑物施工主流程图

（4）换流变系统建（构）筑物施工主流程如图 3–5 所示。

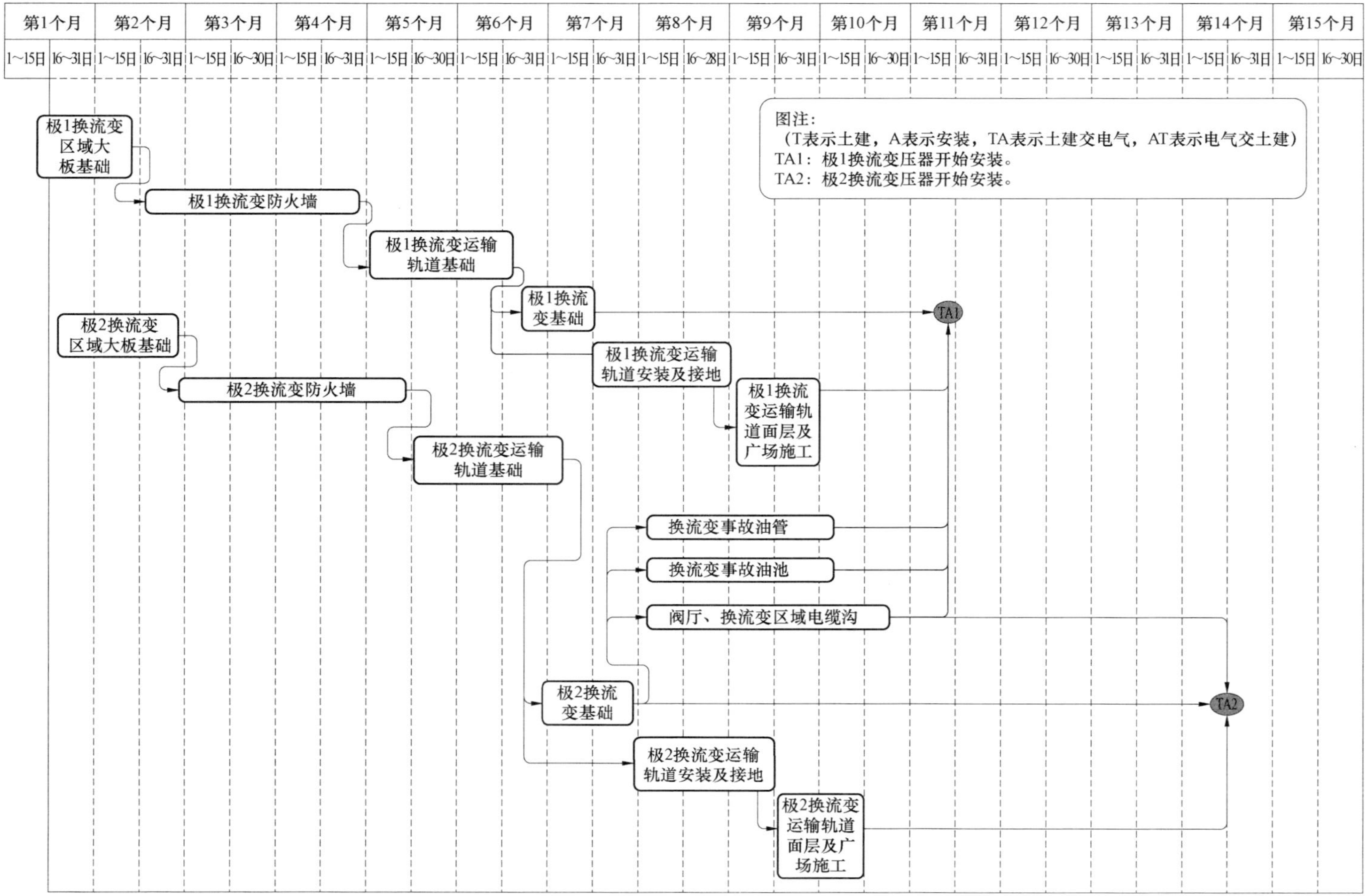

第1个月 第2个月 第3个月 第4个月 第5个月 第6个月 第7个月 第8个月 第9个月 第10个月 第11个月 第12个月 第13个月 第14个月 第15个月

1~15日 16~31日 1~15日 16~31日 1~15日 16~30日 1~15日 16~31日 1~15日 16~30日 1~15日 16~31日 1~15日 16~31日 1~15日 16~28日 1~15日 16~31日 1~15日 16~30日 1~15日 16~31日 1~15日 16~30日 1~15日 16~31日 1~15日 16~31日 1~15日 16~30日

图注：
（T表示土建，A表示安装，TA表示土建交电气，AT表示电气交土建）
TA1：极1换流变压器开始安装。
TA2：极2换流变压器开始安装。

极1换流变区域大板基础
极1换流变防火墙
极1换流变运输轨道基础
极1换流变基础
TA1
极2换流变区域大板基础
极1换流变运输轨道安装及接地
极2换流变防火墙
极1换流变运输轨道面层及广场施工
极2换流变运输轨道基础
换流变事故油管
换流变事故油池
阀厅、换流变区域电缆沟
极2换流变基础
TA2
极2换流变运输轨道安装及接地
极2换流变运输轨道面层及广场施工

图 3–5 换流变系统建（构）筑物施工主流程图

（5）阀厂维护系统安装施工主流程如图 3–6 所示。

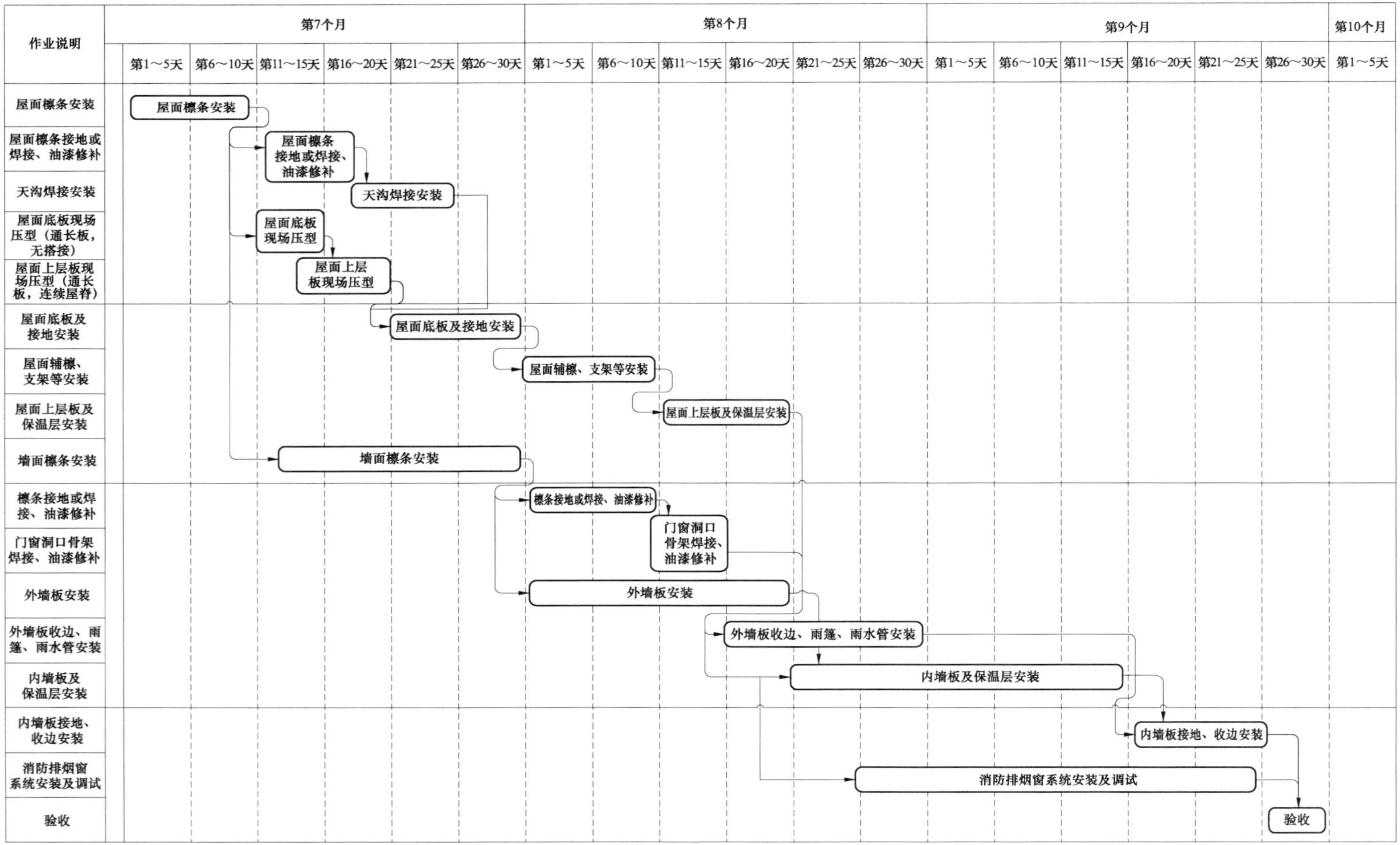

作业说明

第7个月：第1～5天　第6～10天　第11～15天　第16～20天　第21～25天　第26～30天

第8个月：第1～5天　第6～10天　第11～15天　第16～20天　第21～25天　第26～30天

第9个月：第1～5天　第6～10天　第11～15天　第16～20天　第21～25天　第26～30天

第10个月：第1～5天

屋面檩条安装 — 屋面檩条安装

屋面檩条接地或焊接、油漆修补 — 屋面檩条接地或焊接、油漆修补

天沟焊接安装 — 天沟焊接安装

屋面底板现场压型（通长板，无搭接） — 屋面底板现场压型

屋面上层板现场压型（通长板，连续屋脊） — 屋面上层板现场压型

屋面底板及接地安装 — 屋面底板及接地安装

屋面辅檩、支架等安装 — 屋面辅檩、支架等安装

屋面上层板及保温层安装 — 屋面上层板及保温层安装

墙面檩条安装 — 墙面檩条安装

檩条接地或焊接、油漆修补 — 檩条接地或焊接、油漆修补

门窗洞口骨架焊接、油漆修补 — 门窗洞口骨架焊接、油漆修补

外墙板安装 — 外墙板安装

外墙板收边、雨篷、雨水管安装 — 外墙板收边、雨篷、雨水管安装

内墙板及保温层安装 — 内墙板及保温层安装

内墙板接地、收边安装 — 内墙板接地、收边安装

消防排烟窗系统安装及调试 — 消防排烟窗系统安装及调试

验收 — 验收

图 3–6　阀厂维护系统安装施工主流程图

3.2.2 电气安装工程施工管理流程（见图 3-7）

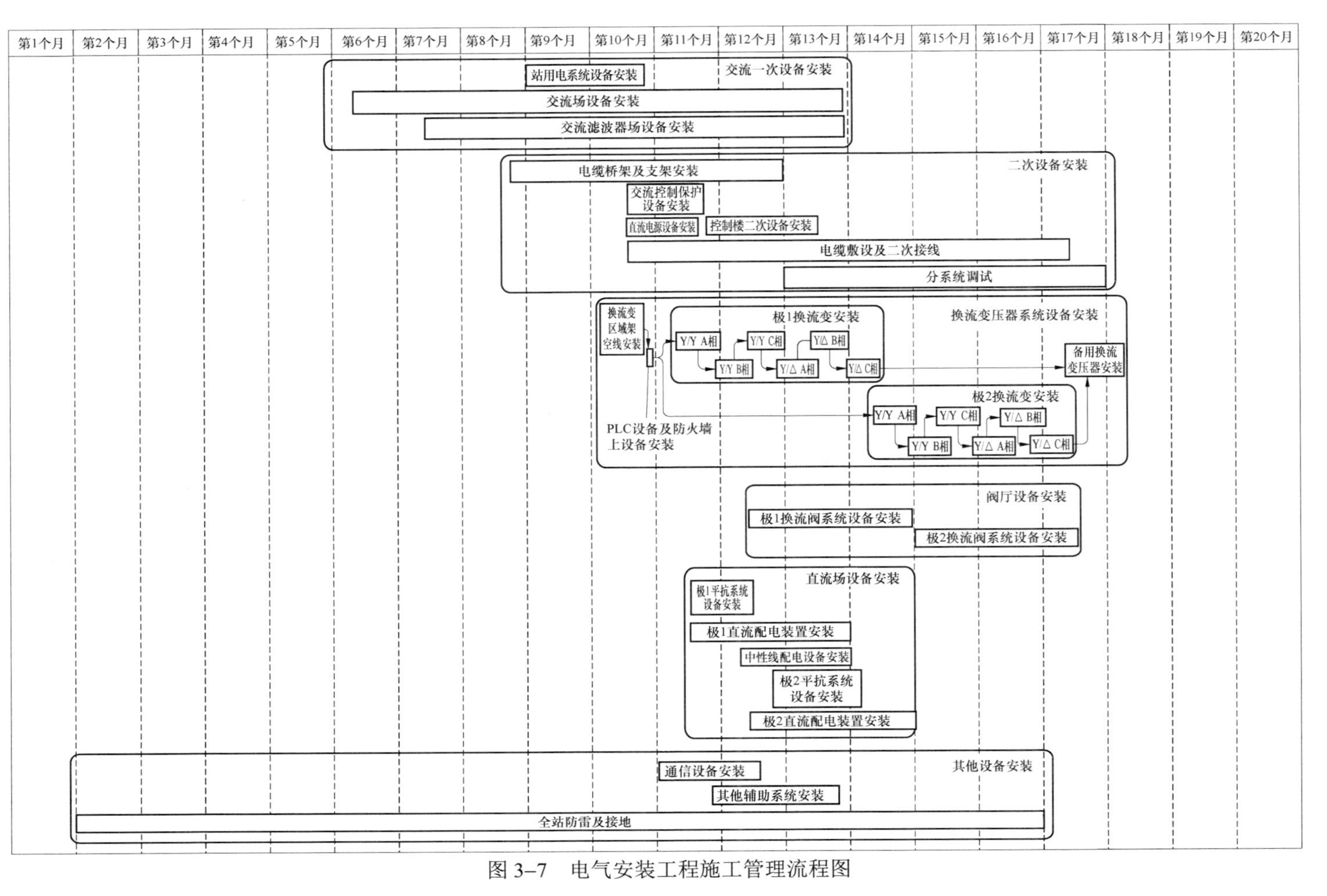

图 3-7 电气安装工程施工管理流程图

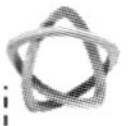

（1）换流变压器（安装位置上）安装流程如图 3-8 所示。

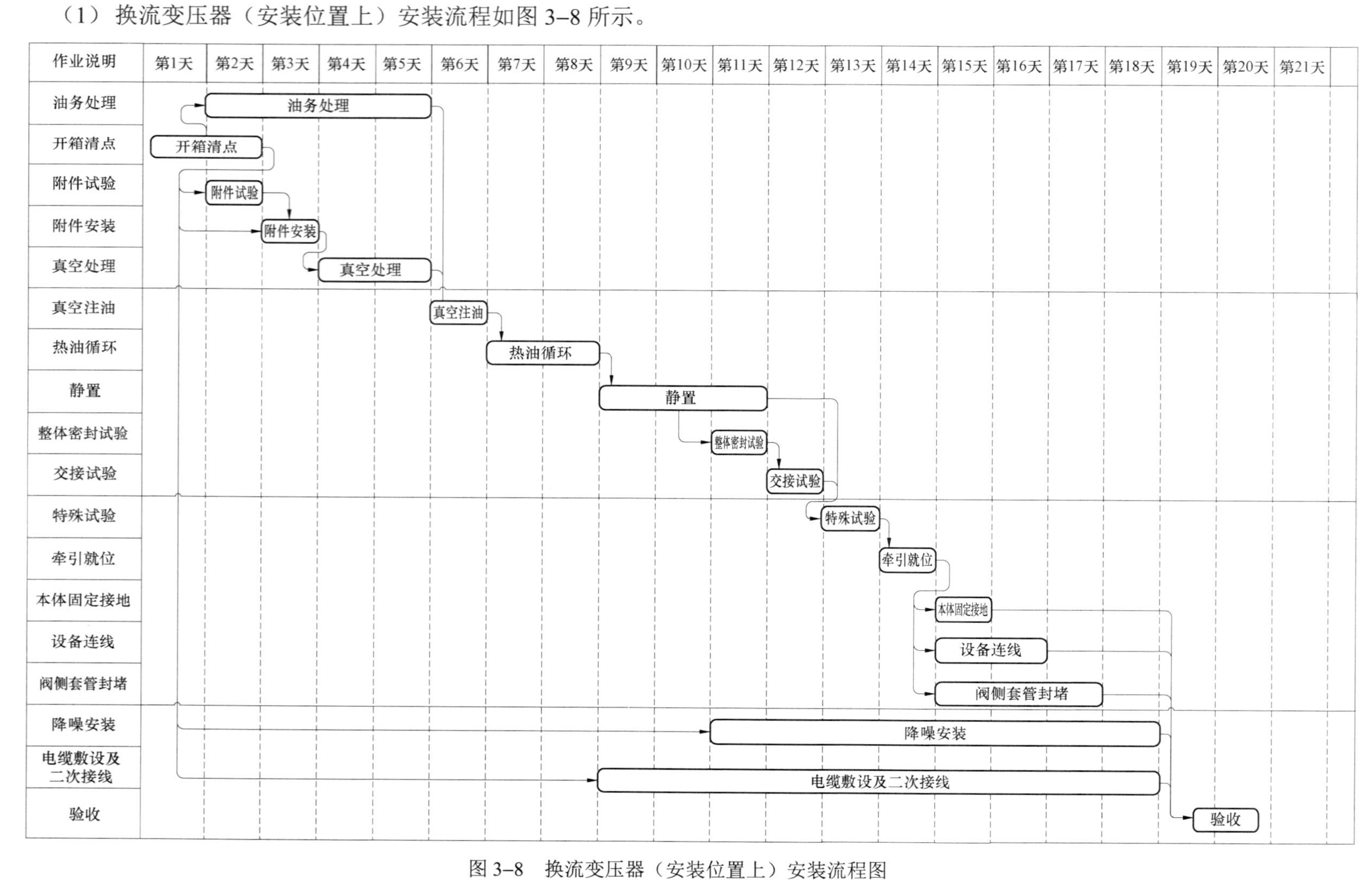

图 3-8　换流变压器（安装位置上）安装流程图

（2）换流变压器（运行位置上）安装流程如图 3–9 所示。

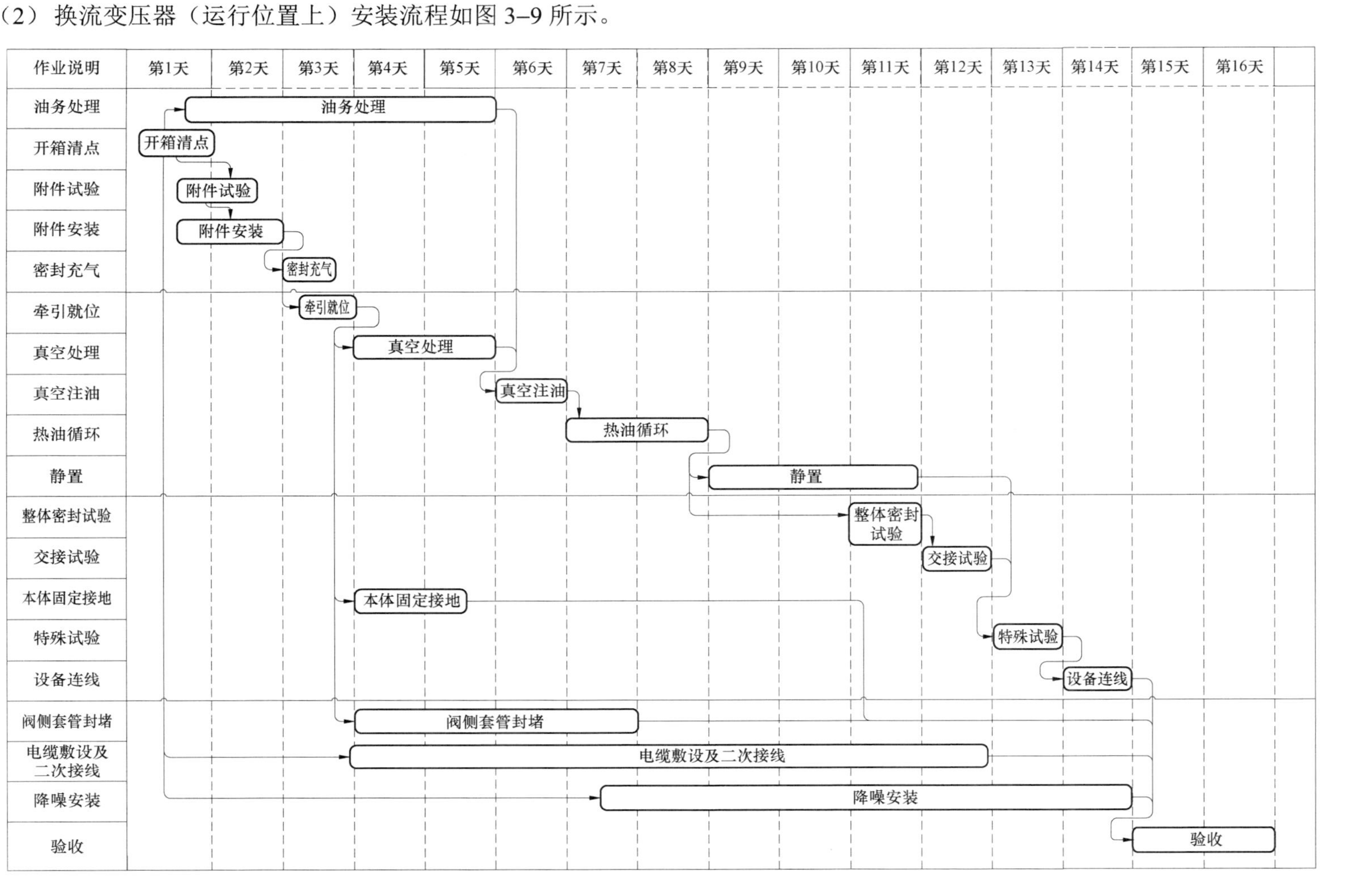

图 3–9　换流变压器（运行位置上）安装流程图

（3）现场组装式换流阀安装流程如图 3–10 所示。

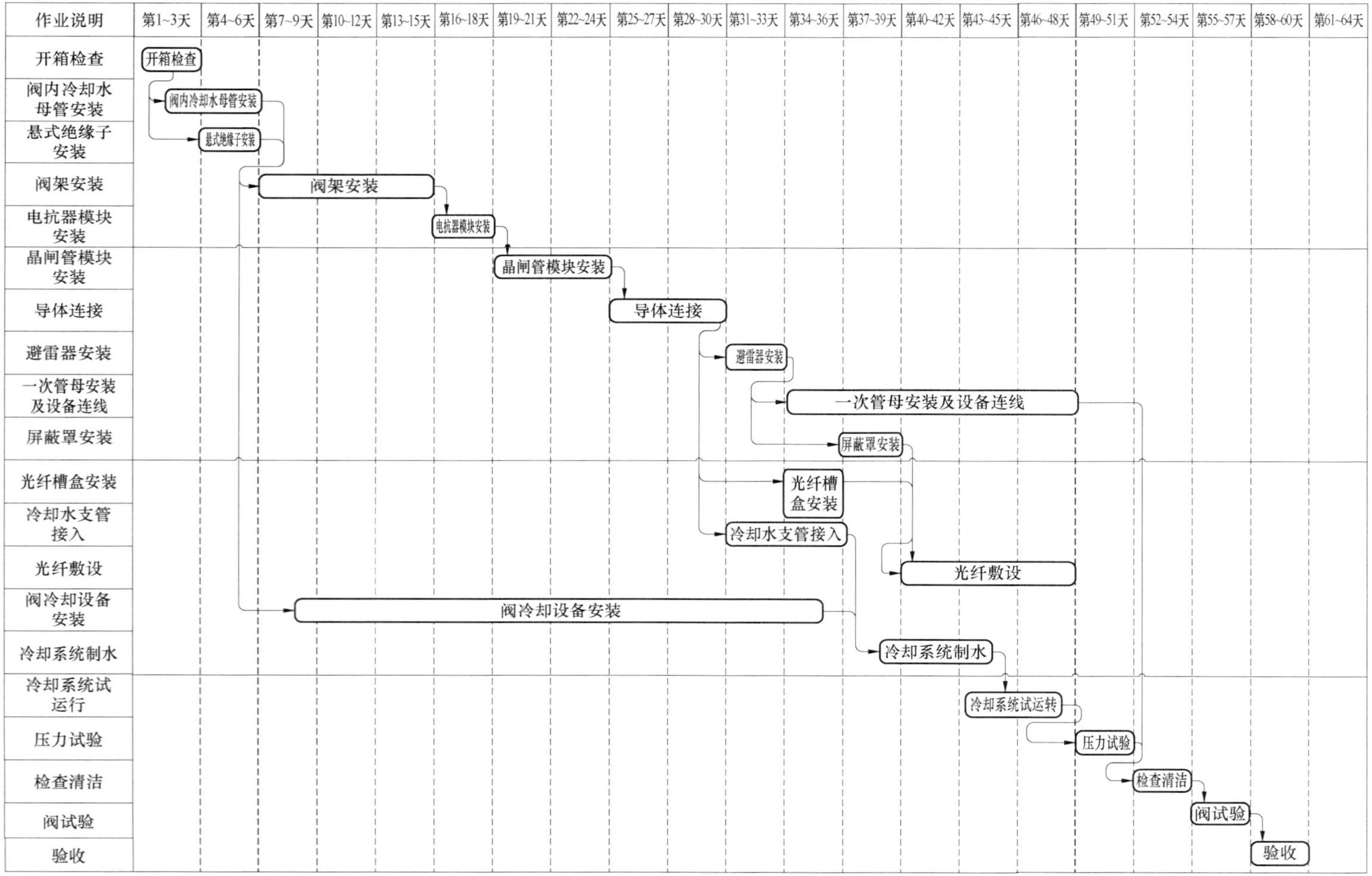

作业说明	第1~3天	第4~6天	第7~9天	第10~12天	第13~15天	第16~18天	第19~21天	第22~24天	第25~27天	第28~30天	第31~33天	第34~36天	第37~39天	第40~42天	第43~45天	第46~48天	第49~51天	第52~54天	第55~57天	第58~60天	第61~64天
开箱检查	开箱检查																				
阀内冷却水母管安装	阀内冷却水母管安装																				
悬式绝缘子安装		悬式绝缘子安装																			
阀架安装			阀架安装																		
电抗器模块安装						电抗器模块安装															
晶闸管模块安装							晶闸管模块安装														
导体连接									导体连接												
避雷器安装											避雷器安装										
一次管母安装及设备连线												一次管母安装及设备连线									
屏蔽罩安装													屏蔽罩安装								
光纤槽盒安装												光纤槽盒安装									
冷却水支管接入											冷却水支管接入										
光纤敷设														光纤敷设							
阀冷却设备安装			阀冷却设备安装																		
冷却系统制水													冷却系统制水								
冷却系统试运行															冷却系统试运转						
压力试验																	压力试验				
检查清洁																		检查清洁			
阀试验																			阀试验		
验收																				验收	

图 3–10　现场组装式换流阀安装流程图

（4）工厂组装式换流阀安装流程如图 3–11 所示。

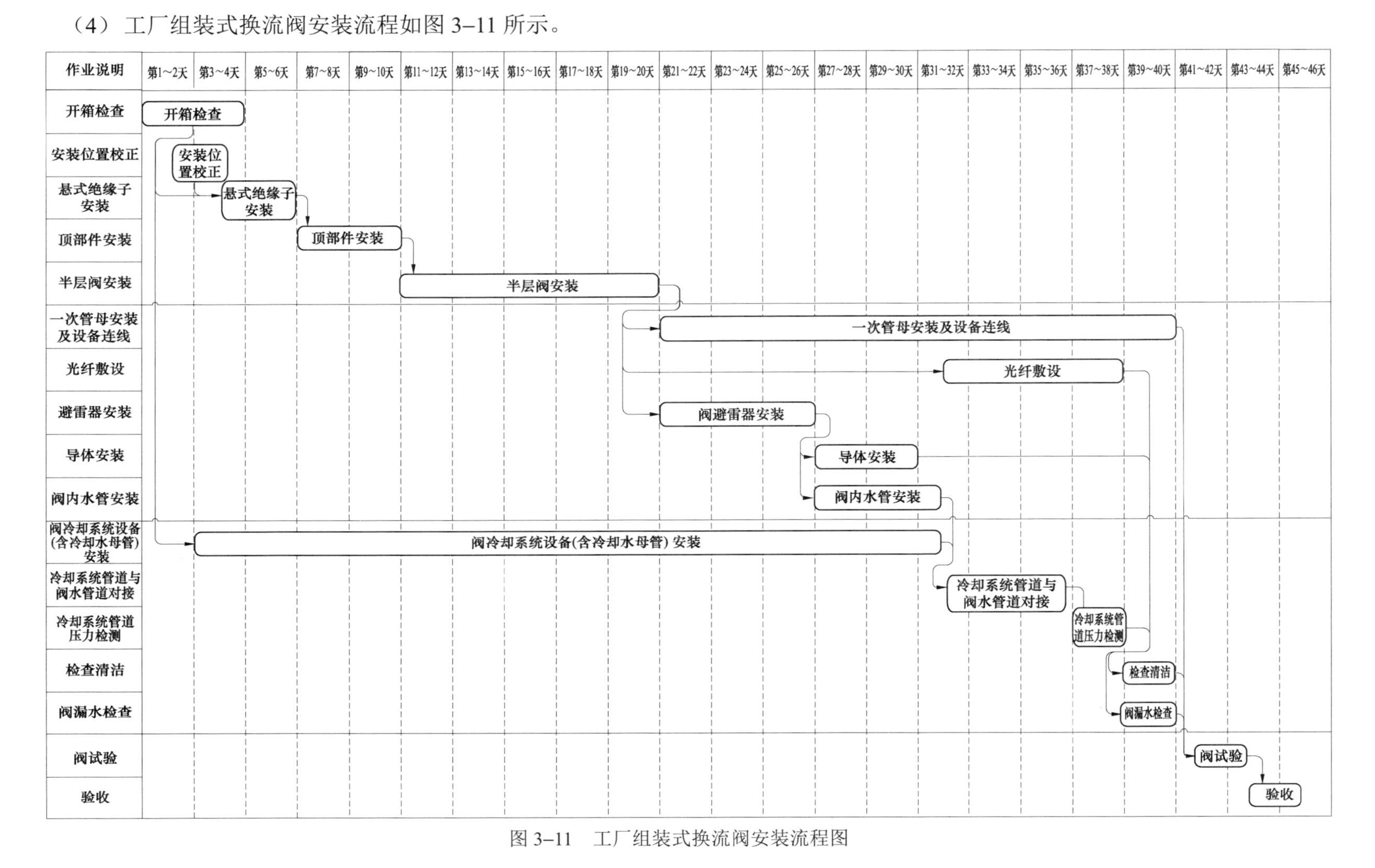

图 3–11　工厂组装式换流阀安装流程图

（5）交流滤波器设备安装流程如图 3–12 所示。

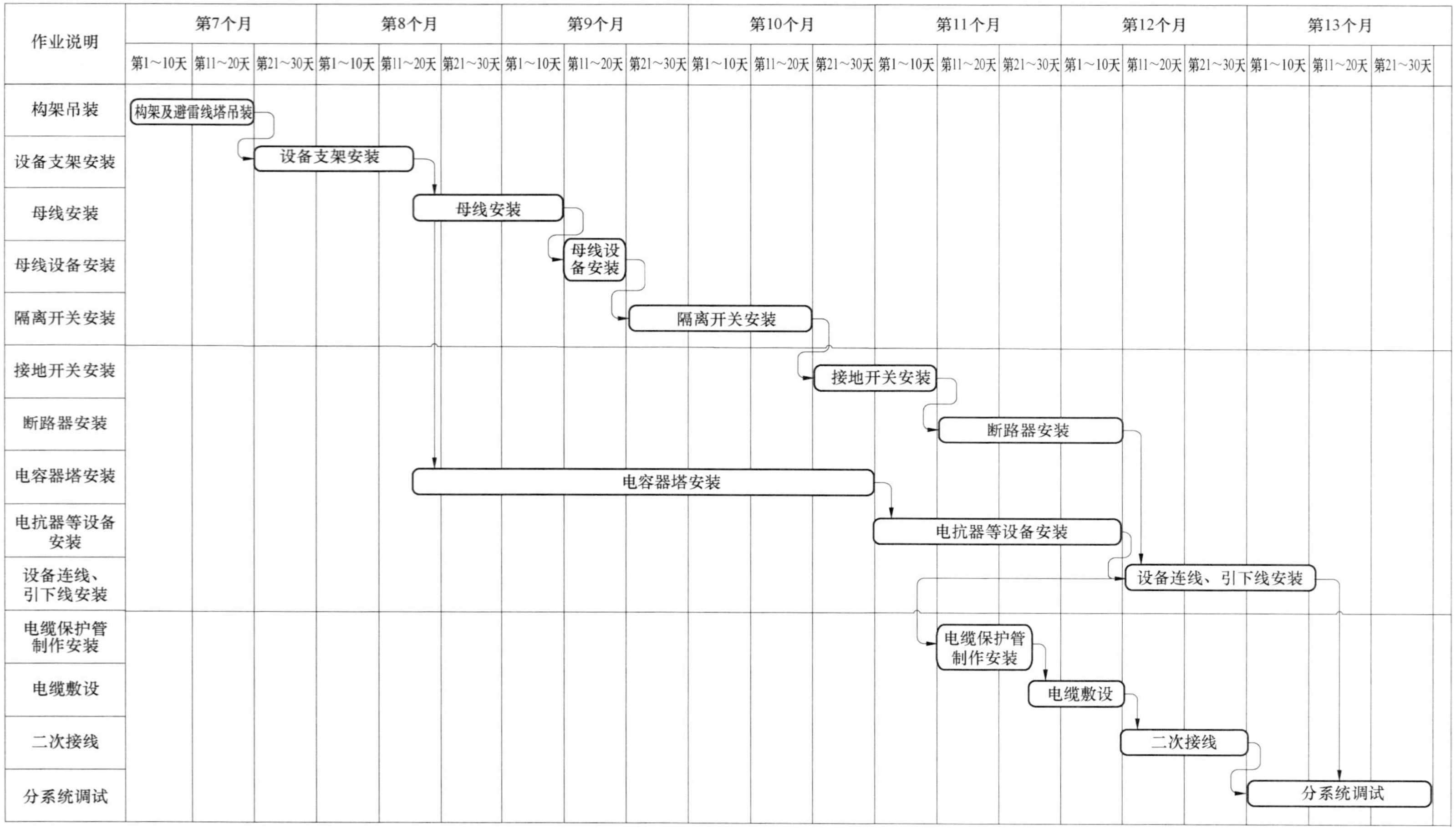

<table>
<tr><th rowspan="2">作业说明</th><th colspan="3">第7个月</th><th colspan="3">第8个月</th><th colspan="3">第9个月</th><th colspan="3">第10个月</th><th colspan="3">第11个月</th><th colspan="3">第12个月</th><th colspan="3">第13个月</th></tr>
<tr><th>第1～10天</th><th>第11～20天</th><th>第21～30天</th><th>第1～10天</th><th>第11～20天</th><th>第21～30天</th><th>第1～10天</th><th>第11～20天</th><th>第21～30天</th><th>第1～10天</th><th>第11～20天</th><th>第21～30天</th><th>第1～10天</th><th>第11～20天</th><th>第21～30天</th><th>第1～10天</th><th>第11～20天</th><th>第21～30天</th><th>第1～10天</th><th>第11～20天</th><th>第21～30天</th></tr>
<tr><td>构架吊装</td><td colspan="2">构架及避雷线塔吊装</td><td></td><td></td><td></td><td></td><td></td><td></td><td></td><td></td><td></td><td></td><td></td><td></td><td></td><td></td><td></td><td></td><td></td><td></td></tr>
<tr><td>设备支架安装</td><td></td><td></td><td colspan="3">设备支架安装</td><td></td><td></td><td></td><td></td><td></td><td></td><td></td><td></td><td></td><td></td><td></td><td></td><td></td><td></td><td></td></tr>
<tr><td>母线安装</td><td></td><td></td><td></td><td></td><td colspan="3">母线安装</td><td></td><td></td><td></td><td></td><td></td><td></td><td></td><td></td><td></td><td></td><td></td><td></td><td></td></tr>
<tr><td>母线设备安装</td><td></td><td></td><td></td><td></td><td></td><td></td><td></td><td>母线设备安装</td><td></td><td></td><td></td><td></td><td></td><td></td><td></td><td></td><td></td><td></td><td></td><td></td><td></td></tr>
<tr><td>隔离开关安装</td><td></td><td></td><td></td><td></td><td></td><td></td><td></td><td></td><td colspan="3">隔离开关安装</td><td></td><td></td><td></td><td></td><td></td><td></td><td></td><td></td><td></td><td></td></tr>
<tr><td>接地开关安装</td><td></td><td></td><td></td><td></td><td></td><td></td><td></td><td></td><td></td><td></td><td></td><td colspan="2">接地开关安装</td><td></td><td></td><td></td><td></td><td></td><td></td><td></td><td></td></tr>
<tr><td>断路器安装</td><td></td><td></td><td></td><td></td><td></td><td></td><td></td><td></td><td></td><td></td><td></td><td></td><td></td><td colspan="3">断路器安装</td><td></td><td></td><td></td><td></td><td></td></tr>
<tr><td>电容器塔安装</td><td></td><td></td><td></td><td></td><td colspan="8">电容器塔安装</td><td></td><td></td><td></td><td></td><td></td><td></td><td></td><td></td><td></td></tr>
<tr><td>电抗器等设备安装</td><td></td><td></td><td></td><td></td><td></td><td></td><td></td><td></td><td></td><td></td><td></td><td></td><td colspan="4">电抗器等设备安装</td><td></td><td></td><td></td><td></td><td></td></tr>
<tr><td>设备连线、引下线安装</td><td></td><td></td><td></td><td></td><td></td><td></td><td></td><td></td><td></td><td></td><td></td><td></td><td></td><td></td><td></td><td></td><td colspan="3">设备连线、引下线安装</td><td></td><td></td></tr>
<tr><td>电缆保护管制作安装</td><td></td><td></td><td></td><td></td><td></td><td></td><td></td><td></td><td></td><td></td><td></td><td></td><td></td><td colspan="2">电缆保护管制作安装</td><td></td><td></td><td></td><td></td><td></td><td></td></tr>
<tr><td>电缆敷设</td><td></td><td></td><td></td><td></td><td></td><td></td><td></td><td></td><td></td><td></td><td></td><td></td><td></td><td></td><td colspan="2">电缆敷设</td><td></td><td></td><td></td><td></td><td></td></tr>
<tr><td>二次接线</td><td></td><td></td><td></td><td></td><td></td><td></td><td></td><td></td><td></td><td></td><td></td><td></td><td></td><td></td><td></td><td></td><td colspan="2">二次接线</td><td></td><td></td><td></td></tr>
<tr><td>分系统调试</td><td></td><td></td><td></td><td></td><td></td><td></td><td></td><td></td><td></td><td></td><td></td><td></td><td></td><td></td><td></td><td></td><td></td><td></td><td colspan="3">分系统调试</td></tr>
</table>

图 3–12　交流滤波器设备安装流程图

（6）直流场设备安装流程如图 3–13 所示。

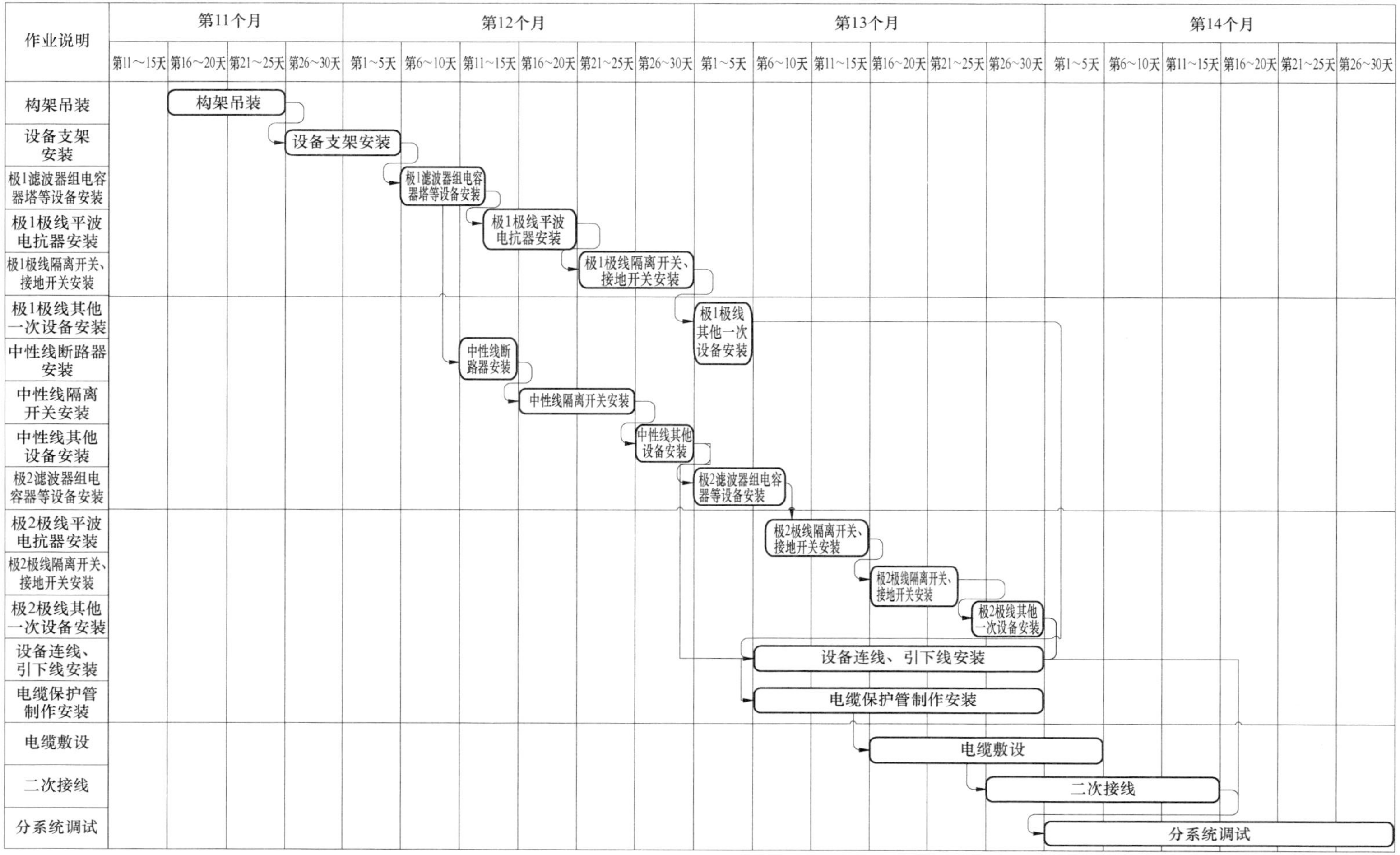

作业说明	第11个月				第12个月						第13个月						第14个月					
	第11～15天	第16～20天	第21～25天	第26～30天	第1～5天	第6～10天	第11～15天	第16～20天	第21～25天	第26～30天	第1～5天	第6～10天	第11～15天	第16～20天	第21～25天	第26～30天	第1～5天	第6～10天	第11～15天	第16～20天	第21～25天	第26～30天
构架吊装		构架吊装																				
设备支架安装				设备支架安装																		
极1滤波器组电容器塔等设备安装						极1滤波器组电容器塔等设备安装																
极1极线平波电抗器安装							极1极线平波电抗器安装															
极1极线隔离开关、接地开关安装									极1极线隔离开关、接地开关安装													
极1极线其他一次设备安装											极1极线其他一次设备安装											
中性线断路器安装							中性线断路器安装															
中性线隔离开关安装								中性线隔离开关安装														
中性线其他设备安装										中性线其他设备安装												
极2滤波器组电容器等设备安装											极2滤波器组电容器等设备安装											
极2极线平波电抗器安装												极2极线隔离开关、接地开关安装										
极2极线隔离开关、接地开关安装														极2极线隔离开关、接地开关安装								
极2极线其他一次设备安装																极2极线其他一次设备安装						
设备连线、引下线安装												设备连线、引下线安装										
电缆保护管制作安装												电缆保护管制作安装										
电缆敷设														电缆敷设								
二次接线																二次接线						
分系统调试																	分系统调试					

图 3–13　直流场设备安装流程图

3.3 主要单位工程的工期研究

3.3.1 主控楼

以三层框架结构、建筑面积3000m^{2}左右为例分析。

3.3.1.1 三层框架结构主控楼（10个月）

主控楼施工305天：基础工程45天→主体混凝土结构工程60天→地坪沟道及砌体工程58天→建筑电气及电气预埋15天（88天）→抹灰工程40天→通风与空调工程25天（67天）→建筑装饰装修工程60天（110天）→交安2天。

（1）基础工程包括定位及高程控制、土方工程、桩基处理、基础承台施工等分项工程。施工工期45天，包括测量放线2天，土方开挖4天，桩基处理7天，垫层5天，基础及地梁27天。配置2～3台挖掘机开挖，一定数量运土车进行配合施工。基础承台包括桩基处理、钢筋工程、模板工程、基础混凝土，工期27天，期间钢筋班组及木工班组可交替作业。

（2）主体混凝土结构工程包括钢筋工程、模板工程、混凝土、等分项工程。施工工期60天，包括一层24天，二、三层各18天。一层框架因楼层高度较高，且需脚手架搭设完成后方能进行模板施工，持续时间较长，共需24天，其中外脚手架及支撑架搭设9天，钢筋工程、模板工程及混凝土15天，期间钢筋班组与木工班组需配合施工，框架柱钢筋完成后，进行模板安装；其余标准层（二、三层）因层高变化、结构布置变化所需时间相应减少，需18天。

（3）砌体工程工期58天（含主体框架养护工歇期11天）。砌体施工受楼板混凝土养护拆模时间及每层填充墙梁底空隙需间隔15天要求的制约，其中一层砌体需等地坪沟道完成后（第130天）开始：一层楼板养护25天拆除底模后即第98天地坪沟道开工，32后天完成，二层最早开工第116天，三层最早完工第163天（按每层砌体主体施工时间9天、静置15天、填缝2天共需工期26天考虑），一至三层砌体施工同步施工总历时47天，其中包括圈梁、构造柱、门窗包框等二次结构施工。施工单位在施工资源投入中应充分考虑上述因素，可安排一个泥工班组随框架混凝土施工进度分层进行砌体砌筑，二次结构中包括的钢筋工程及模板工程等由主体工程中的相应班组穿插进行施工。

（4）建筑电气及电气预埋占关键路径15天，全部完成88天。预埋在抹灰前与其他装修工作交叉施工完成；穿线及面板在装饰阶段完成；因电缆桥架及放电缆等施工影响地坪及吊顶，考虑关键路径时间15天。

（5）抹灰工程工期40天。砌体工程完成后考虑养护及预埋时间40天开始进行墙体粉刷，二层最早开工第182天，第三层最早完工第222天（按19天完成一层楼计），抹灰历时40天。内墙粉刷在砌体工程中砂浆收缩及梁柱交接处斜砌墙体稳定后开始施工，40天内，每层抹灰的净施工时间有19天，时间相对充裕，便于质量控制及与其他工序交叉作业调节。

（6）通风与空调工程占关键路径 25 天，全部完成 67 天。关键工序仅考虑主机及室内机安装调整等时间 25 天，其余风道等大部分工作在砌体及抹灰的稳定期内交叉作业完成。

（7）建筑装饰装修工程主要包括门窗、给排水、楼地面、涂料及吊顶等分项工程，全部完成约 110 天，关键路径工作不能交叉的施工时间考虑 60 天：地坪面层占关键路径 25 天，墙面涂料占 20 天，交安前吊顶大部分不封板占 15 天。其他作业施工时间需考虑工序交叉安排，三层统筹安排：给排水工程、建筑电气和电气预埋、通风空调施工贯穿于整个建筑装饰装修工程施工，工作量大、时长，吊顶内相关工作需在吊顶安装之前安装完成。给排水在楼地面工程之前完成，地面工程在抹灰完成后（最早第 153 天）开工（但自流平地坪面层在满足交安条件下尽量延后安排）；门窗安装待砌体工程中门窗包框混凝土达到一定强度后即可进行门窗型材安装，安排 5～10 名安装人员紧跟砌体工程施工完成；外墙彩钢板在外墙粉刷完成后 3 天开始进行檩条安装，安排两个班组从不同方向开始墙体彩钢板安装、女儿墙彩钢板封顶及洞口包边等工作；内墙涂料施工需待抹灰层干燥（最早第 208 天）及外墙彩钢板、屋面防水工程完成之后方能进行；电梯工程最早开工第 180 天。

（8）交安（2 天）。

3.3.1.2 三层框架结构主控楼–9 个月

主控楼施工 275 天：基础工程 40 天→主体混凝土结构工程 55 天→地坪沟道及砌体工程 58 天→建筑电气及电气预埋 10 天（88 天）→抹灰工程 40 天→通风与空调工程 20 天（67 天）→建筑装饰装修工程 50 天（110 天）→交安 2 天。

（1）基础工程施工工期 40 天：包括测量 2 天，土方开挖 4 天，桩基处理 7 天，垫层 2 天，基础及地梁 25 天，增加混凝土主体施工资源加快混凝土施工进展。

（2）主体工程（混凝土结构）施工工期 55 天，包括一层 21 天，二、三层各 17 天，增加混凝土主体施工资源加快混凝土施工进展。

（3）砌体工程工期 58 天（含主体框架养护工歇期 11 天）。

（4）建筑电气及电气预埋占关键路径 10 天，考虑利用砌体养护间隙交叉施工裕度。

（5）抹灰工程工期 40 天。

（6）通风与空调工程占关键路径 20 天，利用交叉施工安排调减关键路径时间。

（7）建筑装饰装修工程主要包括门窗、给排水、楼地面、涂料及吊顶等分项工程，全部完成约 110 天，关键路径工作不能交叉的施工时间考虑 50 天：地坪面层占关键路径 20 天，墙面涂料占 20 天，交安前吊顶大部分不封板占 10 天，其他作业施工时间需考虑与空调、建筑电气等工序交叉安排，三层统筹安排。

（8）交安（2 天）。

3.3.1.3 三层钢结构主控楼–9 个月

主控楼施工 275 天：基础工程 45 天→主体工程 41 天→砌体工程 47 天→建筑电气及电气预埋 15 天（70 天）→抹灰工程 40 天→通风与空调工程 25 天（58 天）→建筑装饰装

修工程 60 天（85 天）→交安 2 天。

（1）主体工程 41 天：因钢柱及楼板不需制模板等，与混凝土结构相比每层可节省工期约 7 天，主体工期节省 20 天。

（2）砌体工程 47 天：因楼板不需拆模板，与混凝土结构相比砌体可提前开工 11 天。

3.3.2 低端换流变防火墙

3.3.2.1 低端换流变防火墙–4 个月

由两组人两极同时施工，筏板基础（30 天）—防火墙（90 天）。

（1）筏板基础（30 天）包括土方开挖、桩基处理、筏板基础承台等，其中土方开挖 3 天，2～3 台挖机对称进行开挖，若干运土车进行配合；桩基处理 7 天；筏板基础承台 18 天；筏板基础周边土方回填 2 天，可随模板拆除进度穿插 1 天。

（2）防火墙（90 天）：包括换流变及阀厅防火墙工程，待筏板基础土方回填完成后，方可对上部钢筋工程进行施工。两套模板交替往上传递，相邻模板板板相扣，保证模板接缝处密封性，避免出现漏浆等现象。下层混凝土浇筑完成后 1 天即可进行上部钢筋绑扎，平均每模工期 9 天。

3.3.2.2 低端换流变防火墙–3 个月

由两组人分别进行施工，筏板基础（20 天）—防火墙（70 天）。

（1）筏板基础（20 天）包括土方开挖、桩基处理、筏板基础承台等，其中土方开挖 2 天，4～5 台挖机对称进行开挖，若干运土车进行配合；桩基处理 4 天，包括桩基灌芯，期间可穿插至土方开挖 1 天随土方开挖进度进行桩头处理；筏板基础承台包括钢筋工程、模板工程，钢筋班组及木工班组可同时施工，共 14 天；筏板基础周边土方回填 2 天，可随模板拆除进度穿插 1 天。

（2）防火墙（70 天）施工包括钢筋工程、模板工程等，待筏板基础土方回填完成后，方可对上部钢筋工程进行施工。两套模板交替往上传递，相邻模板板板相扣，保证模板接缝处密封性，避免出现漏浆等现象。下层混凝土浇筑完成后 1 天即可进行上部钢筋绑扎，平均每模工期 7 天。

3.3.3 双极低端阀厅

3.3.3.1 双极低端阀厅–7 个月

基础工程→钢结构吊装及阀厅接地（65 天）→彩钢板安装及门窗（45 天，70 天）→地下设施及混凝土地面（30 天）→空调及照明（50 天）→地坪涂料（20 天）。

（1）基础工程（在防火墙施工期间完成）。

（2）钢结构安装及阀厅接地（65 天，其中防火墙养护到位后有 37 天）：主要包括钢柱及柱间支撑、钢屋架组装等（33 天）、钢屋架及檩条安装（22 天）、巡视走道（10 天）等。钢柱在地面进行组装、防锈之后，由两个班组、四台吊车（一台吊装、一台地面组装）

从主控楼侧开始往直流场区域进行吊装，相应支撑随进。其中避雷线塔及防火墙上部钢柱在防火墙混凝土达到强度要求后（28 天）进行安装。其中钢屋架全部完成后，及时对屋架与钢柱连接处螺栓进行终拧。安排一个专门接地施工班组紧密配合钢结构及地坪进行接地施工，这样可以不占关键路径工期。

（3）彩钢板及门窗安装（45、70 天）包括屋面彩钢板安装及防水（15、30 天）、内外墙体彩钢板安装含细部处理（35、40 天）、门窗安装 5 天不占关键工期，其中屋面彩钢板底板要求 10 天内完成，屋面第一层安装完成后再增加一个班组进行墙体彩钢板安装，人员数量要求具备 25 天能完成一个阀厅内墙板的施工能力，以便 55 天内能开展与混凝土地坪及空调交叉作业。

（4）混凝土地面及地下设施（30 天），包括电缆沟风道及地面砼工程。电缆沟与支架基础最好能在防火墙施工期间完成，保证风道与地面砼工程施工能在 30 天内完成，风道施工可与部分内墙板同时施工。整个地面工程在屋面彩钢板第一层内板完成后即可组织前期施工。地面工程包括混凝土层及地面涂料层，混凝土面层分块跳跃式浇筑 2 次浇完一厅，极 1、极 2 低端阀厅地面与内墙板安排交叉施工。保证浇混凝土后 3 天内不许上人，共占关键路径 30 天。地面面层涂料需待阀厅内相关工作完成后交安前最后施工，避免施工过程中对面层造成损坏。

（5）空调及照明（50 天）：可提前加工、备料，在屋面底板完成后即可组织进行施工，与内墙板部分交叉作业。

（6）地坪面层涂料（20 天）：在通风、照明安装完成及门窗安装或封堵完成后进行，占关键路径工期 20 天。

3.3.3.2 双极低端阀厅–6 个月

基础工程→钢结构吊装及阀厅接地（60 天）→彩钢板安装及门窗（40、60 天）→地下设施及混凝土地面（25、20 天）→空调及照明（40 天）→地坪面层涂料（15 天）。

（1）基础工程（在防火墙施工期间完成）。

（2）钢结构安装及阀厅接地（60 天，其中防火墙养护到位后有 33 天）：主要包括钢柱及柱间支撑、钢屋架组装等（32 天）、钢屋架及檩条安装（19 天）、巡视走道（9 天）等。

（3）彩钢板及门窗安装（40，60 天）包括屋面彩钢板安装及防水（10，30 天）、内外墙体彩钢板安装含细部处理（30 天）、门窗安装 5 天不占关键工期，其中屋面彩钢板底板要求 10 天内完成，以便墙体彩钢板随后开始施工。待钢结构高强螺栓终拧完成之后，即可进行屋面彩钢板安装。勒脚完成有一定强度后，组织进行墙板安装。靠近主控楼侧墙板待其外墙粉刷完成后方能安装。彩钢板安装前期可由两个班组同时进行屋面彩钢板安装，待屋面第一层安装完成后再增加一个班组进行墙体彩钢板安装，人员数量要求具备 20 天能完成一个阀厅内墙板的施工能力，以便 40 天内能开展与砼地坪及空调交叉作业。

（4）混凝土地面及地下设施（25 天）。

（5）空调及照明（40 天）：提前加工、备料，在屋面底板完成后即可组织进行施工，与内墙板同步或交叉作业，因作业面影响，考虑关键工期为非连续的 40 天。

（6）地坪面层涂料（15天），提前交叉进行基层混凝土的表面处理。

3.3.4 低端换流变基础及广场–5个月

换流变搬运主轨道基础30天→支轨道基础及广场电缆沟50天（70天）→换流变基础20天（40天）→运输轨道安装及接地20天（40天）→运输轨道面层及广场施工30天（50天）。

（1）换流变搬运主轨道基础（30天），可在低端防火墙基础底板完成后开始施工，利用支轨基础场地作为防火墙施工运输通道，可分段组织流水施工。

（2）支轨道基础及广场电缆沟、排油管井等50天（70天）。支轨道基础施工（30天）时需检查地下接地及管线施工或预埋已完成（10天），在完成事故油池（可与阀厅基础同步施工）及相关管井施工后，广场区域电缆沟可紧随支轨道基础同步施工（10天），主控楼、极1辅控楼、阀外冷等周边电缆沟另安排一个施工面，因交叉施工集中、场地受限，考虑关键路径50天。

（3）换流变基础20天（40天）：在防火墙拆模及脚手架拆除之后开始施工，部分工作可与广场支轨道基础及电缆沟分段交叉施工，为避免占关键路径工期过长，每极要求同时施工3个基础，2次浇完，两极共占关键路径工期20天。基础钢筋已在筏板基础过程中进行预留，上部钢筋只需进行适当调整及增补，需4天；模板工程由两个木工班组分别负责三个换流变基础，2组基础共考虑10天，一组混凝土浇筑1天，养护3天后拆模，基础拆模及卫生清理一组3天。

（4）运输轨道安装及接地20天（40天），即支轨道基础混凝土浇筑完成后即可组织轨道安装及接地工作，前提是保证广场回填及基层混凝土交叉施工的运输通道。

（5）运输轨道面层及广场施工30天（50天）包括换流变广场及主控楼、极1辅控楼、阀外冷等周边广场。换流变广场随轨道安装进度分块进行浇筑，可组织流水作业。

3.3.5 500kV GIS室–6个月

施工顺序：基础工程45天→地下设施25天（40天）→钢结构安装30天→彩钢板围护（40天）→建筑电气及装饰工程25天→自流平地面15天→验收交安2天。

（1）基础工程（45天）包括钢结构基础承台及室内设备基础。因作业面大，可分段组织流水施工。

（2）地下设施25天（40天），基础完成后立即组织地下沟道及地坪施工，接地同步进行，可紧随设备基础组织流水施工，关键工期只计最后一个施工段设备基础完成后的施工时间（含沟道、接地、回填土夯实、地坪混凝土），考虑25天。

（3）钢结构安装（30天）包括钢柱及柱间支撑、钢屋架、檩条。基础养护期间安排钢柱及屋架拼装（沟道同时施工需规划好施工通道），吊装可从中间轴线开始，完成一个稳定空间单元后，即可分2个作业面从中间向2头顺序吊装。

（4）彩钢板围护（40天）包括勒脚墙裙（7天）、墙面及屋面彩钢板围护（33天）。勒脚墙裙可在完成钢结构吊装及分段验收后交叉进行，彩钢板先屋面再墙面和天沟，屋面彩钢板（及纵轴墙面）安装可由两个班组从中间向两侧同时依次进行。

（5）建筑电气及装饰工程（25天）。包括钢结构补漆、行吊安装、门窗及轴流风机安装、墙裙涂料等。可在完成屋面彩钢板后安排与墙面板交叉施工。

（6）自流平地面（15天），可提前交叉进行基层混凝土的表面处理工作，最后一道面层涂料待设备安装完成后进行。

（7）验收交安（2天）。

3.3.6 换流变压器安装–2.5个月

单台低端换流压器安装时间：附件安装及芯检3天，移位至运行位置1天（就位后即开始本体二次电缆敷设及接线，需6天），抽真空4天，注油1天，热油循环4天，整体密封试验及静置5天，电气试验3天，总工期20天。绝缘油及附件提前换流变7天到货，绝缘油的处理及化验（要求施工单位在现场建立油化验室）、附件开箱检查试验在换流变安装前完成，不占用换流变安装工期。

单台高端换流变压器由于体积和总油量比低端大，因此在抽真空、注油、热油循环工序上需增加4天时间，总工期24天。

换流变安装工期主要受设备到货时间制约，根据以往经验，换流变压器采取集中安装方式总工期按2.5个月考虑。

3.3.7 换流阀安装–2.5个月

阀塔安装时间：开箱检查1天，悬式绝缘子安装3天，阀架安装7天，电抗器模块安装5天，晶闸管模块安装5天，导体连接5天，阀避雷器安装5天，光纤槽盒安装5天，光纤敷设10天，分支水管安装10天，屏蔽罩安装5天，共60天。

（1）阀厅其他设备安装：阀厅地刀等设备可在阀塔安装期间同时进行，需时40天，与最后一台换流变安装同时完成。管母线及设备连线安装跨度较长，在阀塔安装工作完成后开始安装，并在最后一台换流变推入到运行位置后5天完成。

（2）阀冷却水系统安装：考虑工业水系统在阀冷却系统安装前具备送水条件，阀内、外冷却水系统安装需20天，可同步进行，并在换流阀安装前全部完成，避免占用阀厅安装资源。阀外冷却水系统试运转20天，内冷却水系统试运转随后进行，在阀塔分支水管安装完7天后试运转完成。

3.3.8 交流场及GIS安装–4.5个月

以3/2断路器接线、10个串（含完整串和不完整串）左右为例分析。

交流场构支架在GIS钢结构吊装完成后开始需30天。构支架完成后开始户外设备吊装，需30天，要求在GIS安装开始前完成。后续设备连线及端子箱安装30天完成。

（1）GIS室内部分安装：以8个完整串为例，从第5串开始往两边安装，即（5–4）–（6–3）–（7–2）–（8–1）的顺序，室内两个行车，可开两个工作面，考虑6天完成一串，30天可完成设备本体安装就位，并具备分支母线出墙条件。后续Ⅰ、Ⅱ母安装30天完成。密度继电器安装、抽真空注气、本体电缆敷设接线等室内其他工作与设备本体安装同时进行，在Ⅰ、Ⅱ母安装完后20天完成。室内部分工作总工期80天。

（2）GIS 室外部分安装：户外主要工作集中在至换流变汇流母线和交流滤波场分支母线安装，在户内分支母线出墙后即户内部分安装开始 30 天后开始施工，总长度约 5000 米，安装时可开两个工作面，86 天完成安装。套管及引下线安装，密度继电器安装及二次接线，抽真空注气等与分支母线安装同时内进行，注气工作在分支母线安装完后 20 天完成。室外工作总工期 106 天。

因此，GIS 安装总工期定为：室内开关设备（30 天）+户外管母安装及注气等（106 天）=136 天。

3.3.9 交流滤波场设备安装–5 个月

以 4 大组，19 小组左右为例分析。

架空母线安装：构支架安装完成后开始安装架空母线，需时 45 天。

围栏内设备安装：电容器组安装时间跨度最长，开两个工作面，约 90 天完成。由于同一厂家设备一般集中到货，因此围栏内电抗器、电流互感器、避雷器、中性母线等其他设备按类型集中安装，每种设备 10～15 天，共需 54 天，在电容器安装期间进行，并考虑同时完成。围栏内设备连线作业简单，可分小组铺开进行，在设备安装完成后 25 天完成。

围栏外设备安装：架空母线安装完成后即开始围栏外设备安装，断路器安装按一天一组考虑需 20 天，然后进行隔离开关安装及调整 30 天，断路器的抽真空注气工作在隔离开关安装期间进行。设备连线、端子箱安装及接线在设备安装完成 25 天后完成。

据此，交流滤波场总工期定为 150 天（含架空线安装）。

3.3.10 直流场设备安装–3 个月

安装顺序：构支架 15 天（30 天）→围栏内设备安装 15 天（20 天）→开关、避雷器、互感器、支柱绝缘子等独立设备安装 15 天（30 天，围栏内设备安装第 15 天开始）→双极母线及设备连线 40 天。

直流场设备安装可铺开进行，设备与设备之间无必然搭接关系（除母线及连线必须等相应设备安装完成后进行），考虑同一类型设备安装基本在某一时间段集中安装。首先进行围栏内设备安装，以电容器塔安装时间最长，可在第一个月内安装完成；在围栏内设备安装第 15 天后，开关、避雷器、互感器、支柱绝缘子等独立设备即可铺开安装，到货连续情况下 40 天可全部完成；在母线支柱绝缘子、避雷器安装完成后，开始母线安装，极 1 和极 2 可形成流水作业。单极高端平抗从绝缘子安装到吊装完成为 20 天，双极高低端平抗综合考虑需 45 天，与开关等设备安装平行作业。

对各种设备安装工作平行搭接后，直流场安装工期定为 85 天（不含构支架）。

3.4 典型工期

3.4.1 典型工期研究及分析

通过分析二级任务之间的逻辑关系，形成二级流程，并提炼出关键路径。二级任务的典型工期在后续章节中进行了充分分析和研究，本节直接对其结论进行引用。

3.4.1.1 可研管理（6个月）

可研管理从取得“路条”开始，到工程核准结束，典型工期为6个月。

3.4.1.2 设计管理（38个月）

将“设计管理”分解后，对其工期进行分析和研究，得出各二级任务典型工期：设计（监理）招投标（2个月）、（预）初步设计（6个月）、施工图设计（30个月）。对其逻辑关系进行分析和研究：

（预）初步设计在设计预招投标完成后进行，施工图设计在初步设计结束后进行。施工图设计最先实施部分为“四通一平”图纸。

根据上述分析及研究后，形成设计管理典型工期38个月。关键路径：设计预招投标（2个月）→（预）初步设计（6个月）→施工图设计（30个月）。

3.4.1.3 物资管理（30个月）

将“物资管理”分解后，对其工期进行分析和研究，得出各二级任务典型工期：物资设备招投标及签订合同（6个月）、设备制造（19个月）、物资设备供应（15个月）、大件运输（13个月）、设备监造（21个月）等。对其逻辑关系进行分析和研究：

物资管理应整体满足工程施工阶段需求。物资设备招投标及签订合同（含辅助设备）后开始进行设备制造，主设备生产周期较长，相对辅助设备应提前开展相关工作。设备制造开展9个月后，开始进行交流场及滤波场物资设备供应。大件运输主要指物资设备供应中的换流变供货，其不在关键路径上。设备监造同设备制造同时进行，并在设备制造完成后2个月内提交所有监造报告。设备厂家现场服务等随物资供应进行。

根据上述分析及研究后，形成物资管理典型工期30个月。关键路径：物资设备招投标及签订合同（6个月）→“设备制造开始–首批设备开始供应（9个月）” →物资设备供应（15个月）。

3.4.1.4 施工管理（24个月）

将“施工管理”分解后，对其工期进行分析和研究，得出各二级任务典型工期：施工招投标（3个月）、“四通一平”（4个月）、桩基工程（6个月）、主体工程施工阶段（18个月）。对其逻辑关系进行分析和研究：

“四通一平”工期4个月、桩基施工（含试桩）工期6个月，据已建成特高压换流站经验来看，此工期满足大多数换流站工期要求。从逻辑关系上讲，桩基应在场平完成后开始。在实际建设中，换流站施工区域较大，场平可分区域移交桩基施工。故考虑场平与桩基工期交叉2个月，形成“四通一平–桩基施工”8个月总工期。

土建主体在桩基施工4个月后开始施工，此时桩基工程已完成60%以上，土建开工满足条件。土建主体施工第1月主要是主控楼、综合楼；至第2个月时，桩基完成约80%，此时其他区域土建开工不受影响。通过分析，桩基与土建主体施工搭接2个月是可行的。

由此形成“四通一平工程—桩基工程—主体工程施工阶段”24个月总工期。

综合上述分析研究，形成施工管理典型工期24个月，关键路径：“施工招投标（3个月）”→“四通一平–桩基完成60%（6个月）”→“主体工程施工阶段（18个月）”。

如考虑前期征地手续办理，征地手续办理共12个月，在第9个月完成站址范围内征地拆迁工作，第10个月即可开始“四通一平”工程。则形成施工管理典型工期33个月，关键路径：“启动征地（12个月）”→“站址范围内征地拆迁完成（9个月）”→“四通一平–桩基完成60%（6个月）”→“主体工程施工阶段（18个月）”。

说明：

1. 特高压换流站工程“四通一平开工”至“双极投运”，自大规模特高压换流站集中建设以来，一般在24～30个月内完成。结合以往工程建设实际情况，选取了24个月为典型工期，哈郑、溪浙工程及以后建设的工程均满足该工期要求，部分外部条件良好、场平工程量小的工程更可优化，缩短施工工期。

2. 以上给出的24个月典型工期对南北方均适用。南方雨水多，北方寒冷均不利于施工，但在工序安排上，南方应尽量在雨季来临前完成地下管线预埋、地下基础等施工；北方不宜把混凝土等作业安排在冬季，而一些安装工作可以在冬季进行，同时冬季户内作业也不受影响。

3.4.1.5 尾工管理（21个月）

尾工管理工作内容较为简单，在此处明确其相关工作节点：

（1）工程质保期从工程投运开始至工程投运后1年结束。

（2）工程竣工结算（5个月）在工程竣工后3个月内完成，竣工决算工作在竣工结算结束后开展，3个月左右完成；工程总结应在工程投运前尽早开始启动，与档案移交同步完成。

（3）工程达标投产在工程已正常投产三个月后进行，1个月左右完成。

（4）国家电网公司优质工程评选在工程项目移交生产运行时间满半年且不超过两年后申报。

（5）中国电力优质工程奖评选在投产并使用一年及以上且不超过三年后申报。

（6）在国家优质工程评选前应通过各专项验收。

（7）国家优质工程奖评选在投产并使用一年及以上且不超过三年后申报。

3.4.2 主体工程施工工期18个月（合理工期）

里程碑节点为站用电系统投运10个月，土建双极低端交安10个月，土建双极高端交安12个月，交流系统投运14个月，双极低端带电15个月，双极高端投运18个月。

3.4.2.1 站用电投运10个月

第一关键路径：主控楼一层400V室（第1～8月）→站用电设备安装及调试（第9～10月）→站用电投运（第10月底）。

第二关键路径：站用电基础（2个月）→站用电构支架（1个月）→站用电设备安装、

调试（4个月）。

3.4.2.2 交流场投运15个月

第一关键路径：GIS厂房（第3～8月）→GIS设备安装（第9～13月）→交流部分电缆敷设、分系统调试、验收及带电（第14～15月）。

第二关键路径：交流滤波器场基础（4个月）→交流滤波器场构支架（1.5个月）→交流滤波器场设备安装（4个月）。

第三关键路径：主控楼（10个月）→二次设备安装（2个月）→调试（1个月）。

3.4.2.3 双极低端投运16个月

第一关键路径：双极低端防火墙（第1～4月）→双极低端阀厅（第5～11月）→双极低端换流变安装（第12～14月）→双极低端及直流场分系统调试（第15月）→双极低端及直流场验收、调试（第16月）。

第二关键路径：直流场基础（第7、8月）→构支架安装（第9月）→直流场设备安装（第10～13月）。

第三关键路径：主控楼（第1～9月）→二次屏柜安装和接线（第10～12月）。

第四关键路径：双极低端防火墙（第1～4月）→低端换流变基础及广场（第4～8.5月）。

3.4.2.4 双极高端投运18个月

第一关键路径：双极低端防火墙（第1～4月）→双极低端阀厅（第5～11月）→低端换流变安装（第12～14月）→高端换流变安装（第14～16月）→高端分系统调试、验收、系统调试及投运（第17～18月）。

第二关键路径：高端换流变防火墙施工（第3～7月）→高端阀厅土建施工（第8～12月）→高端换流阀安装（第13～14月）→分系统调试（第15月）。

第三关键路径：辅控楼（第5～12月）→二次屏柜安装和接线（第13～14月）。

3.4.3 主体工程施工工期17个月（压缩工期）

在主体工程施工工期18个月的基础上，考虑土建双极低端交安工期压缩1个月，GIS厂房开工提前1个月，可形成17个月的典型工期，其阶段里程碑节点：站用电系统投运9个月，土建双极低端交安9个月，土建双极高端交安11个月，交流系统投运13个月，双极低端带电14个月，双极高端投运17个月。

3.4.3.1 站用电投运10个月

第一关键路径：主控楼一层400V室（第1～8月）→站用电设备安装及调试（第9～10月）→站用电投运（第10月底）。

第二关键路径：站用电基础（2个月）→站用电构支架（1个月）→站用电设备安装、调试（4个月）。

3.4.3.2 交流场投运 14 个月

第一关键路径：GIS 厂房（第 3～7 月）→GIS 设备安装（第 8～12 月）→交流部分电缆敷设、分系统调试、验收及带电（第 13～14 月）。

第二关键路径：交流滤波器场基础（4 个月）→交流滤波器场构支架（1.5 个月）→交流滤波器场设备安装（4 个月）。

3.4.3.3 双极低端投运 15 个月

第一关键路径：双极低端防火墙（第 1～4 月）→双极低端阀厅（第 5～10 月）→双极低端换流变安装（第 11～13 月）→双极低端及直流场分系统调试（第 14 月）→双极低端及直流场验收、调试（第 15 月）。

第二关键路径：直流场基础（第 7、8 月）→构支架安装（第 9 月）→直流场设备安装（第 10～12 月）。

第三关键路径：主控楼（第 1～9 月）→二次屏柜安装和接线（第 10～11 月）。

第四关键路径：双极低端防火墙（第 1～4 月）→低端换流变基础及广场（第 4～8.5 月）。

3.4.3.4 双极高端投运 17 个月

第一关键路径：双极低端防火墙（第 1～4 月）→双极低端阀厅（第 5～9 月）→低端换流变安装（第 10～12 月）→高端换流变安装（第 13～15 月）→高端分系统调试、验收、系统调试及投运（第 16～17 月）。

第二关键路径：高端换流变防火墙施工（第 3～7 月）→高端阀厅土建施工（第 8～12 月）→高端换流阀安装（第 13～14 月）→分系统调试（第 15 月）。

第三关键路径：辅控楼（第 4～13 月）→二次屏柜安装和接线（第 14～15 月）。

3.4.4 主体工程施工工期 16 个月（风险工期）

在主体工程施工工期 18 个月的基础上，考虑土建双极低端交安工期压缩 1 个月，低端换流变、高端换流变安装工期各压缩半个月，可形成 16 个月的典型工期，其阶段里程碑节点：站用电系统投运 9 个月，土建双极低端交安 9 个月，土建双极高端交安 11 个月，交流系统投运 13 个月，双极低端带电 13.6 个月，双极高端投运 16 个月。

3.4.4.1 站用电投运 10 个月

第一关键路径：主控楼一层 400V 室（第 1～8 月）→站用电设备安装及调试（第 9～10 月）→站用电投运（第 10 月底）。

第二关键路径：站用电基础（2 个月）→站用电构支架（1 个月）→站用电设备安装、调试（4 个月）。

3.4.4.2 交流场投运 13 个月

第一关键路径：GIS 厂房（第 2～6 月）→GIS 设备安装（第 7～11 月）→交流部分

电缆敷设、分系统调试、验收及带电（第12～13月）。

第二关键路径：交流滤波器场基础（4个月）→交流滤波器场构支架（1.5个月）→交流滤波器场设备安装（4个月）。

3.4.4.3 双极低端投运13.6个月

第一关键路径：双极低端防火墙（第1～4月）→双极低端阀厅（第5～9月）→双极低端换流变安装（第10～11.5月）→双极低端及直流场分系统调试（第11.6～12.5月）→双极低端及直流场验收、调试（第13.6月）。

第二关键路径：直流场基础（第6、7月）→构支架安装（第8月）→直流场设备安装（第9～12月）。

第三关键路径：主控楼（第1～9月）→二次屏柜安装和接线（第10～11月）。

第四关键路径：双极低端防火墙（第1～4月）→低端换流变基础及广场（第4～8.5月）。

3.4.4.4 双极高端投运16个月

第一关键路径：双极低端防火墙（第1～4月）→双极低端阀厅（第5～9月）→低端换流变安装（第10～12.5月）→高端换流变安装（第12.6～14月）→高端分系统调试、验收、系统调试及投运（第15～16月）。

第二关键路径：高端换流变防火墙施工（第5～8月）→高端阀厅土建施工（第9～12月）→高端换流阀安装（第13～14月）→分系统调试（第15月）。

第三关键路径：辅控楼（第3～12月）→二次屏柜安装和接线（第13～14月）。

3.5 不利因素及控制措施

不利因素及控制措施见表3–1～表3–13。

表3–1　　初步设计管理主要不利因素分析及控制措施

主要不利因素	控制措施
可研阶段遗留问题较多，制约设计工作进度	加强可研阶段管理，确保其深度满足初步设计要求
项目前期工作开展滞后，影响初步设计工作进展	积极做好项目前期各项准备工作，直接影响初步设计工作的相关内容可提前策划、准备，确保初步设计工作如期顺利进行
在初步设计中，青苗赔偿、征地拆迁等外围设计方案和范围不明确，缺少有关支持性文件或资料，在施工中容易造成费用不足或方案修改，给工程进展带来较大不确定性因素	在初步设计阶段应适当考虑青苗赔偿、征地拆迁对工程的影响，并在概算中留有相应工程费用；提前明确青苗赔偿、征地拆迁范围，并明确相关外围设计方案
以往工程中，调度编号往往在施工图设计阶段末期（一般图纸都出完了）才确定，调度编号的改变对设计图纸，尤其是二次图纸影响特别大，后期修改极易造成接线缺漏或错误，也容易造成现场吊牌重新制作，造成不必要的浪费和重复工作，甚至会耽误工期	建议将调度编号工作前置，在初步设计收口后由国调提供预调度编号
现有工程工期经查非常紧张，各种极端环境因素（持续雨季、连续高温、连续低温等）将制约工程的顺利推进，工程实施中往往需要在极端环境条件下坚持施工	在初步设计阶段应适当考虑各种极端环境因素对工程工期的影响及其特殊施工措施，并在概算中留有相应工程费用

表 3–2　施工图设计管理主要不利因素分析及控制措施

主要不利因素	控制措施
初步设计深度不够	设计单位要加强图纸校审，施工单位要加强图纸会审，发现有错误的地方，应第一时间与设计联系，而不应直接施工下去，以免造成不必要的返工
站址外部条件复杂	设计加强勘测管理，同时，对建站外部条件进行充分收资，提出解决方案
设备厂家提资不及时不全面	在国网直流部、建设管理单位领导下，加强与国网物资公司门协商，采取分步出图的方式满足现场施工需要
建设工期发生变化，设计图纸交付不能满足施工要求	建设管理单位应及时将工期调整计划告知设计单位；设计单位应及时调整出图计划，以满足施工进度要求
前期场平与桩基施工是影响工程进展的重要环节。目前很多工程由于工期紧，试桩与工程桩同时进行，因而桩基施工中常常会发生更改成桩方案甚至更改桩型的情况	提早开展试桩，试桩前由业主组织施工、设计、监理、专家等进行试桩大纲审查，完善试桩方案，为桩基招标和施工提供翔实依据
项目管理方各部门人员不明确，有关设计方案不能及时与业主方反馈沟通，造成设计方案反复，如围墙方案、桩基方案、综合楼布置等	尽早成立业主项目部，明确人员，建立联系和汇报机制，在施工图设计开始前明确创优和设计方案
受工程工期和征地等多种因素限制，往往无法保证现场终堪所需时间，在无正式最终资料的情况下开展施工图设计，设计输入条件有可能与现场不相符，容易造成设计裕度过大或考虑不足甚至返工	建议业主方在工程进度里程碑计划中，留出足够的终堪时间并为终堪进场创造良好的外部条件
施工图设计中，部分设备厂家无法按时提供待确认图纸，或者提供的图纸不满足招标文件要求，造成图纸确认进展缓慢，影响整册施工图的出版	将图纸交付进度纳入业主考核范围，提高设备供货商的图纸交付进度和质量
施工图设计中，部分设备厂家现场到货与最终图纸不符，造成现场无法安装，影响现场施工进度	加强业主对设备供货商的质量考核
受工程工期限制，施工单位和现场管理方希望设计能尽可能地提供最多的图纸，容易造成非急需的图纸出版后堆放在现场遗失，也挤压了急需图纸的设计时间，可能造成设计深度不足或错误	在工程里程碑和施工图总目录的基础上，召开专门会议讨论确定合理的出图进度安排，并结合现场进度动态调整
设计卷册往往根据电气功能或专业性进行划分，而施工单位往往根据区块功能区进行分包，卷册与施工单位非一一对应关系，容易造成现场施工遗漏或重复施工	在工程建设中，尽早确定施工单位及其负责范围，图纸卷册尽可能与施工单位相一致，否则需增加有关说明，以免施工遗漏

表 3–3　物资设备供应管理管理主要不利因素分析及控制措施

主要不利因素	控制措施
供货进度计划不合理	◆ 厂家要根据施工进度情况，和施工单位及时协商，及时调整供货进度计划，并通知国网物资公司。 ◆ 当发现供应商生产不能满足供货需求时，督促采取措施纠偏，并按合同严格考核
施工图和设计变更未及时提供	◆ 设计单位需及时将施工图、设计变更发至生产厂家，避免出现无法开始生产或加工错误的现象发生
物资数量、型号和到货地点不符合供货计划	◆ 签订合同时，物资到货地点要充分考虑施工单位的意见
原材料影响	◆ 生产厂家应根据供货合同制定供货工程形象进度表，控制原材料的质量、供应进度能满足供货合同的要求。 ◆ 监造单位需加强对原材料的检查与监督

续表

主要不利因素	控 制 措 施
缺件、补件供应及错件更换不及时	◆ 厂家应及时对缺件、补件进行供应，由驻场人员对错件进行现场校验，查明原因，并及时补齐错件。 ◆ 国网物资公司、监理单位组织各参建单位积极协商解决
生产厂家与施工单位分工界面不明确，遗留问题或缺陷导致耽误施工工期	◆ 签订加工合同，明确加工厂家职责；完善甲供设备采购技术协议和施工图纸；国网物资公司、监理、施工项目部及厂家驻场人员在施工过程中积极沟通，现场检查，明确造成质量问题的责任单位，对有异议的问题本着平等协商、质量第一的原则协商解决。 ◆ 对由于设计、加工制造的原因已造成的问题，国网物资公司、监理单位组织各参建单位积极协商解决
未按要求进行试组装即大批量生产	◆ 生产厂家应按照合同要求进行试组装，并对试组装过程中各参建单位提出的问题进行汇总整改，如存在设计问题应及时通知设计单位。 ◆ 监造单位加强监督管理整个生产及试组装过程

表 3–4　　大件运输管理主要不利因素分析及控制措施

主要不利因素	控 制 措 施
大件运输方案深度不够	◆ 加强对大件运输方案的审查，重点针对码头、航道、车站、路况、桥涵等落实情况的审查
沿途运输条件差	◆ 提前开展运输方案策划及审查，合理规划好路线； ◆ 提前开展沿途运输措施的建设； ◆ 开展模拟运输，确保运输措施安全、合理
气候条件差	◆ 密切跟踪气象变化，及时调整运输进度安排，规避不利天气影响
设备发货推迟	◆ 密切跟踪设备出厂进度，组织运输单位做好厂内接货准备，确保工作无缝衔接，缩短运输工期
沿途运输干扰	◆ 提前取得当地运输管理部门支持、配合，实行大件运输交通管制，确保大件运输的畅通和安全
进口设备入关手续多报关时间长	◆ 物资部门安排专人跟踪、督促运输单位及时办理进口设备入关手续，通报相关进度；必要时，协调更高管理层面出面，加快办理进度
施工现场不具备接货条件	◆ 物资管理部门提前协调厂家、运输及现场建设单位制定设备排产、出厂计划，确保设备生产计划于现场施工进度计划相吻合，并在实施阶段适时确认，保证设备分批到货，顺利上台

表 3–5　　主控楼施工管理主要不利因素分析及控制措施

主要不利因素	控 制 措 施
规程、规范更新及引用错误	◆ 及时与上级技术主管部门沟通，若规程规范有升版情况，应及时进行版本更新，并组织专业人员学习； ◆ 监理单位利用网络信息和各种渠道，及时下载和收集国家、行业、上级主管部门关于工程建设的最新文件，并将文件精神及时传达给各施工单位； ◆ 在施工过程中，及时引用新规程、新规范，对项目文件内页及时更新
施工进度计划不合理	◆ 施工单位编制的二级施工网络进度计划必须满足一级施工网络进度计划要求； ◆ 一级施工网络进度的编制在满足里程碑进度计划的前提下，应充分考虑施工单位资源配置的合理性； ◆ 根据工程实际情况对进度计划的任何调整必须控制在里程碑进度计划范围内； ◆ 抓好影响进度的关键任务和关键路径，同时注意控制非关键任务和非关键路径，防止其转变为关键任务和关键路径，必须确保单位工程按时开工。主控楼土建施工是换流站施工进度控制的关键路径，因其直接影响到换流变压器、换流阀安装所需的站用电系统、空调通风系统的及时安装及投运，故必须安排最早开工，应引起各级管理者的高度重视

续表

主要不利因素	控制措施
施工工序安排不合理	◆ 坚持工地例会制度，在每月、每周或专题例会上，协调工程施工内部矛盾，解决施工过程中出现的问题，并提出明确的计划调整方案。 ◆ 对影响施工进度的关键任务，应及时采取控制措施，确保关键任务按时完成。 ◆ 明确各专业工种的工序搭接，协调好安装、土建施工单位的配合，解决好交叉作业的矛盾，如：① 主控楼内与站用电室、换流阀内冷设备间及其控制保护室相关的房间，要求土建单位先交出来；② 吊顶施工前所有管线和电缆桥架先安装到位（直接安装在龙骨上的除外），经验收合格后再安装龙骨，待吊顶内所有的工作完成后再进行饰面板的安装；③ 在交付安装前，所有内墙面打底、打磨和涂料底层应完成，最后一遍涂料待电气安装、调试完成后再施工；④ 针对配有静电地板的房间，应先刷防尘漆，接着安装静电地板的立柱，然后安装电缆桥支架，再安装静电地板的钢横梁。基于成品保护的需要，静电地板安装待电气安装结束后再进行，电气安装阶段由电气安装项目部采取地面临时过渡措施并确保施工安全和防尘的要求
施工工艺、安装质量不符合图纸、强制性标准条文规定、质量通病防治及技术要求	◆ 根据图纸、强制性标准条文规定、质量通病防治及技术要求制定详细的施工技术措施、质量控制专项方案。 ◆ 施工前对施工技术人员进行技术交底。 ◆ 施工单位应认真执行三级自检制度。 ◆ 监理单位对施工过程加强质量监理，认真做好过程控制
过程质量失控造成返工而影响进度	◆ 监理单位制定监理质量控制制度及措施，严格按照制定的“W、H、S”点实施监理质量控制工作。 ◆ 重要工序、关键部位进行监理旁站，加强平行检验。 ◆ 落实各级质检和三级验收程序，特别是加强检验批的质量控制。 ◆ 加强监理巡视检查，保证施工过程处于在控、可控状态。 ◆ 认真做好隐蔽工程和工序质量的验收签证，上道工序不合格，不允许进入下一道工序施工。 ◆ 施工单位应加强工程重点环节、工序的质量控制。 ◆ 施工单位采用随机和定检的方式进行施工质量检查跟踪标准化工艺的落实情况，对质量缺陷进行闭环整改
施工图纸交付不及时	◆ 建设单位要尽快进行设备招标，并要求设备制造单位将资料尽早提供给设计单位。 ◆ 要求设计单位根据工程一级网络进度计划编制并提交施工图纸设计计划和交付进度计划。 ◆ 组织监理、设计、施工召开有关进度计划协调会议，对施工图纸交付计划进行审定，确保设计的施工图纸供应计划满足施工进度计划的要求，如：主控楼内的工作除土建工程的照明、接地、给排水等的预埋和预留工作外，还有工业电视、火灾报警、传呼系统、电话线、电线、空调通风等各类预埋预留管道，故设计单位应及时提供相应图纸，监理、施工单位应提前策划、预先安排、统一协调，避免出现墙体多次开槽、开孔影响施工质量。 ◆ 监理单位应根据施工图纸交付进度计划跟踪实际交图情况，特别是协调设计单位首先确保关键任务的施工图的交付
设计变更及施工图纸升版	◆ 设计工代和地质工代，在地基及基础部分施工时应长驻现场，及时了解和处理现场出现的地质和设计问题。 ◆ 要求设计单位与现场保持信息畅通，如有变更，应及时出具设计变更单
基础设计与上部结构、地下设施、设备安装及其他专业配合不当	◆ 设计总工程师应加强各专业之间的接口配合
施工人员配备不合理	◆ 施工单位根据已批准的施工进度计划，合理进行人员配备，保证人员充足，工种搭配合理，无窝工情况。 ◆ 依据现场工作面实际情况，动态调配施工人员，保证施工活动有序开展

续表

主要不利因素	控 制 措 施
施工机械的数量、性能不能满足施工要求，施工机械未及时进场或经常出现故障	◆ 施工单位应根据施工方案配置施工机械，并应设专人使用、维护。 ◆ 加强现场设备检修管理，并建立检修台账，确保施工机械数量及性能满足工程需求。 ◆ 编制施工机械进场计划，及时组织施工机械进场。 ◆ 提前完成机械检查与报验工作
材料（水泥、钢筋、砂石、商品砼、活动地板、吊顶、门窗、钢板等）的供应不满足工程需求对进度造成影响	◆ 施工单位预先编制材料供货计划，对可能影响关键任务的材料应有适当裕度或应对预案。 ◆ 监理单位审查供货商的资质、供货能力等，并到现场实际考察。 ◆ 根据工程的进度及计划，提前与供货商联系，督促厂家根据施工进度计划供货
压型金属板卷材、保温棉等材料、压型金属板设备到货期延误	◆ 关注厂家生产动态，实地检查备料、加工进展情况。 ◆ 物资运输通畅，提供现场加工、存放场地。 ◆ 及时做好材料验收把关工作
设备到货与提供给设计的数据不一致	◆ 建设单位组织专门人员协调设备制造单位与设计单位的联系事项，保证信息传递及时、准确。 ◆ 设备制造单位与设计单位均应安排专人负责接收、整理、汇报对方传递的信息。 ◆ 对于相关数据待双方确定认可后方可进行施工和设备生产
施工效率低	◆ 要求施工单位对施工人员进行技能教育培训。 ◆ 施工前，组织施工单位技术人员进行现场作业技术交底，确保施工人员熟悉现场施工，熟悉工艺流程。 ◆ 采取激励措施，提高全体参建人员劳动积极性。 ◆ 加强员工的素质教育和政治思想教育。 ◆ 积极推广机械化施工。 ◆ 积极应用新技术、新工艺、新材料，提高施工工效。 ◆ 及时支付员工工资
施工外部环境的影响	◆ 成立专门的协调组织机构，与当地政府有关部门进行沟通协调，积极开展外部建设环境的协调工作
气候、地质灾害对工程建设的影响	◆ 编制网络进度计划和施工方案时应对当地条件有充分考虑，应编制防汛、防冻、防台风等控制措施并报审。 ◆ 施工单位提早关注天气变化，提前采取预控措施。 ◆ 充分熟悉地质勘测报告，了解当地的工程地质情况，编制地质灾害控制措施及地基处理方案
运行意见提供不及时	◆ 图纸会检邀请运行单位参加，听取运行单位意见。 ◆ 与运行单位保持信息畅通，及时就施工过程进行沟通。 ◆ 需要增加功能要求时请运行单位提前介入
建筑电气不能与主体工程同步施工	◆ 建筑电气安装人员密切配合土建人员进行施工，与土建施工交叉同步进行。 ◆ 做好前期策划，不因人员、材料、质量问题返工等原因而影响工程施工进度
给排水系统的试验、调试安排不合理	◆ 监理单位要求施工单位事先编制试验、调试方案并进行审查。 ◆ 施工单位在计划时间对给排水系统进行调试（水压、冲洗、消防试喷等）
影响施工进度的质量控制关键点：土方回填压实分层厚度过大、含水率不符合要求	◆ 检查回填土的质量，严格控制回填的分层厚度。 ◆ 对土壤的含水率适时测试，采取相应措施，控制含水率。 ◆ 对每层按规范进行压实系数检测，保证达到设计值

续表

主要不利因素		控制措施
影响施工进度的质量控制关键点	模板的刚度、稳定性及支撑系统不满足要求	◆ 审查模板工程施工方案的可行性、合理性、针对性，有特殊要求的模板必须进行专家论证。 ◆ 严格要求施工单位实行三级自检制度，加强管理。 ◆ 监理单位进行过程控制，对模板的拼缝，脱模剂的涂刷、垂直度等检查验收
	基层、垫层、找平层处理不合格	◆ 基层的处理，平整度、密实度应满足规范要求。 ◆ 垫层应平整、密实，满足地面面层的施工要求。 ◆ 找平层应平整、与基层结合牢固，有坡度要求的应符合设计要求
	埋件、埋管，接地网等遗漏、错误	◆ 加强过程控制，在工程隐蔽前，按照施工图检查埋件、埋管、接地网的数量、位置。 ◆ 加强各专业的沟通，在埋件、埋管、接地网隐蔽前应进行隐蔽工程验收签证。 ◆ 严格按照施工图进行检查验收
	环氧自流平地面未分两次施工造成成品损坏	◆ 环氧自流坪地面面层分两次施工，待安装完设备后进行最后一遍面层的施工
	地面砖铺贴、其他面层质量不能满足规范要求	◆ 施工单位应事先进行创优策划，对面砖铺设进行电脑排版。 ◆ 实行样板引路。 ◆ 有防水要求的房间的防水层应不渗不漏，施工单位应进行蓄水试验。 ◆ 监理单位加强巡视检查，重点检查地面板粘灰率、接缝大小高低差、平整度、裁（套）割质量、踢脚板出墙厚度一致，接缝与地面板缝隙一致等。 ◆ 有排水坡度要求的地面坡度应符合设计及规范要求，地漏套割美观。 ◆ 基层、垫层、面层要粘结牢固，不发生空鼓、裂纹等缺陷
	在进行其他工序施工时造成给排水管路损坏	◆ 给排水管路隐蔽后，施工单位应做好标识，明确给排水管路的位置，避免后续工序施工造成给排水管路损坏
	砌筑质量不能满足规范要求	◆ 施工单位编制砌筑施工技术措施。 ◆ 实行样板引路。 ◆ 监理单位审查砂浆配合比报告，要求严格按配合比拌制砂浆，砂浆品种、强度等级应符合设计要求。 ◆ 监理单位加强巡视检查，重点检查灰缝砂浆饱满度、灰缝厚度控制、砖的含水率、墙面的垂直度、平整度等。 ◆ 检查轴线位移、预留拉结筋及接槎处理
	装饰材料供应不及时或供货质量不合格	◆ 提前安排装修主材的选材工作，样品经过建设单位确认。 ◆ 装修主材订货与主体施工同步，依据施工工序安排，及时组织材料进场。 ◆ 做好材料生产与进货的质量验收工作，避免因质量问题返工而影响工程进度
	吊顶质量不能满足规范要求，灯具、通风孔安装配合不到位	◆ 施工单位应编制吊顶施工方案，明确施工工艺流程及质量保证措施。 ◆ 施工单位应对吊顶进行排版设计，饰面板上的灯具、烟感器、风口（空调）篦子等的位置应合理、美观。 ◆ 实行样板引路。 ◆ 施工前对埋件、吊件进行功能性试验。 ◆ 龙骨的接缝应平整、吻合；饰面板颜色一致，无划伤、擦伤等表面缺陷；灯具、烟感器、风口（空调）箅子等的位置与饰面板交接吻合、严密。 ◆ 检查吊顶标高、尺寸、造型等应符合要求
	压型金属板卷材、保温棉、防水材料质量问题	◆ 严格控制材料采购质量关，材料采购前对厂家资质、信誉、业绩进行调查，同时仔细检查材料的检验报告等相关文件，重要材料进行必要的复检，与厂家签订质量保证协议。 ◆ 安装前检查材料质量，发现问题及时处理，以免影响施工进度

表 3–6　　换流变压器系统构筑物施工管理主要不利因素分析及控制措施

主要不利因素	控 制 措 施
规程、规范的更新及引用错误	◆ 及时与上级技术主管部门沟通，若规程规范有更新情况，应及时进行更换，并组织专业人员学习。 ◆ 监理单位利用网络信息和各种渠道，及时下载和收集国家、行业、上级主管部门关于工程建设的最新文件，并将文件精神及时传达给各施工单位。 ◆ 在施工过程中，及时引用新规程、新规范，对项目文件内页及时更新
施工进度计划不合理	◆ 施工单位编制的二级施工网络进度计划必须满足一级施工网络进度计划要求。 ◆ 一级施工网络进度的编制在满足里程碑进度计划的前提下，应充分考虑施工单位资源配置的合理性。 ◆ 根据工程实际情况对进度计划的任何调整必须控制在里程碑进度计划范围内。 ◆ 抓好影响进度的关键任务和关键路径，同时注意控制非关键任务和非关键路径，防止其转变为关键任务和关键路径，必须确保单位工程按时开工
施工工序安排不合理	◆ 坚持工地例会制度，在每月、每周或专题例会上，协调工程施工内部矛盾，解决施工过程中出现的问题，并提出明确的计划调整方案。 ◆ 对影响施工进度的关键任务，应及时采取控制措施，确保关键任务按时完成。 ◆ 根据一级网络进度计划，编制二级网络进度计划，网络进度计划应以形成施工流水为前提，明确各专业工种的工序搭接，解决好交叉作业的矛盾。例如：出于极 1、极 2 设备分批交付及资源优化配置的考虑，极 1、极 2 换流器建（构）筑物可适当分期开工，形成流水施工
三级自检不合格	◆ 加强施工过程质量控制，严格按照设计、规范、规程要求施工，确保分项工程施工的合格率，对不合格项及时进行整改。 ◆ 加强项目部过程验收，上道工序不合格，下道工序坚决不施工。 ◆ 严格执行三级验收制度，特别是要求施工单位做好公司级的验收记录，且必须具有真实性
过程质量失控造成返工而影响进度	◆ 监理单位应制定监理质量控制制度及措施，严格按照制定的“W、H、S”点实施监理质量控制工作。 ◆ 重要工序、关键部位进行监理旁站，加强工程质量的平行检验。 ◆ 落实各级质检和三级验收程序，特别是加强检验批的质量控制。 ◆ 加强监理巡视检查，保证施工过程处于在控、可控状态。 ◆ 认真做好隐蔽工程和工序质量的验收签证，上道工序不合格，不允许进入下一道工序施工。 ◆ 施工单位应加强工程重点环节、工序的质量控制。 ◆ 施工单位采用随机和定检的方式的进行质量检查跟踪标准化工艺的落实情况，对质量缺陷进行闭环整改
施工图纸交付不及时	◆ 建设单位要尽快进行设备招标，并要求设备制造单位将资料尽早提供给设计单位。 ◆ 要求设计单位根据一级网络进度计划编制并提交施工图纸设计计划和交付进度计划。 ◆ 组织监理、设计、施工召开有关进度计划协调会议，对施工图纸交付计划进行审定，确保设计的施工图纸供应计划满足施工进度计划的要求。 ◆ 监理单位应根据施工图纸交付进度计划跟踪实际交图情况，遇到不符合的现象应及时进行协调，特别是协调设计单位首先确保关键任务的施工图的交付
设计变更及施工图纸升版	◆ 设计工代和地质工代，在地基及基础部分施工时，应长驻现场，及时了解和处理现场出现的地质和设计问题。 ◆ 要求设计单位与现场保持信息畅通，如有变更，应及时出具设计变更单
设计单位提供基础施工图时，部分设备尚未招标，上部结构荷载布置尚未完全确定，可能存在返工现象	◆ 尽快确定设备制造单位。 ◆ 设计单位应与设备制造单位进行沟通，及时收集设备资料，或根据以往工程经验提前进行结构计算
基础设计与上部结构、地下设施，设备安装及其他专业配合不当	◆ 设计总工程师应加强各专业之间的接口配合

续表

<table>
<tr><th colspan="2">主要不利因素</th><th>控 制 措 施</th></tr>
<tr><td colspan="2">换流变压器制造单位不能及时提供最终版设计资料，而工地对换流变压器基础设计图纸要求比较紧迫，存在制造单位设计资料欠缺而造成的进度控制风险</td><td>◆ 设计对设备制造单位提供的带有误差的换流变压器资料进行综合分析，提出能兼容误差的换流变压器基础方案，同时，设计密切跟踪设备制造单位资料的变化，进行相应修正，确保在设计资料欠缺的情况下保证工地进度</td></tr>
<tr><td colspan="2">施工人员配备不合理</td><td>◆ 施工前，组织施工单位技术人员进行现场作业技术交底，确保施工人员熟悉现场施工，熟悉工艺流程。
◆ 施工单位合理编制人员需求计划，加强组织措施，保证现场施工人员充足。
◆ 依据现场工作面实际情况，合理调配施工人员。
◆ 工种搭配合理，无窝工情况</td></tr>
<tr><td colspan="2">施工机械的数量、性能不能满足施工要求</td><td>◆ 要求施工单位编制施工工机具配备计划，建立台账。
◆ 加强现场设备检修管理，并建立检修台账，确保施工机械数量及性能满足工程需求</td></tr>
<tr><td colspan="2">原材料（水泥、钢筋、砂石、商品砼等）的供应不满足工程需求而对进度造成影响</td><td>◆ 施工单位预先编制材料供货计划，对可能影响关键任务的材料应有适当裕度或应对预案。
◆ 监理单位审查供货商的资质、供货能力等，并到现场实际考察。
◆ 根据工程的进度及计划，提前与供货商联系，督促厂家根据施工进度计划供货</td></tr>
<tr><td colspan="2">施工效率低</td><td>◆ 要求施工单位对施工人员进行岗前培训和技能教育。
◆ 施工前，组织施工单位技术人员进行现场作业技术交底，确保施工人员熟悉现场施工，熟悉工艺流程。
◆ 采取激励措施，提高全体参建人员劳动积极性。
◆ 加强员工的素质教育和政治思想教育。
◆ 积极推广机械化施工。
◆ 积极应用新技术、新工艺、新材料，提高施工工效。
◆ 及时支付员工工资</td></tr>
<tr><td colspan="2">施工外部环境的影响</td><td>◆ 成立专门的协调组织机构，与当地政府有关部门进行沟通协调，积极开展外部建设环境的协调工作</td></tr>
<tr><td colspan="2">气候、地质条件对工程建设的影响</td><td>◆ 编制网络进度计划和施工方案时应对当地条件有充分考虑，应编制防汛、防冻、防台风等控制措施并报审。
◆ 施工单位提早关注天气变化，提前采取预控措施。
◆ 充分熟悉地质勘测报告，了解当地的工程地质情况，编制地质灾害控制措施及地基处理方案</td></tr>
<tr><td colspan="2">给排水系统的试验、调试安排不合理</td><td>◆ 监理单位应要求施工单位事先编制试验、调试方案并进行审查。
◆ 施工单位在计划时间内对给排水系统进行调试（水压、冲洗、消防试喷等）</td></tr>
<tr><td rowspan="5">影响施工进度的质量控制关键点</td><td>土方回填压实分层厚度大、含水率不符合要求</td><td>◆ 检查回填土的质量，严格控制回填的分层厚度。
◆ 对土壤的含水率适时测试，采取相应措施，控制含水率。
◆ 对每层按规范进行压实系数检测，保证达到设计值</td></tr>
<tr><td>模板的刚度、稳定性及支撑系统不满足要求</td><td>◆ 审查模板施工方案的可行性、合理性、针对性，有特殊要求的模板必须进行专家论证。
◆ 严格要求施工单位实行三级自检制度，加强管理。
◆ 监理单位应进行过程控制，对模板的拼缝，脱模剂的涂刷、垂直度等检查验收</td></tr>
<tr><td>基层、垫层、找平层处理不合格</td><td>◆ 基层的处理，平整度、密实度应满足规范要求。
◆ 垫层应平整、密实，满足地面面层的施工要求。
◆ 找平层应平整、与基层结合牢固，有坡度要求的应符合设计要求</td></tr>
<tr><td>埋件、埋管遗漏或错误</td><td>◆ 加强过程控制，在工程隐蔽前，按照施工图检查埋件、埋管的数量、位置和规格。
◆ 加强各专业的沟通，在埋件、埋管、接地网隐蔽前应进行隐蔽工程验收签证。
◆ 严格按照施工图进行检查验收</td></tr>
<tr><td>柱梁板一体化浇注砼存在的质量缺陷</td><td>◆ 审查施工单位的措施落实情况，在浇筑前，进行技术交底。
◆ 施工单位自检合格，监理单位进行对钢筋、模板、预埋件验收，合格后，各方签署砼浇筑前的确认单，经各专业同意后监理工程师签发浇筑令</td></tr>
</table>

续表

<table>
<tr><th colspan="2">主要不利因素</th><th>控 制 措 施</th></tr>
<tr><td rowspan="3">影响施工进度的质量控制关键点</td><td>砌筑质量不能满足规范要求</td><td>◆ 施工单位应编制砌筑施工技术措施，实行样板引路。
◆ 监理单位审查砂浆配合比报告，要求严格按配合比拌制砂浆，砂浆品种、强度等级应符合设计要求。
◆ 监理单位加强巡视检查，重点检查灰缝砂浆饱满度、灰缝厚度控制、砖的含水率、墙面的垂直度、平整度等。
◆ 检查轴线位移、预留拉接筋及接搓处理</td></tr>
<tr><td>进行其他工序施工时造成给排水管路损坏</td><td>◆ 给排水管路隐蔽后，施工单位应做好标识，明确给排水管路的位置，避免后续工序施工造成给排水管路损坏</td></tr>
<tr><td>出现质量问题，大面积返工</td><td>◆ 施工单位认真编制施工技术方案，严格按程序完成审批工作，避免出现技术失误。
◆ 严格进行技术交底工作，所有施工人员都要明白施工方法与质量标准。
◆ 严格执行三级验收制度，重视施工过程质量控制，上道工序不合格，下道工序坚决不施工</td></tr>
</table>

表 3-7　　二次安装及调试施工管理主要不利因素分析及控制措施

主要不利因素	控 制 措 施
施工图纸交付不及时	◆ 设备制造单位应严格按合同要求提交设计单位所需的设计资料。 ◆ 设计单位应按照施工一级网络进度计划编制切实可行的设计计划和施工图纸交付计划，并严格遵照执行。 ◆ 监理项目部应督促设计单位严格按施工图纸交付计划及时提交施工图纸，以便施工单位及时开始施工准备工作，如电缆桥（支）架订货及加工、电缆及附件订货以及编制施工方案等
存在设计变更	◆ 设计单位应加强各专业之间的图纸会审和会签，确保设计质量。 ◆ 参建单位应加强图纸会检，发现图纸问题及时反馈给设计单位。 ◆ 除设计工代常驻工地外，设计主要负责人应定期或不定期赴工地了解和解决设计有可能存在的问题，如及时落实和处理不同制造单位的设备在控制保护方面的接口设计问题等
施工组织管理措施不完善	◆ 施工项目部应根据本工程的实际情况编制二次系统施工方案并向全体参建人员交底，方案中应明确施工任务、资源配置、进度计划执行措施等。 ◆ 施工项目部应根据本工程的实际情况编制本单位工程的创优措施、工程建设标准强制性条文执行措施、质量通病防治措施，向全体参建人员交底，监理单位督促执行。 ◆ 将实施情况与周进度计划进行比较，找出进度滞后的原因，采取针对性的进度控制措施，调整人力、物力及资金等的供应，为计划执行提供可靠的保障。 ◆ 及时确定端子箱、汇控柜内的屏蔽封堵材料（CF 型模块及框架或电缆头 Cablegland）和主控楼、保护小室、辅控楼、水泵房、阀外冷间、阀厅电缆沟入口处的 Roxtec 屏蔽封堵材料（PE 型模块及框架）的具体位置，并及时订货，在电缆敷设前安装至各位置上，避免出现无法进行电缆整理及接线的情况。 ◆ 及时搭建计算机监控系统后台，以便在安装过程中及时完善计算机监控系统组网工作
土建未及时交付安装	◆ 主控楼土建工程施工是关键任务，施工过程中重点做好该单位工程的进度控制，确保满足土建交付二次安装的进度要求。 ◆ 严格控制土建工程施工质量，认真开展土建工程中间验收工作，确保不因施工质量问题引起施工进度延期。 ◆ 电缆沟的施工应按照电气安装的顺序进行，即交流场区域（站用电系统设备安装区域）→交流滤波场区域→换流变压器区域→低端阀厅区域→直流场区域→高端阀厅区域的顺序分区完成。 ◆ 主控楼、辅控楼连接各区域的跨路电缆沟、电缆竖井、孔洞等的施工应及时完成，为分区域电缆支架安装、电缆敷设创造条件
施工人员安排不合理	◆ 施工项目部应根据工程进度要求，配备充足合格的施工人员。 ◆ 对电缆终端头制作、二次接线的工作人员应配备合理，分工明确
附件、备品备件不全	◆ 要求设备制造单位严格按照供货合同供货。 ◆ 设备到货后应及时组织开箱检查，以便及早发现并解决附件、备品备件未随设备到货、不齐全或存在运输损坏等问题。 ◆ 施工项目部应设置备品备件库，开箱后的备品备件应登记入库保管，使用时应办理领用手续

续表

主要不利因素	控 制 措 施
材料、加工件供应不足	◆ 施工项目部在设计单位提供了电缆桥（支）架、配电箱等加工件材料的技术参数后，应尽快开始合格供货商的选择和资质报审和材料报审手续，施工图纸交底和会检后，可立即开始订货和加工。 ◆ 施工项目部在工地调度会上应汇报加工件的加工情况，监理项目部应对加工件进行中间检查和出厂验收，确保加工进度和加工件质量满足要求。 ◆ 建立完善的材料供应、加工、运输体系，及时将现场所需的材料和加工件供应到场，最大限度满足现场施工需要
防火封堵材料、电缆管等到货不及时	◆ 施工项目部应提前与设计单位沟通，尽早备料。 ◆ 根据施工进度要求，提前督促供货单位按时交货，保证到货材料的数量及规格符合要求。 ◆ 施工项目部的技术负责人和材料员应在施工过程中密切跟踪材料的使用情况，对材料的补充及时进行动态调整
盘柜存放、就位发生人为损坏	◆ 控制、保护屏柜开箱后及时就位，如不能及时就位应存放仓库，不允许露天存放。 ◆ 要求施工人员搬运及安装柜体时要轻放，防止损坏玻璃门及内部器件。 ◆ 安装完毕后及时做好成品保护措施
电缆到货不全	◆ 监理项目部应根据施工单位编制的甲供材料设备需求计划，催促设备制造单位及时将电缆随设备一道交货。 ◆ 设备到货后应及时组织开箱检查，以便及早发现并解决电缆未随设备到货、不齐全或存在运输损坏等问题。 ◆ 施工单位应及时向电缆制造单位提供自行采购的电缆计划，以保证自购的电缆按时生产并交货。 ◆ 施工单位的专职材料采购员和材料计划员，应及时掌握电缆生产运输计划和动态，确保按期到货，到货电缆的质量、规格、数量满足合同要求，保证电缆敷设工作的连续性。 ◆ 加强对现场电缆的贮存、保管、保卫，防止遗失、受损等不利因素而影响安装进度
电缆漏敷，电缆型号错误	◆ 建议使用电缆敷设计算机软件对全站电缆敷设工作进行全面规划。 ◆ 除设计单位确保设计正确外，施工项目部在电缆敷设前应根据端子排图核对电缆清册的正确性，防止设计的漏项。 ◆ 除进货开箱检查外，电缆敷设前仍必须核对电缆规格型号的正确性，同时批量抽查芯线线径是否满足设计要求和制造规范，防止电缆敷设完后发现制造质量问题，进行大面积的返工而影响工程进度。 ◆ 长电缆敷设时，施工项目部应设专人在电缆清册上标记电缆敷设的情况，防止漏敷和重复敷设的现象发生。 ◆ 严格按照电缆清册敷设电缆，并在每根电缆端部上做好不易掉落的标记
电缆订货量受电缆清册、电气设备制造单位资料交付限制	◆ 供货合同签订后，设备制造单位应严格按合同规定的日期提供设计所需的产品原始资料。 ◆ 施工项目部在设计单位提供了电缆及附件等材料的技术参数后，应立即开始合格供货商的选择和资质报审手续，施工图纸交底和会检后，可尽快开始订货。 ◆ 分批次及时订货，有预见性的提前增加订货，各设计专业及设备制造单位及时沟通，收集资料并确定订货量
设备开箱检查有问题	◆ 要求设备制造单位出具检验合格报告，并采取安全包装、安全运输方式确保电缆在运输过程中无损坏。 ◆ 施工网络进度计划编制时，应考虑一定的时间裕度，另外，设备到货后应及时组织开箱检查，以便有足够的时间处理所发现的问题。 ◆ 对返厂的设备或需更换的元器件应有专人跟踪和催促设备制造单位按时交付
调试人员对本项目工程的一次接线和继电保护二次系统的配置不熟悉	◆ 调试人员提前熟悉本项目工程的一次接线及继电保护二次系统的配置。 ◆ 调试前，应对调试人员进行交底。 ◆ 在调试过程中严格遵守有关规定和作业指导书，慎重作业，确保调试工作的安全

续表

主要不利因素	控 制 措 施
分系统调试开始时间较晚	◆ 根据交、直流系统的工程规模、结构特点及带电顺序，明确电气安装分批交付分系统调试的先后顺序是站用电系统→交流滤波器场及交流场→双极低端换流变压器区域→双极低端阀厅及直流场区域→双极高端换流变压器区域→双极高端阀厅。 ◆ 采取有效措施确保电气安装严格按照网络计划上的节点时间交付分系统调试。 ◆ 换流变压器安装及调试是进度控制的关键任务，换流变压器的制造交货周期长，安装及调试工期长，有效控制其工期是保证站系统调试和系统调试如期进行的关键。根据换流变压器分批到货、安装的工程特点，换流变压器的安装与分系统调试工作可分批穿插进行，做到均衡、流水施工
带电调试前期准备工作未配合好	◆ 带电前各方协调会上对施工、调试、运检及属地省公司等单位的责任一定要落实到具体事情。 ◆ 提前与信通公司协调，明确接口和配合要求，及时开通外部通道。 ◆ 调度管理部门及时下达齐全、正确的继电保护（含非电量保护）、自动装置的整定值
带电调试期间施工安排不合理	◆ 应全过程跟踪调试进度和计划调整情况。 ◆ 施工单位应根据调试进度和停电计划编制工作计划和缺陷处理计划
带电调试期间调试单位与安装、运行、调度单位配合不到位	◆ 带电调试期间，业主每天应组织建设、监理、调试、施工、设计、设备制造及运检等单位召开一次碰头总结会，总结当天的调试工作，布置第二天的调试安排，协调、明确各单位之间的配合要求。 ◆ 调试单位当天的调试情况和第二天调试计划应通过调试日报通报调度、运行、监理、施工和有关设备制造单位的现场代表
调试期间发现的问题处理不及时	◆ 调试期间，监理单位及施工单位应派专人在调试现场待命，负责调试期间的协调和配合工作。 ◆ 施工单位及有关设备制造单位应有专业齐全的施工和技术人员在现场，及时处理突发事件。 ◆ 阶段性调试任务完成后，监理单位应及时组织施工单位、有关设备制造单位及调试单位对调试中发现的问题进行整改
带电调试期间工作票的开、结不及时	◆ 施工单位及设备制造单位应提前将工作负责人及签发人员名单和资质报送运行单位。 ◆ 施工单位、运行单位应作好突发事件随时能办理工作票的准备。 ◆ 施工单位完成工作后应及时将工作票完结

表 3–8　　换流变安装施工管理主要不利因素分析及控制措施

主要不利因素	控 制 措 施
施工组织管理措施不完善	◆ 施工项目部应根据本工程的实际情况编制换流变压器施工方案并向全体参建人员交底，方案中应明确施工任务、资源配置、进度计划执行措施等。 ◆ 施工项目部应根据本工程的实际情况编制换流变压器施工的创优措施、工程建设标准强制性条文执行措施、质量通病防治措施，向全体参建人员交底，监理单位督促执行。 ◆ 将实施情况与周进度计划进行比较，找出进度滞后的原因，采取针对性的进度控制措施，调整人力、物力及资金等的供应，为计划执行提供可靠的保障。 ◆ 安装单位 B、C 包的施工进度应满足安装单位 A 包安装调试进度的要求
土建未及时交付安装	◆ 一、二级施工网络进度计划应明确换流变压器相关建构筑物施工为关键任务，施工过程中重点做好关键路径的进度控制，确保满足土建交付换流变压器安装的进度要求。 ◆ 一、二级施工网络进度计划制定时，应合理考虑施工单位的资源配置，在总工期允许的情况下，尽可能地安排顺序施工，如土建施工项目部可根据电气安装的顺序分区域分批交付安装（如先交架空线部分，再交防火墙上设备基础支架，以及换流变压器基础等）。 ◆ 严格控制土建工程施工质量，重视过程控制和中间验收工作，确保不因施工质量问题返工而引起施工进度的延期
设备基础不符合安装要求	◆ 基础施工前，应组织施工项目部对土建施工质量创优进行策划，如基础的平整度、高低差、基础角线的形式等，特别是埋铁的中性线、预留孔的位置，提出创优标准的明确要求。 ◆ 在基础施工时，应重点控制基础埋铁标高、预留孔的中心线的正确性检查。 ◆ 在发现基础误差超过规范要求，土建施工项目部应立刻组织土建施工人员进行返工。 ◆ 经过交安验收，土建、安装施工项目部办理转序手续后，方可进行设备的就位、固定工作

续表

主要不利因素	控 制 措 施
设备制造单位技术服务人员未及时到达现场，不满足指导安装、调试需要	◆ 施工项目部在编制二级网络进度计划时，应充分考虑设备制造单位的具体情况，合理确定技术服务人员进驻现场的时间。 ◆ 监理项目部应通过订货单位提前与设备制造单位联系，要求按网络进度计划提前安排技术服务人员进驻现场时间。 ◆ 在预计到设备即将到货时，监理项目部应提前通过设备订货单位通知设备制造单位派出技术服务人员进驻现场。 ◆ 设备制造单位现场技术服务人员应提前进驻现场，进行安装技术交底，参与设备开箱检查，并全过程指导安装。在交底会时，应明确抽真空、注油、热油循环、静置等技术要求，注意与规范的差异性。 ◆ 设备制造单位应派出技术全面的技术服务人员，或分阶段分别派出安装、调试等不同专业的技术服务人员
物资管理不善	◆ 施工项目部应配备专职材料采购员和材料计划员，及时掌握设备、材料的生产运输计划和动态，确保需要的物资能按期到货。 ◆ 对于随施工季节性变化而源货紧张的设备、材料应采取适当提前采购、提前入库保管的措施。 ◆ 对于已经确实不能及时到场的设备和材料，应及时进行施工工序调整。 ◆ 加强对设备附件、材料的贮存、保管、保卫措施，防止遗失、受损等不利因素而影响安装进度
附件供货不齐全或有损伤	◆ 监理项目部组织业主物资代表、施工单位、设备制造单位现场技术服务人员对到达现场的设备及时进行开箱检查验收。 ◆ 按设备制造单位提供的装箱单逐项清点，检查设备铭牌参数与合同规定的产品型号、规格及设计相符。 ◆ 清点中发现设备损坏，缺件，应做好记录，及时通知供货商进行更换或补充发货。 ◆ 对已验收的设备、附件应进行登记、分类入库保管、实行领用登记手续
设备、附件及绝缘油到货不及时	◆ 监理项目部应依据一级网络进度计划提交换流变压器到货计划，通过多种渠道催促设备制造单位按期交货。 ◆ 换流变压器制造单位应根据施工一级网络进度计划提交换流变压器出厂计划和到货计划，并严格按计划排产。 ◆ 土建施工项目部应严格按施工进度计划完成换流变压器安装有关的建构筑物，确保在约定的日期现场具备接收和安装换流变压器的条件，以便监理项目部催促设备按期到货。 ◆ 提前与换流变压器供货单位联系，根据换流变压器到货及安装进度计划，要求换流变绝缘油、附件和专用工器具比本体适当提前到货（一般提前7～10天）。 ◆ 换流变安装如有专用工具，则应随第一批换流变附件同时到场
油罐、干燥空气发生器、真空泵、滤油机等工机具不能及时到位	◆ 要求施工项目部编制施工工机具配备计划，建立台账，确保施工机械数量及性能满足工程需求。 ◆ 要求施工项目部根据施工进度计划，提前策划，及时进行资源调配。 ◆ 土建施工项目部应在计划日期内腾出施工场地，以便于安装施工项目部油罐、油处理设备的及时进场。 ◆ 换流变运输小车应满足现场施工需求，最低配置要求为：低端、高端小车各2套（部分工程高低端小车不能通用）
起重人员及起重机械不满足安装要求	◆ 根据设备安装要求，正确选择吊装工具。 ◆ 起重机械进场前，监理项目部审查起重机械定检报告及安全准用证应符合要求，起重人员上岗资格证应齐全
施工电源不满足要求	◆ 一级施工网络进度计划应安排站用电系统应提前施工、投运，确保换流变压器施工时的供电可靠。 ◆ 充分考虑工机具功率要求，事先与当地供电部门联系，保证芯检、抽真空、注油、热油循环时不停电。 ◆ 安排专人定期检查、维护施工电源及线路，保证施工电源可靠供电。 ◆ 现场应准备充足的合格氮气，在安装期间万一遇见停电情况时，能对换流变压器进行充氮保管

续表

主要不利因素	控 制 措 施
施工效率低	◆ 要求施工项目部对协作工在内的全体施工人员进行素质教育和技能培训。 ◆ 施工前，施工项目部技术负责人应进行安全质量技术交底，确保施工人员熟悉换流变压器安装工艺流程。 ◆ 施工项目部应合理编制人员需求计划，加强组织措施，保证现场施工人员充足和本工种协作工人数相对固定。 ◆ 依据现场工作面实际情况，合理调配施工人员。 ◆ 增加换流变压器施工工机具如滤油机、真空泵、干燥空气发生器和贮油罐数量的投入。 ◆ 加强施工工机具的日常维护，提高设备使用率和工作效率
工序安排不合理，多台换流变压器注油、滤油、安装施工顺序制定不合理	◆ 各个工序均设专人负责，认真做好各道工序间的衔接，以形成流水施工。 ◆ 在防火墙施工完毕后，应立即进行墙上的设备和降噪设施的安装，减少换流变压器安装时出现交叉施工。 ◆ 合理安排工器具到货，确保安装工作不受工器具的制约。 ◆ 多台换流变压器并行施工时，要求施工项目部合理安排施工工序，做到施工人员、工机具调配有序。 ◆ 消防管道安装工作可在换流变压器安装前进行，影响换流变就位的管道在换流变就位后安装，确保整体工作与换流变压器安装同步完成
天气因素导致绝缘油处理时油温过低	◆ 在编制一、二级施工网络进度计划时，应考虑换流变压器安装尽可能避开寒冷季节。 ◆ 选择合适的油处理设备。 ◆ 油处理时如遇异常寒冷时节，对换流变压器、油罐及管道采取保温措施，保证油处理时油温满足要求
换流变压器绝缘油不合格	◆ 施工项目部在施工现场设油化实验室，绝缘油到达现场后，及时取油样进行检验。 ◆ 要求油供货设备制造单位提前报送油样分析报告，到现场的油必须满足合同技术条件的要求（一般要求新到货绝缘油满足直接注油标准）。 ◆ 施工项目部必须具备完善的油务处理系统，滤油机滤芯应能满足绝缘油颗粒度指标的要求

表 3–9　　北方冬季主要不利因素分析及控制措施

主要不利因素	控 制 措 施
冬季不能进行场平施工	合理安排施工，让场平施工避开冬季
冬季不能进行混凝土施工	尽量让混凝土施工避开冬季，如果不能避开，则采取必要的冬季施工措施
冬季不能进行电缆敷设、接线	合理安排施工，让电缆敷设接线避开冬季
冬季变压器滤油效率降低	采用保温方法或低频加热方法提高滤油效率

表 3–10　　南方雨季主要不利因素分析及控制措施

主要不利因素	控 制 措 施
雨天不能进行场平施工	雨前，增加排水沟排水，采用遮盖防止雨水浸泡；雨后，及时排水和翻晒
雨天影响基坑开挖	对边坡进行遮盖及时排水
雨天影响设备安装	尽量利用晴天开展户外作业，雨天安排户内安装工作

表 3–11　　监理竣工初验管理主要不利因素分析及控制措施

主要不利因素	控 制 措 施
前期工序工期延误导致监理初步验收不能按计划进行	相关单位要及时采取必要的进度控制措施，以满足整体进度计划要求

续表

主要不利因素	控制措施
初步验收期间天气因素影响	督促施工单位加强地方关系协调；事先了解当地天气情况，合理安排初步验收时间
监理初步验收投入资源不足	按监理初步验收方案要求配置资源
施工三级自检不彻底，工程实体及资料遗留问题较多，导致初步验收及整改消缺时间较长	督促施工单位认真落实三级自检工作和质量奖罚制度
施工方消缺整改作业人员不够，导致消缺时间延长	督促施工单位合理安排作业人员退场时间，安排足够人员进行消缺工作

表 3–12　　竣工预验收管理主要不利因素分析及控制措施

主要不利因素	控制措施
前期工序工期延误	相关单位要及时采取必要的进度控制措施，以满足整体进度计划要求
发现工程实体、资料问题和缺陷较多	监理单位加强初步验收力度，确保初步验收质量；相关单位应按照监理初步验收提出的缺陷内容，举一反三进行检查整改
相关责任单位消缺力度不够整改消缺时间较长	相关单位加强消缺力度，确保消缺工作及时完成

表 3–13　　竣工验收管理主要不利因素分析及控制措施

主要不利因素	控制措施
前期工序工期延误导致竣工验收不能按计划进行	相关单位要及时采取必要的进度控制措施，以满足整体进度计划要求
工程遗留了难于处理的问题	各责任单位及时向上级主管单位汇报，及时组织开展专题研究，分析问题性质，根据性质和责任单位进行分类，制定问题整改方案，及时整改处理，使问题在施工过程中妥善处理

第4章 安全质量管理

4.1 安全和环保水保管理

4.1.1 安全管理

按照《国家电网公司基建安全管理规定》及国家、行业有关文件要求的具体管理内容和职责分工开展工程安全管理工作。业主项目部需编制《安全管理总体策划》，保证工程安全目标的实现和工程安全管理行为的顺利实施。

在国网直流公司安全生产委员会领导下，成立各单项换流站工程安委会（安委会办公室设在监理项目部），进一步强化工程安全管理责任，建立健全各级安全管理组织机构和监督体系，完善安全管理制度，全面落实安全责任制和公司安全管理各项要求。

针对工程具体特点进行危险源分析，深入开展安全风险评估，加强安全薄弱环节管理，制定预防预控措施并严抓落实；加大安全人员和安全防护装备等投入，确保安全文明施工费使用；严格工程分包管理，加强安全教育，深入开展安全教育和培训；重视防范自然灾害，建立应急管理机制；严格执行安全各项制度，强化安全管理督查和考核，定期组织安全大检查，不定期组织抽查和专项检查，确保安保体系正常有效运转和工程总体安全目标的实现。

强化落实重大施工项目各级管理人员到位制度，施工单位在施工方案中必须制定相应切实可行的安全措施，进一步加强重大方案审查中对安全措施和预案的校核，加强施工前安全交底和施工过程中安全措施执行情况的检查。

换流站工程应特别高度重视桩基施工、深基坑开挖、围护系统安装等高空作业、钢结构/构架及大件设备吊装、大型机械管理、施工用电管理等方面的安全管理工作，对于“低运高建”等重大安全风险作业应编制专项方案。

4.1.2 文明施工和环保水保管理

业主项目部组织开展安全文明施工策划，全面落实公司安全文明施工有关规定，施工现场工作和生活区域统一规划、统一布置、统一标识，高标准、严要求，创建安全文明施工典范工地。各工程现场应依照公司有关要求，大力推行安全文明施工标准化布置，树立国家电网公司及国网直流公司品牌形象。

全面落实环境保护和水土保持要求，树立“绿色施工”理念，开展设计优化和施工工

艺创新，减少占地，减少林木砍伐，减少对原始地貌和植被的破坏，不超标排放，不发生环境污染事故，电磁环境影响控制在规定的限值范围内，建设绿色环保工程。工程监理单位聘请有水土保持资质的监理工程师开展水土保持监理工作，国网直流公司负责组织并委托有相关资质的单位负责开展环境保护和水土保持监测等工作。

施工图设计阶段应重点审查工程设计对环评、水保报告中有关方案、措施、指标的响应情况，施工过程中逐一落实，工程投运后及时完成临建拆除、迹地恢复，按时完成环评、水保专项验收。安全管理流程如图 4–1 所示。

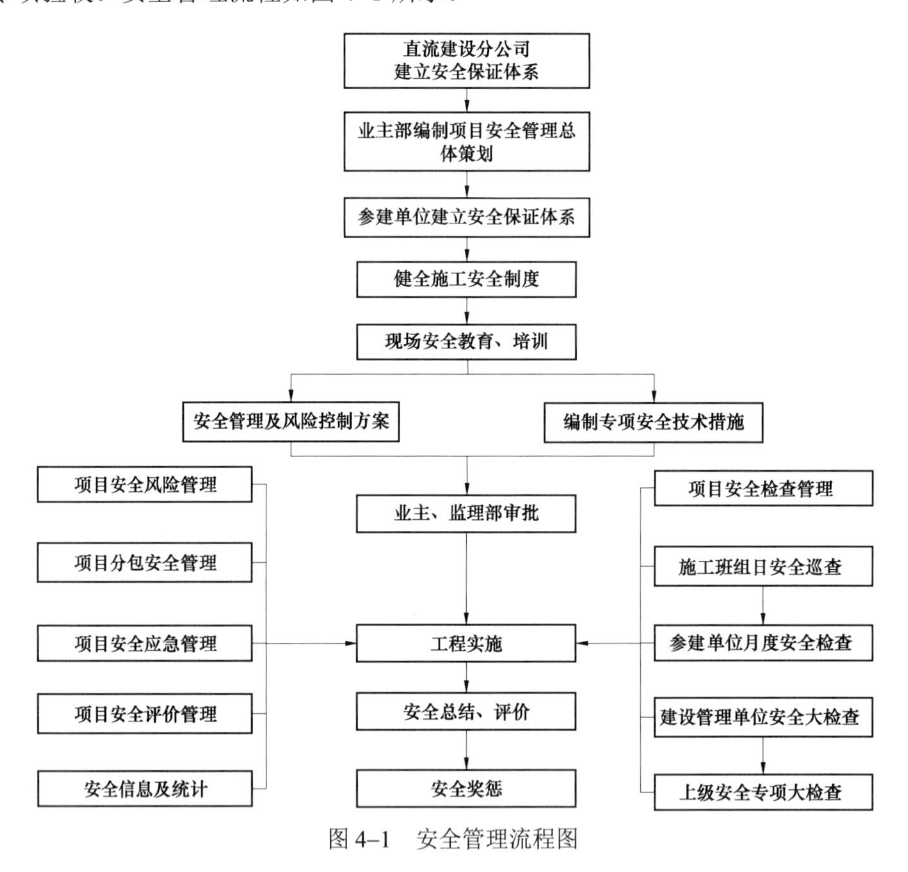

图 4–1　安全管理流程图

4.2 质量管理

4.2.1　质量管理体系

按照《国家电网公司基建质量管理规定》及国家、行业有关文件要求的具体管理内容和职责分工开展工程质量管理工作。业主项目部需编制《工程建设创优策划》，以保证工程质量达到预定目标和工程质量管理行为的有效实施。

国网直流公司负责工程现场总体质量管理；国网直流部委托电力建设工程质量监督总站进行工程质量监督；监理单位根据监理合同的规定，负责工程建设全过程、全方位的质量控制；施工单位内部建立班组、项目部、公司三级质检组织体系；运行单位参与建设全过程的质量跟踪。

施工承包商：施工承包商必须有完善的班组（队）、项目部、公司三级质检组织，内部严格进行质量控制；工程初验申请应以书面文件的形式报监理单位，施工过程受监理、建设管理单位、质监部门的监督。

监理单位：负责工程建设全过程、全方位的质量控制。初检消缺复查合格后形成工程质量评估报告，申请预验收。过程受建设管理单位、质监部门的监督。

建设管理单位（国网直流公司）：负责工程建设总体的质量管理，工程预验收消缺复查合格后形成预验收报告，向国家电网公司国网直流部申请竣工验收。

运行单位：按照生产准备工作规定的要求，履行相应的职能，参与工程质量检查和验收。

质量监督：国网直流部委托电力建设质量监督总站负责特高压工程质量监督工作。

4.2.2 全过程质量控制

采取有力措施，抓好全过程质量控制。

超前开展初步设计阶段设计创优工作；依照国网直流公司编制的“施工图审查要点”强化施工图审查深度和效果；深入开展技术培训。

严格施工技术方案编审批制度和审查管理，施工单位负责编制施工技术措施、质量保证措施并报监理单位和建设管理单位审核批准，重大施工方案应组织工程现场和国网直流公司本部两级审查，首次实施的重大方案还应组织外部专家审查。

全面推行试点先行、样板引路，工程首次大体积混凝土浇筑、构架组立、大型设备安装、二次屏柜接线等重大工序均组织试点，统一操作流程、质量标准和施工工艺。

加强现场物资管理，严格执行甲供物资“四方签证”交接验收程序；高度重视乙供物资的质量控制管理。

重要设备如GIS、换流变、换流阀等贯彻落实“厂家主导安装”原则，厘清厂家与施工单位接口和责任界面，确保设备安装环境、工艺时间等关键指标控制。

加强质量监督检查，强化重要工序的监理旁站制度和质量工艺卡应用，重点抓好设备材料检验、隐蔽工程验收、大型架构和设备安装、设备试验调试等关键点、关键工序的质量监督。

建设管理单位负责制定工程施工各阶段的质量检查、验收程序及工作要求（竣工验收除外），按程序组织好各级验收和质量验评，配合好质量监督工作。

全面落实“隐患排查”要求，国网直流公司逐年组织“换流站隐患排差手册”和“典型经验/案例”的更新修订，各工程现场应从设计、物资、土建、安装、调试等各环节深入开展隐患排差工作，落实反措、强条工作；根据工程实际情况，特高压换流站现阶段还应重点排查和落实“防风沙、防低温、防主回路接头过热、防端子受力超限”等“四防”要求，确保工程实体质量。

质量管理流程如图4–2所示。

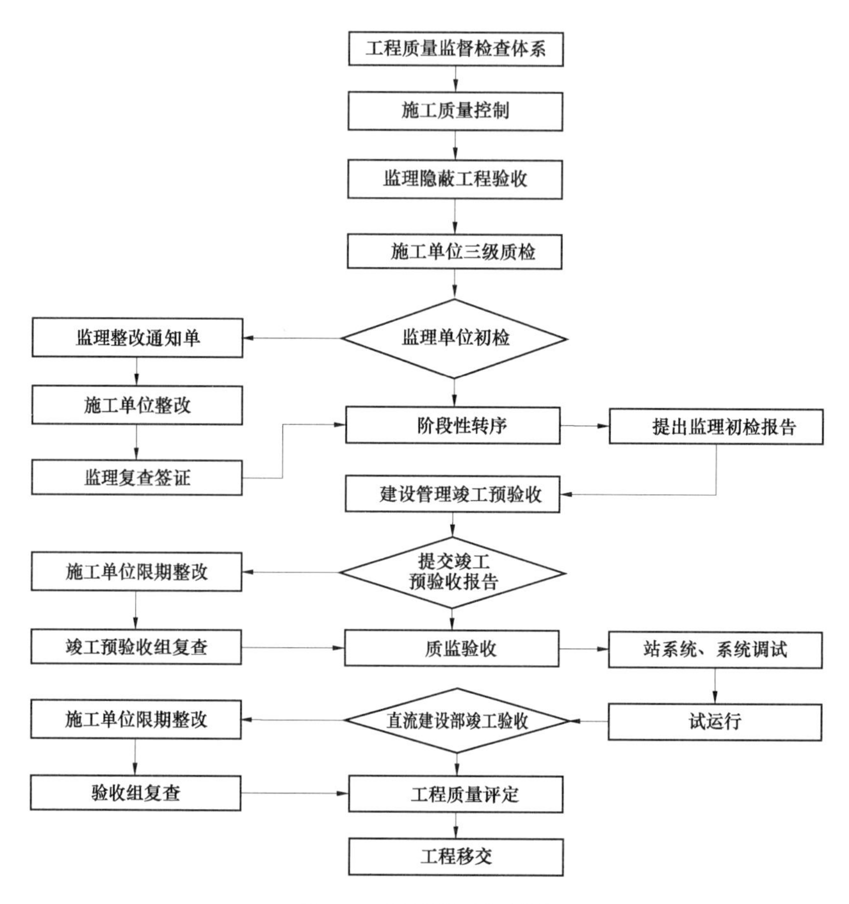
工程质量监督检查体系
施工质量控制
监理隐蔽工程验收
施工单位三级质检
监理单位初检
监理整改通知单
施工单位整改
监理复查签证
阶段性转序
提出监理初检报告
建设管理竣工预验收
提交竣工
预验收报告
施工单位限期整改
竣工预验收组复查
质监验收
站系统、系统调试
试运行
直流建设部竣工验收
施工单位限期整改
验收组复查
工程质量评定
工程移交

图 4–2　质量管理流程图

第5章 科 技 创 新

5.1 直流管控系统的开发与应用

5.1.1 建设背景

输变电工程建设管理系统于 2007 年完成开发上线，是以国网直流公司标准化成果为基础，基于直流输电工程现场应用需求，为实现直流工程建设过程管理标准化、流程化、信息化作业所构建的信息化管理系统。随着直流输电工程技术突破和管理模式的调整，输变电工程建设管理系统分别于 2008 年、2010 年、2011 年进行了三次优化、完善，并在 2014 年全面升级为直流工程建设管控系统，建立了施工作业矩阵管控体系，实施进度、安全、质量、技术、物资、档案等全要素管控，实现了信息化系统从“信息采集”到“工程管控”方向的转变，有效提升了特高压直流工程建设管控能力。

2015 年，根据总部基建部、信通部关于信息化支撑“大建设”工作整体安排，公司按照“统一平台、统一数据库、统一相似需求、保留个性需求”原则开展直流工程建设管控系统与总部统推基建管理系统融合工作，将直流工程建设管控系统作为单独的直流模块融合到总部一级部署基建管理系统中，即基建管理系统直流管控模块。

5.1.2 系统功能

基建管理系统直流管控模块分为进度管理、安全管理、质量管理、技术管理、造价管理、物资监造管理、档案管理七大功能模块。按业务需求，基建管理系统直流管控模块整合了计划部、换流站管理部、安全质量部、线路部、物资与监造部、综合管理部等各专业部门的功能需求，按照跨专业、跨部门业务横向协同原则将各功能需求进行统筹考虑，共设计开发 332 项功能点，其中复用基建功能 252 项，新增功能 180 项，实现了工程质量、安全管理、进度管理、投资控制、设计管理、物资管理、环保水保管理、信息管理等功能。

按业务条线，基建管理系统直流管控模块按照建设管理层级纵向贯通原则，以总部、国网直流公司到现场各项目部执行层进行纵深管控，以可研、初设、开工准备、施工阶段、调试试运行、竣工验收、移交投运与达标投产到后评价八大阶段为工程建设全寿命周期，实现了工程建设的全过程管理。

基建管理系统直流管控模块除了具备基建常规工程共性功能的同时，结合特高压直流工程的特殊性，突显了直流特色功能，主要体现在以下五个方面：

（1）通过四级管控实现工序级计划管控。基建管理系统直流管控模块中，把工序作为施工过程的基本单位，通过四级管控到工序对应的要素检查，其中一级为单位工程，按月实现关键路径管理；二级为分部分项工程，按周实现分部分项工程管理；三级为工序矩阵，按天实现具体安装工序工程管理；四级为要素检查，按进度、安全、质量、技术、物资、档案六大管理要素检查表进行实时检查，四级管控实现了任务、依据、检查、复核以及问题过程的闭环管理。

（2）通过移动应用实现进度实时管控。基建管理系统直流管控模块移动应用端功能涵盖换流站管理、线路管理、物资监控等，工程现场的业主、监理、施工人员通过手持移动设备，按照六大要素检查表进行管控措施项的实时填报与检查，实现了现场信息实时监控检查、实时反馈，保证了工程建设过程中进度填报的及时性。

（3）通过矩阵式统筹管理实现物资在线管控。物资与监造管理模块按照监造作业、隐患排查、进度管控、问题处理、评价考核五大标准化体系，针对换流变压器、换流阀等九类设备监造范围对设备采购、监造采购、设计评审、监造准备、监造管控、换流变转运、监造总结七个监造管理流程进行矩阵式统筹管理，实现物资设备从冻结、监造、试验、出厂以及设备到站一系列过程的实时在线监控。

（4）通过投资控制实现工程资金全过程管控。投资控制管理按照业务类别分为结算管理、变更管理及进度款管理三个一级功能模块。工程前期，通过采购申请与计划部 ERP 系统对接，实现工程量清单与采购申请的关联；工程实施过程中，系统可提供工程变更、现场签证及进度款申报标准句式和流程扭转，并能自动按照采购申请分类汇总，形成财务要求的付款申请表，同时支持通过一张报表展示造价管理的全过程动态信息，实现了工程建设过程中资金全过程管控。

（5）形成全面完备的管控措施库。针对不同的电压等级及直流工程特性，国网直流公司组织编制了三个管控措施库，分别为±800kV 基础措施库、±1100kV 基础措施库及柔性直流基础措施库，形成管控措施项累计 138 468 条，为各电压等级直流工程建设管理提供了有效的技术支撑。其中±800kV 基础措施库包含 52 633 条管控措施项，主要应用于锡盟—泰州、上海庙—山东、晋北—南京、酒泉—湖南、扎鲁特—青州等多个±800kV 特高压直流输电工程。±1100kV 基础措施库包含 59 119 条管控措施项，应用于准东—皖南±1100kV 特高压直流输电工程。柔性直流基础措施库包含 26 716 条管控措施项，主要应用于渝鄂直流背靠背联网工程。

5.1.3 应用情况

直流输变电工程管理系统自 2007 年上线以来，覆盖了所有国网直流公司建设管理的工程。融合后的基建管理系统直流管控模块目前已应用于 7 个在建直流工程，包括灵州—绍兴±800kV 特高压直流输电工程、酒泉—湖南±800kV 特高压直流输电工程、晋北—南京±800kV 特高压直流输电工程、上海庙—山东±800kV 特高压直流输电工程、锡盟—泰州±800kV 特高压直流输电工程、昌吉—古泉±1100kV 特高压直流输电工程及渝鄂直流背靠背联网工程。系统涉及参建单位包括国网直流公司及 13 个省公司、86 个现场项目部，累计注册用户达 760 余人，日均登录 80 余人次，系统存在非结构化数据 320G，平均每年增长 30G 左右。建立了针对不同工程特性的基础标准库三个，分别为±800kV 基础措施库、±1100kV 基础措施库及柔性直流基础措施库，形成措施库 12 类、管控措施项累计 138 468 条，为各电压等级直流工程建设管理提供了有效的技术支撑。

5.2 “智慧工地”建设

5.2.1 建设目标

在“全球能源互联网”的背景下，依据“国家电网公司十三五规划”，迎来大规模特高压工程集中建设期。住建部印发《2016—2020 年建筑业信息化发展纲要》，为全面提高工程建筑业信息化提出了新的要求，以“大云物移智” 为特征的场景感知的新时代已经到来。通过开展“智慧工地”研究，是坚决落实打造±1100kV 特高压直流输电工程“精品中的精品”工程的建设目标必要途径与重要举措。

通过开展“智慧工地”建设，采用非接触式手段，减少人员工作量，实现施工现场全员的劳务实名制及同进同出的精准管控；实现施工现场机具、设备、物资材料、环境的全要素数据监测；实现监测数据、同进同出动态数据与施工业务数据的全面融合；实现施工现场全方位的实时可视化管控；实现施工现场的大数据分析展示，形成可追溯的智慧工地数据资产。

5.2.2 建设内容

（1）全要素的数据监测与管控。实现劳务实名制及同进同出的精准管控，落实国网基建部分包管理要求。围绕国网公司分包管理相关规定，及时录入劳务人员身份、考勤记录等信息，重点落实分包人员动态信息备案，严格执行总包分包“同进同出”制度，全面提升施工人员现场准入管理。利用考勤机读取站内施工人员随身佩戴基于 iBeacon 的蓝牙标签工牌，实现批量人员的进站自动登记功能。考勤机可灵活设置识别距离，考勤机可自动读取人员信息并发声报进站人员名字。通过施工现场部署的感知数据采集网络，在施工现场的安全、质量和风险的检查中，基于智能硬件的精准定位、智能感应、移动应用技术，可实现与人员的非接触识别，获取管理人员的相关巡视轨迹，提升检查效率，提升现场安全、质量及风险治理水平。

利用 LoRa、NB-IoT、WiFi、蓝牙、GPS、视频采集等技术手段，实现现场施工的动态感知，对站区内的机具、设备、物资材料、环境、人员进行实时、精准的全天候、全方位、全要素的监测与管控。

对进场及场区的机械设备、物资、机具统一安装智能信标，通过施工作业面的采集器，实时采集定位信息或自动点数（钢筋等棒材），实现现场动态管控。

对大型机械、设备，例如塔吊，通过角度传感器、幅度传感器、倾斜传感器、风速传感器等实时获取塔吊当前吊装荷载及环境风速等参数，实现包括风速报警、防倾斜、禁行区域设置保护、多塔吊的防碰撞、制动控制等多种功能。

定时获取施工区域天气、当地社会重大及突发事件（比如高速公路封路、骚乱事件等）

等，为生产运输和施工人员提供安全服务。

全天候测量室内外作业环境。保证绿色文明施工，保证作业人员职业安全健康，灰尘、噪声、污水监测等对施工周边环境的影响；电气作业期间，监测变压器、组合电器等重要设备安装环境符合操作规程要求。

在重点部位和工序，比如深基坑开挖、脚手架搭设、高大模板支护及电气设备吊运、安装等容易出现重大安全风险的地方架设摄像头，实现施工过程的全过程监测，形成施工过程的历史资料，做到可追溯性。

利用无人机对工程施工现场进行动态全景信息的采集。记录工程实际的施工情况，在巡视过程中可以在指挥中心实时查看巡视视频，及时发现施工中的问题。

通过无人机高空作业巡视，用以辅助安全检查，尤其是不便于人员登高检查的地方，或者监控死角区域，提高施工安全指数。

（2）形成可追溯的智慧工地数据资产。利用 ETL 技术对人员、机具、设备、材料、环境监测等海量异构数据源中的各类结构化、半结构化、非结构化的数据进行转换、抽取、加载，构建面向智慧工地的主题数据仓库。基于清洗之后的数据，采用专业的大数据分析方法，建立施工进度模型、施工质量分析模型、设备状态监测模型、风险指数分析模型、环境监测分析模型、绿色施工分析模型等，为大数据智能诊断预测提供支撑。利用智慧工地大数据分析的各种模型，基于整个施工周期，为用户提供施工进度、施工质量、施工安全、施工风险、施工环保管理等多维度的大数据分析。形成固有数据资产，为现场管理提供阶段性指导，为未来工程施工进行治理、诊断和预测。

（3）开展隐患排查与典型经验、典型案例研究。通过换流站工程质量隐患排查研究，编制了《换流站工程质量隐患排查手册》。在各投运工程质量回访发现问题的基础上，梳理出物资类隐患 192 项，工程设计类隐患 150 项，工程施工类隐患 39 项，工程调试类隐患 65 项，共计 416 项，并不断动态更新、完善，对后续工程建设具有重大的参考和指导意义。

依据《换流站工程质量隐患排查手册》开展工程质量隐患排查，会大大降低工程质量和安全风险，提高换流站建设质量。根据《换流站工程质量隐患排查手册》，锦屏—苏南特高压直流工程共计排查出隐患 981 条。通过提前排查、提前解决，大大降低了工程的质量问题，使得裕隆换流站创造性地实现了交流场、极 1 低端、极 2 低端、极 1 高端、极 2 高端 5 阶段送电均一次成功的记录，没有发生过一次错线问题。

各工程结束后，精心组织总结、分析、提炼。各工程同步形成典型经验、案例，用于指导后续工程建设，坚决避免同类问题再次发生。

5.3 公司近年科技进步和技术成果汇总

依托特高压直流工程建设，国网直流公司大力开展科技创新、课题攻关、管理创新研究、成果应用推广和经验技术交流，打造技术创新平台。形成一批有自主知识产权的专利、科技成果、工法和 QC 成果。解决工程建设实际难题，为工程创优打下坚实基础，其成果也可为后续工程建设实践提供借鉴。成果汇总见表 5–1～表 5–6。

表 5–1　　管　理　类

序号	项目名称	成 果 简 介
1	智能会议系统平台研发	构建以 PDA 为客户端、无线网络投影、多媒体设备等各种硬件相结合应用的无纸化智能会议室，实现了数字会议系统与中央控制系统的无缝连接和会议的智能化管理
2	特高压换流站工程标准化建设示范系统及施工管理创新研究	开发了分部工程过程管控三维示范体系，提出了特高压换流站典型施工工期和形象进度，开发了五维形象进度展示平台，为业主、监理、施工单位的换流站工程建设管理人员提供全过程管理指导，推进现场开展标准化施工
3	特高压换流站施工技术标准体系研究	编制了特高压换流站工程施工技术标准，涵盖土建、电气、调试和安全隔离措施四个部分，共计 27 项，形成了特高压换流站从土建施工到调试投运的全过程技术标准体系
4	利用手持移动终端开展工程现场安全日巡视	每天现场使用人员通过简单便捷的操作完成巡视结果的录入，并采取相应的现场照片，巡视位置自动关联到相应的现场作业区域，保证了数据准确，避免了管理人员非到位的现场巡视操作，提高了巡视效率，降低了巡视操作的复杂度
5	公司全员绩效管理考核系统应用	该考核系统实现了完整的在线考核流转方式提高公司整体绩效，实现员工和全公司的共同发展
6	特高压直流输电工程冬季施工措施研究	优化混凝土配合比，改变混凝土内部空隙特征，降低空隙率，减少连通空隙含量；为了保证混凝土质量，从砂石料原材采取保温措施。搅拌区域安装了 4t 热水锅炉在堆料场下部敷设排管加温，材料上部铺设电热毯+2 层棉被保温，保证砂石不冻结；增加经济对比分析，可以根据工期选择施工工器具与经济投入的关系
7	灵州换流站建设管理标准、规程规范查询手册	根据分部工程统计每个分部工程需要执行技术标准、强制性条文、质量通病、标准工艺目录，便于建设管理人员、技术人员查询、检查，从而提高工作效率，提升标准化管理水平
8	直流工程建设管理提升项目	开展±1100kV 特高压直流工程现场建设管理创新探索，建设思路可以主要归纳为“一条主线、三个目标、四大业务、六大要素”。开发一套涵盖直流工程建设全寿命周期管理的标准化管控系统，实现了“全过程、全要素、全岗位”标准化管理，创新了管控模式，优化了业务流程，夯实了管理基础
9	特高压换流站冬期施工技术研究	首次针对特高压换流站冬季施工提出经验总结，以及从设计角度研究克服冬期特高压换流站施工所面对的低温，风沙等恶劣环境的影响的方法。形成 15 项研究成果
10	特高压换流站工期研究	首次就特高压换流站工期优化问题进行研究，明确换流站建设的四条关键路径，在此基础上讨论单位工程的典型工期及各单位工程的排列组合，形成换流站工程的典型工期，并对影响工程工期的冬期施工、图纸及物资到场等因素进行梳理
11	特高压直流工程控制保护系统联调试验规范研究	本项目根据以往工程厂内调试重点，结合现场系统调试出现的问题，对厂内调试的试验项目进行补充完善，形成了一整套完善的控制保护厂内调试规范
12	±800kV 灵州换流站场平特殊工期条件下工程管控研究	从施工组织、施工队伍安排、机械投入、过程质量控制着手，通过采取创新施工组织、日分析控制、优化施工方法、动态调整施工任务、合理调配施工机械、严控施工质量要素等措施，可以对特殊工期条件下的特高压换流站工程场平施工进行有效管控
13	特高压换流站工程建设典型案例集	案例集编制主要从已投运向上、锦苏、哈郑、溪浙四个特高压工程和 8 个换流站入手，收集梳理 204 项现场事件，从土建施工、设备制造、设备包装与运输、工程设计、设备安装、分系统及特殊试验、系统调试等七个方面进行归纳总结，通过部门及公司内部审查后形成本案例集
14	绩效管理完善化项目	该项目所开发出的绩效考核系统可以来承担全公司全员绩效考核管理的工作，可以完善公司正在使用的绩效考核系统的不足，有效地减小绩效考核系统使用者和管理者的时间成本，提高公司绩效考核管理的工作效率
15	培训管理规范化项目	开发出教育培训管理系统意在实现培训管理，教材库题库数字化，在线培训，组卷考试网络化等在线教育培训工作模块
16	特高压换流站技术培训教材编制	国网直流公司作为特高压换流站建设管理单位，需要各专业技术人才。目前，公司没有成套的技术培训教材，通过总结梳理现场安装、试验、物资设备等技术信息，编制一套特高压换流站技术培训教材，利于员工系统培训学习

续表

序号	项目名称	成　果　简　介
17	施工工器具定制化管理车的研究应用	实现了检修全过程工器具和材料的定置化摆放，实现了专管专用，便于工器具的清点，检修作业完成后，可以快速地核对跟踪工器具，避免出现工器具遗留在设备上的情况。同时可有效避免工器具锈蚀
18	直流管控系统与基建管理系统融合	直流管控系统与基建管理系统融合项目基于 SG-UAP 平台开发，采用动态模块化的应用架构，松耦合、可配置的模块交互，模块动态管理，平模块级 Web 资源管理。通过 WebService 与一体化平台形成无缝集成，与统一权限管理平台集成，实现安全控制
19	直流输电工程质量控制体系研究与应用	该项目研究成果集成了以往特高压直流输变电工程质量控制管理经验，提出了明确的工程质量目标；缩短管控链条，优化工程质量控制组织体系；完善“一大纲、八策划”工程质量控制制度体系；强化特高压换流站工程过程验收控制；夯实特高压直流工程创优工作等多项切实举措，有效解决了特高压直流工程管理链条长，参建单位众多，管理、设计、施工、监理、设备等单位经验与资源不足，换流站核心设备安装调试能力趋紧等质量控制问题
20	特高压直流换流站工程现场人员动态管控一体化平台研究	本项目研究设计的人员机械动态管控一体化平台实现了既定目标，实现了对全站人员、机械进场的控制统计管理功能，强制性落实全站人员进场前的安全培训，并依托手持终端提供现场违章作业的抓取和统计功能
21	换流站工程雨水收集及利用的设计研究应用	本项目编制完成了《上海庙±800kV 换流站工程雨水收集及利用的设计研究利用》报告，通过对雨水的收集和利用达到了“两型一化”、“四节一环保”的可持续发展目标，该项研究应用对缓解特高压换流站现场用水缺乏、保护地下水和当地植被等起作用
22	锡盟换流站交流滤波器布置方案研究	通过分析校核新的改进“田”字形布置，节约了占地及投资。课题依托于锡盟特高压换流站项目，最中将成果应用于锡盟换流站
23	换流站工程同进同出及安全质量监测平台	实现批量人员的进站自动登记功能，实现考勤一体机的设备研发与应用，实现基于 iBeacon 技术的换流站内部人员活动、热点信息采集与大数据分析功能。基于互联网技术，实现移动端离线信息采集与在线应用；将蓝牙设备内置到工牌和安全帽中，实现批量进站、站内人员信息采集等功能创新；互联网技术与电力施工现场业务深度融合，实现了“互联网+”的创新应用。项目目前已在±1100kV 古泉换流站和±1100kV 昌吉换流站全面推行使用
24	特高压换流站重大施工方案标准化手册	本项目研究特选了特高压换流站工程 9 个重大土建及安全施工方案，结合以往工程成功经验，研究制定了科学规范、内容完整、指导性强、为工程施工提供充分保障的 9 大方案范本，为工程安全优质施工提供了措施保障和较强的工程施工核心控制手段。9 大方案的研究充分体现了我公司在特高压直流工程建设中安全质量方案控制的引领地位，为指导参建单位制定科学合理的施工措施及对属地公司开展技术支撑工作提供了保障
25	换流站典型案例研究与应用	梳理提炼了工程土建、电气、设计、设备 4 方面，共计 64 项典型案例。案例集主要从土建施工、设备制造、设备包装与运输、工程设计、设备安装、分系统及特殊试验、系统调试等方面进行介绍，主要针对建设过程中出现的典型事件，从事件描述、事件分析入手，提出整改处理方案，给出后续启示
26	特高压换流站现场安全隐患及习惯性违章图例数据库	项目研究创新性地总结、提炼、概括特高压换流站常见安全隐患和习惯性违章的典型状况。按照国家、行业及国网公司安全生产规范要求，对隐患和违章进行分析，确定基本整改措施，形成典型安全隐患及典型习惯性违章图片、规范图片数据库，便于工程现场安全教育培训、安全检查、隐患排查及整改、习惯性违章纠正及整改工作的开展
27	安全质量控制卡在换流站建设中的应用	针对 800kV 特高压换流站现场建设，首次根据主要工作提出了具有指导性和实用性的安全质量控制卡，指导现场施工管理，确保安全可靠、优质高效地完成相关工作
28	利用三维设计手段对裕隆站换流区域及隐蔽工程的优化设计研究	应用变电数字化设计技术，改变了传统的设计技术，开展数字化协同设计建立三维数字化模型，有效地进行工程施工前的软、硬碰撞检查。带电距离校验，实现了设计水平的进一步提升，从技术手段上保证了设计人员能较容易地对设计方案进行优化，为工程设计和建设管理的信息化奠定了基础

表 5-2　　　　土 建 类

序号	项目名称	成 果 简 介
1	换流变广场面层防裂施工技术优化	不同种钢质之间的焊接工艺改进，提高了钢轨与埋板间的焊接质量；采用清水混凝土配合比，有效保证了混凝土面层色泽均一，既提高了钢轨的安装精度，又能有效控制混凝土面层的平整度；根据工程实际情况改进了混凝土压光工艺，有效提高了混凝土面层成型光洁度；通过在混凝土基层与二次混凝土接触面以及钢轨、埋件、角铁与混凝土接触面处增加隔离层，有效减少了温度应力裂缝；为控制混凝土开裂，混凝土中参抗裂纤维；表面加耐磨材料
2	哈密地区大温差下防火墙混凝土施工	在新疆哈密大温差地区清水混凝土防火墙施工从工序上进行合理安排，从模板加固方案上进行了优化。浇筑方法上有所创新，施工工期满足了节点目标要求。施工质量得到了有效保证
3	沉入地下型式防风沙电缆沟在哈密南换流站的应用	研究采用新型沉入地下型式封闭电缆沟可在保证设计要求的前提下最大限度地减少工艺时间，加快施工进度，同时减小施工难度，降低工程造价
4	±800kV 直流换流站工程清水混凝土剪力防火墙模板工程施工工艺研究	本项目完成了换流变防火墙钢模板的设计制作；完成了防火墙钢模板工厂化加工预制；编制了《双极低端换流变防火墙施工方案》；编制了《换流站工程清水混凝土剪力防火墙钢模板典型施工方法》
5	定制施工缝“Π”形钢线条实现换流变防火墙连续施工的技术	研究换流变防火墙模板加固方法，在防火墙模板体系中开发出“Π”形钢线条，起到定位作用，实现防火墙施工连续作业。同时刚度高，可确保防火墙装修条平整顺直，对拉螺栓从“Π”形钢线条中穿过，避免在模板上钻孔，减少了模板损耗，对模板起到定位作用；在施工缝“Π”形钢线条上开孔，穿对拉螺栓，避免在模板上开孔，节约模板；采用施工缝“Π”形钢线条，防火墙模板可实现翻板施工。现场采用一套加固槽钢、两套模板、三套“Π”形钢线条，防火墙可实现翻板施工，可大大加快施工进度，防火墙施工每板工期由 7 天缩短到 5 天，整个高端防火墙缩短工期 20 天
6	大温差地区换流变防火墙混凝土施工	在新疆哈密大温差地区清水混凝土防火墙施工从工序上进行合理安排，从模板加固方案上进行了优化。浇筑方法上有所创新，施工工期满足了节点目标要求。施工质量得到了有效保证，浇筑完成后成品内实外光，混凝土色泽一致，杜绝了温度裂纹。阳角半圆弧角线明朗顺直、外形尺寸准确。墙垂直度和平整度远小于规范要求
7	换流变广场混凝土防裂纹防积水施工工艺研究	换流变搬运轨道基础施工完成后进行轨道基础间土方回填，中间部位采用夯机夯填，回填土与轨道基础接触边缘采用砂石回填，保证基础密实度。合理的对广场进行分格；过分缝与排坡，将广场上的雨水能全部向中间主轨道处收集，集中排放。通过和设计协商，在广场上主轨道两侧增加排水沟（以前的工程没有），在不影响广场使用功能和美观的前提下，将广场的雨水排至站内的排水系统。场表面混凝土采用人工拉纹工艺，加强广场养护，有效地避免广场表面的龟裂
8	换流站工程大体积混凝土温度控制措施研究应用	深入研究基于反向散射的无线射频识别技术，结合现代传感器技术，自主设计硬件系统和软件算法，实现无源传感器系统，可用于测量建筑物混凝土表面及内容温度、应力和微小形变。本系统依托电子科技大学在电子工程和通信领域的传统优势，采用和雷达同一原理的反向散射通信技术，并结合电磁能量收集和转换技术，基于嵌入式系统设计方法，自主设计并实现了国际首创的“基于无源超高频射频通信的温度、应变测量系统”
9	装配式施工技术在特高压工程中的应用研究	发明了一种接口紧固设计方案，管道对接技术取得突破，接口平滑、工艺精良，构件间采用止水胶条和树脂胶隔离，确保接缝紧密止水，防水得到保证（可达现浇工艺水平）；预制电缆沟采用专利配方—高性能混凝土（HHPC）：材料以传统混凝土为基础，添加活性有机硅粉末、高强度纤维素、橡胶颗粒粉末等改性物，成型后经过高温蒸养 72 小时，可大幅度提高混凝土制品的强度和韧性，非常适合使用在需要长寿命的预制构件中，同时提高模板周转效率，降低批量生产成本。单节构件由 4 米改为 2 米便于安装，构件间采用 4 根预应力钢棒紧固连接，使每段电缆沟都形成一个整体。沉降缝细部设计：每 30 米为一个单元，每两个单元使用抗震伸缩钢板连接，使用抗震伸缩钢板连接沉降缝两端的预制构件或与现场浇筑物连接。发明护边（不锈钢金属包边）技术，预制电缆沟可深埋亦可外露设置，若外露作为巡视走道，外露两角处可通过模板造型设成防碰倒角。可在工地附近租用预制场地就近生产，避免长途运输，大大降低使用成本

续表

序号	项目名称	成 果 简 介
10	±800kV 上海庙换流站场平工程分区设置台阶方案及后续施工管理的研究应用	本课题结合±800kV 上海庙换流站场平工程开展研究，对目前场平施工的两种主要形式—平坡式和台阶式进行比选，得出本工程场地初平方案采用分区设置台阶方案。此方案按照功能分区设置台阶，大部分挖方区避免了超挖回填重复工作量，初平总体土方量减少，达到了挖方区少挖，填方区少填的目标，节省工期且经济效益显著。虽然给施工组织带来不便，但两台阶分区域设置，各成体系，通过精心进行施工组织，细化施工管理，可实现对工程进度、质量的有效管控
11	±800kV 上海庙换流站工程沙状土碾压试验与检测	通过场平工程碾压试验及检测，确定碾压施工参数（最大干密度、最佳含水量、控制含水量、干密度、碾压机械、碾压遍数、施工厚度）作为场平土方工程大面积施工的依据
12	高地下水位基础施工降水措施研究	本成果结合扎鲁特±800kV 换流站实际情况，对构架基础、事故油池、污水处理装置基础、隔声屏障围墙基础等较深基坑降水作业进行优化。在沿用全场管井降水的基础上，根据基坑位置调整管井位置，并在基坑四周分级加设轻型井点设备，大大加快了降排水效率，节省工期且经济效益显著
13	高寒沙尘环境下钢结构建筑的综合防护技术措施研究应用	针对北方高寒和沙层环境下的换流站钢结构建筑，研究其屋面和墙面的彩钢板围护结构系统。从开始的图纸设计到材料的选择搭配，从现场加工制作到安装及现场组织管理，进行一系列综合防护技术措施的优化创新和研究应用，使其具备在高寒、沙尘环境下的防水隔汽、保温节能、抗风防沙的优良效果，切实保障换流站阀厅等主要钢结构建筑室内电气设备的正常投产和安全运行
14	极寒地区特高压换流站水系统防冻技术应用	换流站给水设备通常布置在设备间内，管道普遍采用直埋敷设方式。针对以往北方寒冷地区出现管道、设备冻胀，破裂，漏水事故，研究比较不同防冻技术，根据不同水系统的特点，采用保温、加大埋深、伴热、采暖等适合本工程的防冻技术，防止给水管道系统管道、设备等受冰冻影响

表 5–3　　　　电 气 类

序号	项目名称	成 果 简 介
1	换流站分系统调试工程管理及质量控制	通过人员的管理与人力资源的合理配置、加强前期的技术准备、细分试验阶段安全、质量的控制、关键试验和流程管控、定期总结和修正等五个部分的控制管理，提高了分系统调试工程管理水平，提升整体调试质量、安全工作水平
2	换流站站系统及系统调试安全隔离方案	针对 800kV 特高压换流站分期调试，首次提出了具有通用性和指导性的安全隔离方案，适用于各种接线方式调试
3	高端换流变在低端带电工况下安装方法研究	在低端换流变汇流母线带电下，通过实测、计算、仿真安全带电距离，采取一系列安全控制撒旦施，提出“推行–安装–再推行”三步施工方法，在安全可控、质量保证、进度满足的情况下，形成了一套安全可控的施工方法
4	多台换流变集中安装流程应用研究	开展换流变集中安装管理创新引用课题研究，成功克服了主设备到货较晚、现场场地狭小等集中安装困难，高质量、高效率、高标准地完成了裕隆换流站双极低端 12 台换流变集中安装工作
5	平波电抗器降噪装置防风沙和防鸟装置改进	研究风沙和鸟害可能对平波电抗器造成的影响和安全隐患。对可能造成的影响和安全隐患逐一进行防范。确保平波电抗器在恶劣环境中能保证安全可靠运行
6	特高压直流输电工程冬季换流变集中安装课题研究	根据不同厂家要求，安排优化换流变附件安装、抽真空、热油循环等工序。工期紧，任务重，安装时间按照小时计算控制，增加工频、变频加热装置，增加热油循环效率，确保高效、优质的特高压直流输电工程顺利投运。经过哈密南、郑州换流站实践使用，效果非常好，后续特高压直流输电工程继续推广使用
7	阀厅设备安装监测管控系统	本系统主要利用传感器将阀厅的环境参数实时采集并记录保存，同时在监控主机上利用预先设定的程序将实时采集的参数与设定参数对比，发现环境不满足要求时则自动报警，并给出针对超标情况的处理建议，提醒施工人员及时采取措施，保证阀厅环境始终满足要求；提供了日常站班会安全技术交底的主要内容，并采用动画、PPT 等多媒体形式进行点播，满足了不同岗位工作人员的需要

续表

序号	项目名称	成 果 简 介
8	换流变压器油温远方与就地显示差异性研究	提出温控系统系统联调的概念，可以在换流变投运前发现温度显示差异根源所在，该方法在电力系统内还没有被采纳，具备推广价值；提出用温度计集成一体化变流器（BL–E）的方案将用在将来的换流变温控系统，简化了温控系统的设计，降低成本并且调试简单
9	特高压换流站直流穿墙套管安装标准工艺研究	形成套管安装标准化流程、工艺标准和管控要点。扩充完善特高压换流站特有风险内容
10	特高压换流站换流变移动式 BOX–IN 技术研究与应用	制定了特高压换流变可移动式 BOX–IN 技术的工艺标准，有利于提高 BOX–IN 安装质量工艺和工效，提高换流变噪声治理的降噪效果
11	特高压换流站工程分系统调试“调试样表”研究	梳理检查分系统调试项目；完善整理，分别包括交流场、站用电系统、交流滤波器场、中开关联锁、换流变压器、直流场及阀厅、交流保护、直流保护、其他二次系统、辅助系统、一体化在线监测、注流及低压加压、换流变一次注流、阀厅火灾报警等 14 个部分，共 146 份样表
12	换流变套管分压器接线与调试新技术研究	针对哈密南±800kV 换流站换流变实际情况，提出二次接线应注意的问题，总结出切实可行的调试方法。为类似换流站工恒套管分压器接线与调试提供参考经验
13	换流站工程换流变压器分系统调试规范	为规范直流换流站换流变压器分系统调试工作，提高分系统试验规范性，制定本标准。本标准是根据国网直流公司的±800kV 换流站工程施工安全质量过程控制标准的编制要求，进行了±800kV 换流站换流变分系统试验安全质量过程控制标准的研究和编制工作，包括二次回路及屏柜检查、信号及保护联调、换流变电流/电压回路检查、换流变一次注流试验
14	西北恶劣气候条件下特高压换流站主设备安装技术研究与应用	本项目针对本变电站所处地理环境，重点从移动式装配车间的防尘措施入手，配合其他几种防尘措施实现了五级防措施，保证在西北地区恶劣的气候条件下，750kV GIS 安装环境粉尘度可达到南方 1000kV GIS 安装环境的粉尘度要求，防风沙效果显著
15	接入 750kV 换流变试验局放问题分析研究	本项目基于灵绍工程接入交流 750kV 换流变技术特点，对换流变试验故障情况进行总结、分析、研究。全面总结换流变故障情况，分析故障原因，对同类设备规律性的问题进行深入研究，提出处理意见；并从更深层次研究在原材料检验、制造工艺、试验方法等各方面的原因，提出今后工程的改进措施，为工程建设积累经验，不断提升工程设备制造水平
16	特高压换流站 750kV 交流配电装置防电晕技术研究	本课题依托±800kV 灵州换流站工程，针对换流场、交流滤波器场和交流配电装置区域的 750kV 配电装置进行防电晕降噪技术研究。在总结以往工程经验的基础上，对站内电晕明显的设备间连接方式和金具进行优化设计，并从制造工艺和安装工艺方面进行管控
17	换流站 SVC 分系统调试标准研究	SVC 系统首次应用于换流站工程，针对以往在交流系统调试中存在的问题，本项目提出一套较为完整的调试试验方法。从设备及子系统试验和系统调试验收试验等叙述了试验过程和试验结果
18	国内首例 750kV 网侧电压入特高压换流变压器安装及防风沙保温措施（装置）研究	通过换流变压器安装过程中针对环境保护、安装摆布、抽真空、热油循环及安装特点进行研究。换流变压器安装过程中采用三级防尘措施，即保证安装过程中安装环境粉尘度的控制，也对安装环境温度进行了保持。真空泵的改造及首次采用抽空注油专用工装确保换流变各腔气同时均匀抽真空及注油工作，同时在冬季进行热油循环过程中，对换流变四周环境及油管路进行保温措施和增加低频加热方式保证热油循环变压器出口油温达到 65±5℃的方法，保证了变压器油质的可靠性，有效的控制换流变安装施工质量及工艺要求，为换流变压器安全稳定运行奠定坚实基础

表 5–4　　计经财务类

序号	项目名称	成果简介
1	直流输电项目换流站工程建设造价管理风险因素辨识及应对案例库	针对公司建设管理的换流站主体建筑、安装及桩基等项目招标、合同执行、结算及审计中发生的各类风险性问题，选取典型案例，分析案例发生的背景情况、进行工程造价管理风险因素分析、提出问题处理原则意见，并力图将此工作常态化。通过对各类风险性问题的有效防范及合理应对，提高公司造价管理的整体水平
2	直流工程结算管理标准化	本项目针对直流工程结算管理的全过程，对结算各基础资料提出了标准化管理要求，适用于公司建设管理的换流站主体施工合同结算工作，对规范工程结算工作、防范审计风险、提高技经管理水平将起到积极作用
3	特高压直流工程辅助竣工决算转资深化应用项目	课题组全面梳理了特高压直流工程投资管理流程，编制特高压直流工程 ERP 系统操作规程，研究、设计了费用分摊规则、资产价值归集流程，开发了批量采购申请、批量服务确认、过程投资控制等模块
4	直流换流站工程工程量清单计价规范专用条款研究	本项目主要研究内容及成果包括：完成直流输电工程工程量清单计价规范专用条款修编，相关内容列入工程招标资料及合同专用条款中，作为合同价款调整及结算工作的主要依据。完成工程量清单编制的标准化版本，对其中各项清单表的构成内容、编制要求提出具体意见。其中包括编制说明、分部分项工程量清单、甲供与乙供设备清单、措施项目清单、其他项目清单、规费及税金项目清单等各类清单表的标准样式均已完成。完成工程量清单增补项目的研究，提出适用于换流站工程建安工程招标的增补项目清单项。完成换流站项目标准清单项目划分研究，为换流站工程招标清单标准化奠定基础
5	直流输变电工程造价信息系统	造价信息系统针对国网直流公司建设管理范围及特点，重点统计分析国网直流公司换流站本体工程造价信息。造价信息系统以公司建设管理的 17 个换流站工程为样本，统计分析了单个换流站及±400kV、±500kV、±660kV、±800kV 电压等级换流站工程的工程建设、投资、合同执行及建筑安装造价等。同时根据以往工程造价控制及审计经验，总结工程变更典型风险案例、建立典型问题标准通行格式，重大项目的标准处理原则，标准处理流程、标准做法格式，为更好地开展造价管理工作，规避审计风险提供有力的技术支持
6	直流换流站工程建设现场签证工作规范研究	明确现场签证工作内容，结合以往直流工程竣工结算过程中提出的各类典型签证项目，划分现场签证事由类别，提出标准化工作流程，落实各参建单位的工作职责。首次分析提出了在直流工程现场签证风险防控工作中存在的重点，为直流工程依法合规建设提供了坚实的支撑
7	财务集约一体化研究	首次将公司财务管理模式从之前的本部及建设部“二级”管理集中为本部“一级”管理，财务管理的效率有了极大的提高
8	直流换流站工程建设造价管理策划	本次研究成果将以往依靠具体工作人员的个人水平能力来推进换流站工程造价管理工作与管理能力提升，转变为依靠制度管理为主来推进造价管理，为换流站工程造价管理的规范化、标准化补上了重要的一个环节。通过本项目形成的成果文件，即《换流站工程造价管理工作策划》明确了造价管理工作各关键节点的标准化管理要求，为推进国网直流公司技经两级管控工作的有效落实，适应特高压直流工程大规模建设的形势，将工程现场造价管理的责任主体顺利由国网直流公司本部转变为业主项目部，带动一线技经队伍专业素质提升创造了条件
9	直流换流站工程量清单标准架构与 WBS 架构对接方案研究	本项目属于技术经济领域课题，研究了工程量清单标准架构与 WBS 架构的关联规则，制定了作为模板的对应关系表，同时设定了基建管控系统造价模块的相应功能，实现了基建管控系统与 ERP 系统的业务对接，为精准控制工程造价、实施工程造价的动态管控、便利完成竣工决算转资创造了条件
10	财务远程集约化管控研究	将进一步通过原始凭证的电子化记录以及付款流转过程，辅助经费财务从资金申请、集中报销到付款清账的全周期集约化管理过程，助力经费财务一体化的管理水平，稳步推进经费财务一体化的模式调整，提高经费财务执行工作效率，在全面提升和展现国网直流公司专业化建管单位信息化管理的品牌形象具有重大意义
11	换流站工程结算“营改增”税金费用计算标准调整模式研究	通过本项目研究成果，确认在“营改增”税收政策生效后的过渡时期内，因换流站工程施工招标原则提出较早，与国家最新税收政策提出的工程税金核算标准存在差异，在不违反合同条款给定的结算原则与标准的基础上，如何按照国家最新税收政策中提出的计税标准及方式，对结算审核原则进行调整

表 5–5 物 资 设 备 类

序号	项目名称	成 果 简 介
1	±1000kV 直流输电大件设备的运输条件和运输方式研究	采用本项目发明的冲撞记录仪，能够实时监测大件运输的加速度信息，利用手机网络和定位模块，及时对运输方案做出调整，提高运输质量，对大件设备运输的管理工作和技术支撑工作提供了有利的信息支持
2	基于 GPRS 和 GPS 的运输状态实时监测	采用本项目发明的冲撞记录仪，能够实时监测大件运输的加速度信息，利用手机网络和定位模块，发送超过预警值的加速度信息和事件位置。改变以往只能事后分析冲击原因的弊病，及时对运输方案做出调整，提高运输质量
3	特高压直流工程设备监造典型案例分析研究	本书共收集案例 151 件，对于今后产品的设计、原材料选用、制造工艺的改进，现场管理水平的提高有所促进，对监理工作的有效性提高带来益处
4	特高压直流工程换流阀水电阻低流量热性能研究	研究方法为通过调整外加电压和冷却系统阀门，模拟典型工况下阻尼电阻的发热和冷却情况，比较试验前后阻尼电阻阻值变化，外观及试验现象，研究换流阀阻尼电阻耐受能力。通过本试验的研究，可对以往及在建工程阀冷主水量低保护（快速段）动作跳闸的延时设置提供依据，从而进一步提高特高压直流工程换流站设备运行的可靠性
5	提高屏柜运输就位效率智能系统的研究应用	屏柜运输就位是电力行业工作中的一种常见工作，屏柜本身很重，安装过程中搬运起来很费劲，本系统承载力强，移动方便，解决了传统搬运屏柜时困难，安装效率低下问题；轻松实现盘柜移动，有效保护地面。本系统可以很好适应特高压工程二次屏柜安装量大工作任务，节省时间节约人力，提高安装效率与安装质量
6	特高压换流变温升与冷却研究	针对特高压直流工程中，换流变压器正常运行时冷却容量配置不足，温度较高等情况，本项目调研分析了国网公司已建换流站内换流变温升试验数据，形成了换流变温升试验的大数据库；结合换流变出厂试验情况和现场运行情况，制定了换流变现场温升测量方案
7	设备配套厂家电缆敷设及二次工艺控制管理	本课根据规范及标准工艺要求，分析厂家电缆的特点，针对各厂家的二次敷设难点制定相应的措施和要求，并且在现场过程管控，从而确保厂供电缆二次施工工艺符合规范和标准工艺要求
8	特高压工程全装变压器站内移动系统研究与装置研制	本项目通过调研及对采用轨道小车转运变压器的全过程数据监测，对轨道、小车优缺点进行分析，根据监测数据以及结合特高压换流变全装运输过程中的相关参数，对轨道、小车、牵引动力源进行优化设计并提供设计方案，研制一套全装变压器站内移动用承载移动装置
9	±1100KV 直流工程设备质量管控风险研究	本项目首次系统梳理±1100kV 直流输电工程换流变压器、直流套管、换流阀、直流断路器、平波电抗器、滤波器小组断路器、GIS 质量风险预控措施，由后期“问题处置”向前期“风险预控”转变，为±1100kV 直流工程设备质量管控提供了有力保障
10	仓库软件管理	本项目属于工程建设软件开发领域，针对酒泉换流站施工现场实际情况研究运用物资超市化管理平台，将进销存软件与条码枪扫描技术相结合，通过入库业务、出库业务、查询业务等功能综合运用的管理系统，有效控制并跟踪仓库物资的管理和流通全过程，实现完善的施工现场物资信息管理。该系统可以独立执行库存操作，与条形码技术相结合，可提供更为完整全面的仓库物资流程信息，有效地提升施工现场人力资源管理

表 5–6 线 路 类

序号	项目名称	成 果 简 介
1	特高压直流输电线路工程统一工艺要求的研究	总结归纳了特高压直流输电线路建设的相关特点、难点，对特高压直流输电线路工程（包括一般线路工程和大跨越工程）施工工艺，包括安装工艺质量和施工方法进行了研究，整体形成《特高压直流输电线路工程统一工艺要求》
2	特殊地质条件下线路基础施工技术研究	形成特殊地质（盐渍土、湿陷性黄土、沙漠地区）条件下基础施工工艺文件，总结特殊地质条件基础施工典型施工工法

续表

序号	项目名称	成 果 简 介
3	特高压直流线路六分裂大截面导线分次试展放研究	依托哈郑、溪浙±800kV 特高压直流输电线路工程，在分次展放理论研究成果的基础上，结合向上、锦苏、宁东等直流工程架线施工技术经验，开展验证工作，并对验证工作期间出现的新问题进行研究，以期形成可指导施工的技术措施，为后续特高压输电线路工程架线施工实现大截面导线的分次展放提供技术支撑
4	“二牵六”张力放线牵引机、张力机协同智能控制系统研究	本设计对应张力机张力展放导线的不同控制流程编写相对应的 PLVC 程序，可实现单机面板操作、远程单机操作及远程并机操作。设计油门控制程序使油门和发动机转速控制达到精准范围内。利用控制溢流阀电流大小来控制张力机提供的导线张力，并以 PI 调节等控制方式使之变化平稳。本系统可实现张力机的远程各种操作，包括开关机、发动机油门调整、张力调节、吐线等，操作方式既可用张力机设备面板操作，也可以全电脑键盘及鼠标操作
5	LB–4 型抱杆研究及工程应用	LB–4 抱杆通过预留收臂钢丝绳及其通道，小车、主吊钢丝绳及吊钩等在收臂前无须先行拆解，减少了高空作业风险，提高了收臂工效；通过改进电路设计及增加切换按钮，可使用民用电、大功率发电机或两台小功率发电机等多种供电方式
6	SYB–41/800 型内悬浮双摇臂回转式抱杆施工工艺	SYB–41/800 型内悬浮双摇臂回转式抱杆组塔施工技术在特高压架空输电线路工程中，对于高塔和钢管塔塔位附近有带电线路而且不能停电时，采用传统抱杆进行组塔，对施工人员和运行设备来说存在较大的安全隐患。而 SYB–41/800 型内悬浮双摇臂回转式抱杆继承了传统抱杆的优点，创新地开发采取了抱杆内悬浮系统和双侧力矩平衡系统相结合，克服了传统抱杆存在的诸多不足，同时实现了构件轻型化，真正保障了临近带电线路组塔时施工人员和运行线路设备的安全。本抱杆比较好地解决了一般内悬浮抱杆无法在顺线路侧起吊横担的缺点及落地式回转式抱杆因体积，重量和占地太大，无法在狭小施工场地或一般高跨塔使用的问题
7	跨越架（网）关键技术研究	本课题开展跨越架（网）载荷类型、取值方法、设计原则、设计方法的研究、跨越架（网）架设、拆除工艺和检测技术研究，索道式跨越架的结构设计理论和计算方法的研究，索道式跨越架的研制和工程试点应用
8	全天候条件下输电线路弧垂控制技术研究	在导线弧垂状态方程式的基础上，采用高精度北斗定位系统得到弧垂值，并与理论公式计算出的数值进行比对，给出了弧垂的精准测量结果。应用 RTK 差分测量技术设计并实现了新型弧垂测量系统，完成了对输电线弧垂全天候高精度的测量任务
9	大截面导线压接施工质量控制要点	结合哈郑线、溪浙线 900mm^2、1000mm^2 大截面导线压接施工情况，针对 1250mm^2 大截面导线压接技术，以往工程没有，需要通过研究、优化施工方法，以控制压接施工质量。通过试验，对压接模具加工、压接管结构尺寸、导线生产质量、压接顺序、压接预留长度、额定工作压力及压接后对边距、压接管弯曲度、压接握着力判定等影响因素进行了剖析，解决大截面导线压接中的一些难题
10	酒泉湖南特高压直流输电线 1250mm^2 系列导线修补工艺及配套工具研究	本项目拟依托±800kV 酒泉—湖南特高压直流输电线路工程，参考 DL/T 1069—2007 架空输电线路导地线补修导则、DL/T 5285—2013 输变电工程架空导线及地线液压压接工艺规程及开展 1250mm^2 系列导线补修工艺及配套工具研究，为后续特高压直流输电线路工程中大截面导线的施工提供技术支撑
11	特高压直流线路工程标准化检查大纲研究	本项目研究梳理标准化开工的关键控制环节和项目，研究梳理业主、监理、施工项目部工程全过程基本关键控制项目，研究梳理基础阶段安全控制关键环节，研究梳理组塔阶段安全控制关键环节，研究梳理基础阶段安全控制关键环节。成果已于 2015 年后期开工的酒湖及晋江标准化开工检查，和 2015 年 11～12 月进行的第四次协高监督酒湖工程、晋江工程、灵绍工程得到应用
12	转角塔预偏标准工艺研究	输电线路铁塔随着电压等级的提高，基础根开越来越大，且线路路径越来越有限、塔位越来越陡峭恶劣，导致铁塔的长短腿极差越来越大。根开大、极差大已经成为当前山区输电线路特别是特高压输电线路塔位的一大新的特点，该特点也相应地产生了一些在以往的工程中尚未完全暴露的新问题，比如目前采用的基础预偏高度是否合理、常规的耐张塔基础预偏方式是否合理等等。因此，有必要对耐张塔基础预偏值及预偏方式进行进一步研究，提出更加准确的预偏值和预偏方式

续表

序号	项目名称	成 果 简 介
13	特高压直流线路工程停电跨越重大电力线路方案研究	研究确定最佳的跨越（钻越）区段的设计方案，提出采取“耐—直—直—耐”方式进行跨越设计，跨越档距不宜大于300m，跨越耐张段长度一般不宜大于3.0km，条件允许时尽可能缩短；采取高跨的方式，增大导线与被跨线路的垂直距离，以减少架线施工的牵张力等要求。基于设计方案及目前全国输电线路架设施工行业的装备情况和施工水平，开展停电跨越施工方案的优化研究，确定最优、备选的施工方案，提出合理的停电施工时间，采取科学、经济、可靠的施工方法进行停电跨越；制定停电跨越典型施工工艺流程、停电跨越施工工艺及被跨线路保护的措施，研制“引绳过渡架”，有效保护被跨越架空输电线路导、地线及OPGW等设备不受损坏。依托新建特高压直流线路工程，对提出的设计及施工措施进行现场实验验证。通过在酒泉—湖南±800kV 特高压直流输电线路工程中两次现场试验确认，工机具使用安全系数较高，整个系统可靠，停电施工时间内圆满完成整体施工任务。《停电跨越（钻越）重要电力线路施工工艺导则》中提出的设计及施工措施确实可行可靠
14	±1100kV级特高压直流线路组塔工程典型施工工艺研究	分别从适用范围、施工准备、资源配置、施工流程、工艺技术和操作步骤、质量控制要点、安全文明施工及环保控制要点编写内悬浮外拉线抱杆组塔施工工艺、内悬浮组合拉线抱杆组塔施工工艺、座地双平臂抱杆组立大跨越钢管塔施工工艺、座地双平臂抱杆组塔施工工艺、座地双摇臂抱杆组塔施工工艺、流动式起重机组塔施工工艺，涵盖目前特高压工程典型工艺

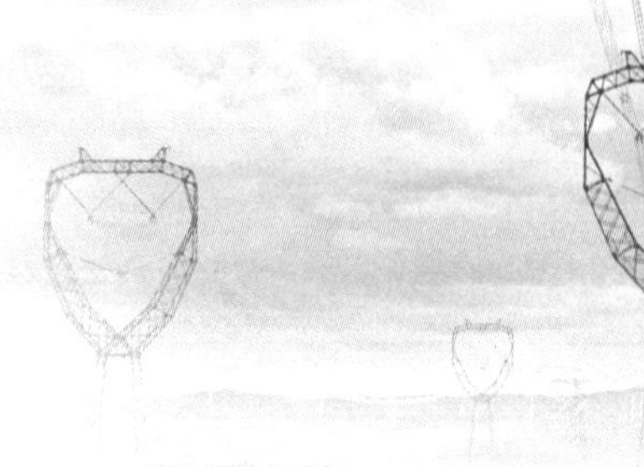

第6章 物 资 管 控

6.1 甲供物资的管控

6.1.1 物资招标及设计提资管控

目前，换流站内甲供物资设备根据工程进展、设备生产周期、设计施工图设计提资、其他因素等，一般分为两个批次进行招标采购，典型的两个批次招标设备清单见表 6–1。

表 6–1 两个批次招标设备清单

序号	第一批甲供物资招标设备名称	序号	第二批甲供物资招标设备名称
1	换流变压器	1	降噪装置
2	换流阀	2	瓷绝缘子
3	平波电抗器	3	复合绝缘子
4	直流电抗器	4	直流管母
5	交流电抗器	5	交流保护
6	直流控制保护	6	变压器油在线监测
7	交流断路器	7	直流电源
8	直流电流测量装置	8	电能量计量系统
9	交流电压互感器	9	时间同步装置
10	交流电流互感器	10	调度数据网接入设备
11	直流隔刀	11	相量测量装置
12	交流隔刀	12	火灾报警系统
13	直流电容器	13	设备在线监测系统
14	交流电容器	14	红外测温系统
15	滤波器电阻器	15	辅助系统综合监控平台
16	直流避雷器	16	扩音呼叫系统
17	交流避雷器	17	图像监控系统
18	组合电器	18	光通信设备
19	交流变压器	19	站内通信设备
20	开关柜		

续表

序号	第一批甲供物资招标设备名称	序号	第二批甲供物资招标设备名称
21	钢结构		
22	构支架		
23	直流金具		
24	视频会议系统		
25	直流穿墙套管		
26	直流断路器		
27	直流分压器		
28	压型钢板		
29	通风空调系统		

（1）第一批物资招标设备主要为换流站内一次主要设备，此设备招标应重点关注以下：

1）在关键路径上的换流变、换流阀、阀厅金具等设计提资进度直接影响换流区域整体土建施工图出图，包括防火墙、换流变基础、阀厅基础、阀厅钢结构等，因此在第一批设备定标后，应提前预控关键路径上换流区域的关键设备研发、设计提资等工作，保证主体工程有序建设节奏。

2）钢结构、构支架因进场施工较早，同时设备深化设计、生产周期较长，因此需关注此部分设计院与厂家开展的深化图纸设计，通过开展专项设计监理工作，跟踪钢结构及构支架深化图纸设计，必要时开展集中设计。

3）视频会议系统作为工程建设阶段使用的会议通信设备，在定标后关注设备到场、安装、调试情况，尽早满足现场视频会议条件。

4）直流控制保护作为直流工程控制核心，在设备定标后，需重点关注二次设备控制保护设计及生产、设备厂内调试质量、联调试验等，提早发现控保系统与阀控、阀冷、换流变等子系统系统接口、控制逻辑及装置性能等问题，保证控保设备到场质量。

5）压型钢板作为全站主要生产建筑外墙封闭措施，应提前跟踪开展深化设计工作，针对站址地区环境特点及创优要求，提前预控防风沙及工艺质量措施。

（2）第二批物资招标设备主要为换流站辅助材料类设备，此设备招标应重点关注以下：

1）第二批物资设备多为辅助设备厂家，应结合站用电投运、交流系统带电等工程节点，提前开展包括直流电源系统、时间同步装置、电能量计量系统等辅助设备与设计院配合工作，保证生产进度与现场的衔接。

2）辅助设备厂家较一次主设备关注度较小，容易产生管理盲区，在以往工程中多次出现辅助设备厂家无法满足现场建设进度、创优及验收等要求，此部分非关键路径往往成为制约工程的关键因素，因此应持续加强辅助设备厂家管控，定期组织召开物资与现场对接会，加强交底和监控。

3）火灾报警系统设计应提前介入，加强消防验收规定及厂家设计的符合性，建立当地消防验收典型问题清单，在火灾报警系统设计及生产安装各环节加强管控，开展消防专项设计及监造监理工作，避免消防验收手续办理受阻。同时，关注阀厅火灾报警与控制保护接口设计。

6.1.2 物资分类管控

甲供物资设备根据安装性质可分为设备供货厂家、供货带安装厂家。设备供货厂家：厂家负责供货，现场安装单位负责安装。管理上坚持以下原则：

（1）设备安装质量由制造厂总体负责，制造厂对安装单位所负责的安装部分进行全过程指导，对过程安装关键指标及参数进行检查确认，对成品设备质量及工艺进行把关，对设备投运前的各项调试及检查工作进行归口管理。

（2）设备安装过程中的安全管控由安装单位负责，制造厂应按照现场各项安全管理要求开展安装作业。

（3）设备安装过程中的整体施工组织由安装单位负责，按照设备安装需要提供必要的人机物资源。

（4）加强供货厂家所采购的配套设备及材料管控，如阀冷、SF_6在线监测装置、电缆等，强化统一策划管理要求的宣贯和落实。

供货带安装厂家：厂家负责供货并安装，具有专业的施工队伍，对现场安全、质量、进度总体负责。管理上坚持以下原则：

（1）施工单位根据承包范围划分，负责对站内承包范围内的厂家实施管理和配合工作。

（2）厂家施工及管理人员纳入现场统一管理范畴，监理单位对厂家人员进场安装及施工，按照建设管理报批制度及监理职责流程实行全面管理。

（3）如厂家施工风险较高，按照三级及以上重大安全风险管理要求，厂家应严格落实各项安全管理要求。

（4）厂家安装质量应满足现场统一创优要求，设备定标后应提前开展供货厂家的创优交底及策划。

（5）厂家安装人员按照现场施工的管理进行统一管理，供货带安装厂家及备注见表6–2。

表6–2　　供货带安装厂家及备注

序号	供货带安装厂家	备　注
1	压型钢板	安全风险高
2	火灾报警系统	创优要求及消防报验
3	通风空调系统	创优要求及装修工序搭接
4	红外测温系统	辅助设备
5	扩音呼叫系统	辅助设备
6	图像监控系统	辅助设备

6.1.3 物资供应计划管控

（1）工程开工后，结合《工程里程碑计划》和《一级网络计划》等文件，组织监理、物资、施工等项目部编制总的物资需求计划，并在工程建设过程中根据实际工程进度分阶段组织监理、承包商等修改完善相应的物资设备需求计划报送物资供应项目部。

（2）物资供应项目部收到业主项目部报送的需求计划后，督促物资供应商按照现场需求计划提交供应计划，对于换流变、换流阀、GIS 组合电器等产能竞争、需求集中等情况，需要国网系统内各在建工程进行统筹平衡。

（3）物资供应计划如不能如期实现，物资供应商应至少提前 15 天通知物资供应项目部，物资项目部第一时间告知业主项目部，形成 15 天预警机制。

（4）因工程建设原因需要调整物资供应计划的，需要对物资到货计划进行调整时，施工单位应及时向监理部反映。监理部根据工程实际情况，与物资公司沟通，协调物资到货时间，确保满足现场施工需要。

6.1.4 物资生产管控

（1）及时组织图纸交底会、设计联络会区、设计冻结会等，积极协调解决设计和供应商之间的图纸交互问题，督促设计院尽快完成设备选型及参数的确定，尽早完成设计冻结，以便供应商排产。

（2）针对直流主设备或履约过程中出现问题的物资，可在物资供应项目部的组织下，进驻供应商开展生产巡查工作。

（3）组织监理、施工、调试承包商技术人员参加重要设备出厂试验见证及联合调试工作。

6.1.5 大件运输管控

（1）参与物资供应项目部组织的大件运输方案审查会，对运输方案、安全应急方案、运输计划提出意见。

（2）核实火车站（码头）到工地道路的运输条件，提出二程运输要求及现场交货要求。针对运输路线上的障碍物，桥梁等，审查施工单位的详细排障措施，包括运输道路、道路弯道、沿途电缆线路的处理、桥梁的加固等。

（3）及时掌握大件运输进度，合理安排现场施工，运输道路及设备基础应提前满足要求。

（4）参加大件设备移交验收，核实三维冲撞记录仪、氮气压力等运输数据，对存在的问题组织各方认真分析。

（5）换流站工程监理单位同时作为二程运输的监理单位，履行相关监理职责。

6.1.6 物资进场、验收及保管

6.1.6.1 甲供物资进场

（1）甲供物资到场前，物资公司应提前告知现场，做好接货准备。

（2）甲供物资到达现场后，监理组织施工单位进行接货，接货方式按合同要求进行。卸货时不得野蛮装卸，做好货物的检验，确认货物外观或外包装完好无损。

（3）对于定点卸车，供应商应按照施工单位指定的地点卸货。

（4）变压器、高抗等油浸式设备和平抗线圈等大件设备，要提前关注物资供货合同与施工合同的交货方式是否一致。

6.1.6.2 物资验收

（1）审批施工项目部提出的《主要设备（材料/构配件）开箱申请表》，组织施工项目部、供应商、物资公司、业主项目部参加开箱检验（如有外方货物，应邀请外方代表参加开箱），签署《设备材料开箱检查记录表》。

（2）设备材料开箱检查由监理单位组织，业主项目部参与导线、绝缘子、构架、光缆和换流变、换流阀、GIS（HGIS）设备、电流互感器、断路器、隔离开关、继电保护及监控屏（变电工程）等主要设备材料的到场验收。

（3）检查设备到货的数量、型号规格等是否与设计相符，核查随箱资料是否齐全有效。换流变、站用变、GIS 等设备到货时，应对其冲撞记录、气体压力进行检查并收集相关记录，做好多方交接工作。

（4）在开箱检查发现缺陷时，由施工项目部报《工程材料/构配件/设备缺陷通知单》；以往工程容易出现问题：① 货物错发；② 配件及材料等损坏（主要是运输原因）；③ 到货数量不正确；④ 设备受潮（运输或保管问题）；⑤ 设备质量差。

（5）《工程材料/构配件/设备缺陷通知单》填写完成后，应及时提交至国网物资中心，由其同厂家沟通，及时对物资缺陷进行处理。待缺陷处理后，监理项目部会同各方确认。

（6）检查材料、构配件、半成品质量状况及保管条件，不符合要求时，要求施工项目部立即将不合格产品清出工地现场。

6.1.6.3 货物保管

（1）保管对不能立即交付安装的物资，需进行妥善保管。根据货物标识进行存放或仓储，标识要求室内恒温存放的货物，必须进恒温库。

（2）在做好设备保养、保管工作时，仓库建立保卫工作，防火、防盗、防鼠。配备消防栓、沙箱、灭火器。

（3）定期检查施工单位租赁的仓库，确保仓库环境满足要求，无漏雨等情况。

（4）备品备件移交时必须相互办理移交登记手续。

（5）做好物资管理台账，出入库必须进行登记。

6.1.6.4 设备消缺管理

工程投运前，业主项目部负责组织设备消缺；工程投运后，运行单位负责组织消缺，业主项目部积极协调厂家，配合设备消缺。

6.1.7 物资供应及大件运输管理内容及分工

物资供应及大件运输管理内容及分工见表 6–3、表 6–4。

表 6–3 物资供应管理内容及分工

序号	主要任务内容	责任单位	参与单位
设备供应			
1	编制招标文件	国网物资公司、招标代理机构	设计单位
2	招标文件评审	招投标管理中心	国网直流部、物资部
3	招标文件流转	国网物资公司	国网直流部、招投标管理中心
4	发售招标文件	招标代理机构	拟投标单位
5	答疑	国网物资公司、招投标管理中心	国网直流部、设计单位
6	评标	评标委员会	国网直流部、招投标管理中心
7	定标	国网物资公司	国网直流部、法律部
8	签订合同	国网物资公司	设备厂家
9	设计联络会	国网物资公司	设计单位、设备厂家
10	签订设备技术协议	设计单位	设备厂家
11	设备供货计划	建设管理单位	施工单位、设备厂家
12	设备加工制作	设备厂家	监造单位
13	设备监造	监造单位	设备厂家
14	设备出厂验收	国网物资公司、监造单位	设备厂家
15	供货	国网物资公司、设备厂家	监造单位
16	大件设备运输	国网物资公司、大件运输单位	大件运输监理单位
17	设备到货开箱检查	监理单位	建设管理单位、设备厂家、施工单位、国网物资公司
18	现场服务	设备厂家	建设管理单位、监理单位、国网物资公司、施工单位
物资材料供应			
1	编制招标文件	国网物资公司、招标代理机构	/
2	招标文件评审	招投标管理中心	国网物资公司、法律部、直流部
3	招标文件流转	国网物资公司	国网法律部、直流部
4	发售招标文件	招标代理机构	拟投标单位
5	答疑	国网物资公司、招投标管理中心	国网直流部、设计单位
6	评标	评标委员会	国网直流部、招投标管理中心
7	定标	国网物资公司	国网直流部、法律部
8	签订合同	国网物资公司	生产厂家
9	材料清单	设计单位	国网直流部、物资部
10	材料采购	生产厂家	监造单位

续表

序号	主要任务内容	责任单位	参与单位
11	材料加工	生产厂家	监造单位
12	供货	生产厂家	监造单位
13	材料开箱检查	监理单位	建设管理单位、生产厂家、施工单位、国网物资公司
14	材料抽检复查	施工单位	监理单位
15	根据施工、供货情况，进行现场管理服务	生产厂家	建设管理单位、监理单位、国网物资公司

表 6–4　　大件运输管理内容及分工

序号	主要任务内容	责任单位	参与单位
1	明确换流变压器到货要求	国网直流部	国网物资公司
2	制定换流变压器到货需求	建设管理单位	国网物资公司、监理、施工
3	制定换流变压器大件运输计划	国网物资公司	设备厂家
4	确定运输单位	国网直流部	国网物资公司
5	大件运输路径现场调研，并进行大件运输初步方案制定	大件运输单位	大件运输监理
6	审核大件运输方案并批准	国网直流部	建设管理单位、国网物资公司、大件运输单位
7	建立大件运输协调机制	国网直流部	国网物资公司、大件运输单位、大件运输监理、设备厂家
8	组织模拟运输；办理模拟运输通行手续，执行模拟运输	国网直流部、大件运输单位	国网物资公司、建设管理单位、设备厂家、大件运输监理
9	制定大件运输方案，办理运输手续	大件运输单位	建设管理单位、大件运输监理
10	启动协调机制	国网直流部	国网物资公司、建设管理单位、设备厂家、大件运输监理
11	大件运输	大件运输单位	国网物资公司、建设管理单位省公司、设备厂家、监理
12	组织换流变卸车	国网物资公司	建设管理单位、大件运输单位、监理
13	接收货物	建设管理单位	国网物资公司、设备厂家施工、监理、大件运输单位

6.1.8　物资供应及大件运输管理不利因素及控制措施

物资供应及大件运输管理不利因素及控制措施见表 6–5、表 6–6。

表 6–5 物资供应管理不利因素及控制措施

主要不利因素	控 制 措 施
供货进度计划不合理	◆ 厂家要根据施工进度情况，和施工单位及时协商，及时调整供货进度计划，并通知国网物资公司； ◆ 当发现供应商生产不能满足供货需求时，督促采取措施纠偏，并按合同严格考核
施工图和设计变更未及时提供	◆ 设计单位需及时将施工图、设计变更发至生产厂家，避免出现无法开始生产或加工错误的现象发生
物资数量、型号和到货地点不符合供货计划	◆ 签订合同时，物资到货地点要充分考虑施工单位的意见
原材料影响	◆ 生产厂家应根据供货合同制定供货工程形象进度表，控制原材料的质量、供应进度能满足供货合同的要求； ◆ 监造单位需加强对原材料的检查与监督
缺件、补件供应及错件更换不及时	◆ 厂家应及时对缺件、补件进行供应，由驻场人员对错件进行现场校验，查明原因，并及时补齐错件； ◆ 国网物资公司、监理单位组织各参建单位积极协商解决
生产厂家与施工单位分工界面不明确，遗留问题或缺陷导致耽误施工工期	◆ 签订加工合同，明确加工厂家职责；完善甲供设备采购技术协议和施工图纸； 国网物资公司、监理、施工项目部及厂家驻场人员在施工过程中积极沟通，现场检查，明确造成质量问题的责任单位，对有异议的问题本着平等协商、质量第一的原则协商解决； ◆ 对由于设计、加工制造的原因已造成的问题，国网物资公司、监理单位组织各参建单位积极协商解决
未按要求进行试组装即大批量生产	◆生产厂家应按照合同要求进行试组装，并对试组装过程中各参建单位提出的问题进行汇总整改，如存在设计问题应及时通知设计单位； ◆监造单位加强监督管理整个生产及试组装过程

表 6–6 大件运输管理不利因素及控制措施

主要不利因素	控 制 措 施
大件运输方案深度不够	◆ 加强对大件运输方案的审查，重点针对码头、航道、车站、路况、桥涵等落实情况的审查
沿途运输条件差	◆ 提前开展运输方案策划及审查，合理规划好路线； ◆ 提前开展沿途运输措施的建设； ◆ 开展模拟运输，确保运输措施安全、合理
气候条件差	◆ 密切跟踪气象变化，及时调整运输进度安排，规避不利天气影响
设备发货推迟	◆ 密切跟踪设备出厂进度，组织运输单位做好厂内接货准备，确保工作无缝衔接，缩短运输工期
沿途运输干扰	◆ 提前取得当地运输管理部门支持、配合，实行大件运输交通管制，确保大件运输的畅通和安全
进口设备入关手续多报关时间长	◆ 物资部门安排专人跟踪、督促运输单位及时办理进口设备入关手续，通报相关进度；必要时，协调更高管理层面出面，加快办理进度
施工现场不具备接货条件	◆ 物资管理部门提前协调厂家、运输及现场建设单位制定设备排产、出厂计划，确保设备生产计划于现场施工进度计划相吻合，并在实施阶段适时确认，保证设备分批到货，顺利上台

6.2 乙供物资的管控

6.2.1 乙供物资范围

乙供物资是通过业主委托施工单位进行招标采购的物资材料，换流站内主要分为土建及电气施工单位采购的两类（土建加钢材、商品混凝土、水泥；电气加导线及管线母线）。乙供物资材料名称及采购施工单位见表 6–7。

表 6–7　乙供物资材料名称及采购施工单位

序号	物资材料名称	采购施工单位
1	钢结构防火涂料涂装工程	土建
2	全站钥匙分级管理系统	土建
3	动力箱、检修箱	土建
4	生活污水处理设备	土建
5	桥式起重机	土建
6	生活供水设备及控制系统	土建
7	消防泵组	土建
8	雨淋阀组	土建
9	合成泡沫灭火装置	土建
10	消防炮	土建
11	电梯	土建
12	污水处理设备	土建
13	阀冷却补给水泵	土建
14	建筑装修材料	土建
15	动力箱、检修箱和端子箱	电气
16	模块化封堵材料	电气
17	防火材料	电气
18	金具	电气
19	电力电缆及附件	电气
20	控制及信号弱电电缆	电气
21	桥架、槽盒材料	电气
22	接地材料	电气
23	PRTV	电气

对于乙供物资要加强全过程管控，重点关注：

（1）对施工单位采购流程及投标单位资质要进行备案及提前审查，组织编制乙供材料招标技术规范书，确保中标单位的资质、业绩、产品质量及服务等满足工程建设关键指标要求。

（2）施工单位进场后，组织设计单位及早提供乙供物资招标规范书与工程量；备定标后要尽早组织开展设计提资及深化设计工作，确保不因乙供物资影响整体工程设计出图工作。

（3）组织监理对重点设备开展乙供物资材料定期巡检工作，保证设备生产质量和供货工期。

（4）强化乙供物资跟踪进度管控，保证供货进度。

（5）针对同类设备材料不同施工单位采购的情况，提前优化做好全站工艺质量统一策划及协调。

（6）对国家明令禁止的材料及供货厂家要加强审查力度，强化符合性检查，确保到场乙供物资材料满足工程建设功能性需要。

（7）延伸乙供材料过程管控，如混凝土及装修材料，在分批供应时，应加强原材料选取及应用，保证分批供应物资材料质量及感官一致性。

6.2.2 招标管控

（1）工程招标书中应明确需要提供技术规范书乙供物资清单，建管单位对以上物资应进行重点管控。

（2）设计单位负责编制乙供物资技术规范书，并在工程量清单说明中应明确乙供物资品质、质量要求。

（3）建设管理单位应组织监理、设计、运行等单位对乙供物资技术规范书进行评审。

6.2.3 物资采购

（1）施工单位应在工程开工阶段，将乙供物资品种、规格、数量、供货时间和潜在中标商等报送建设管理、监理审批。

（2）规范书/施工图纸中应明确物资品质、质量要求。

（3）施工单位应按照承包合同约定的技术条件及设计单位编制的物资技术规范书编制乙供物资招标文件。

（4）建管单位审查施工单位编制乙供物资招标文件并备案。

（5）施工单位应将乙供物资采购合同副本提交建设管理、监理单位备案。

（6）施工单位应按照设计和有关标准、施工进度要求，按时将工程所需的物资组织到位，对所采购的物资的质量负完全责任，并承诺施工单位采购的物资全部按照图纸要求满足现行最新的国家标准、行业标准、相关规范等。

（7）施工单位与供货商签订合同需明确招标书规定的技术规范、设计、质量要求，满足国家、行业规范要求，满足强条要求。

（8）施工单位与供货商签订合同需明确需要到厂检验要求，装箱、运输要求，现场到货检验要求，现场服务及售后要求，质量保证期等要求。

（9）乙供物资需要更换品牌或供应商时，需应经建设管理、监理单位确认后，重新履行流程。

（10）未经建设管理、监理认可，施工单位自行采购，造成质量问题或不能满足工程创优要求，造成返工损失，由施工单位自己承担。

6.2.4 乙供物资进场

（1）审核施工项目部报审的《主要材料及构配件供货商资质报审表》，审查施工项目部选择的供应商的资质，符合要求后予以签认。

（2）审核施工项目部报审的《工程材料/构配件/设备进场报审表》，主要审查质量证明文件是否满足要求，符合要求后予以签认。

（3）对拟进场使用的工程材料、构配件、设备的实物质量进行检查，对规定要进行现场见证取样检验的材料，进行见证取样送检，并对检（试）验报告进行审核，符合要求后批准进场。

6.2.5 物资验收

（1）施工单位应专人跟踪乙供物资的生产，根据开工阶段确定的厂家验收计划，邀请建设管理、监理、设计、运行单位参加厂家验收。

（2）厂家验收时应根据技术招标书、创优要求进行验收。不满足要求，施工单位应组织整改。

（3）监理应督促施工单位对到货材料及工程设备进行检验，查验材料合格证明和产品合格证书，对物资的抽样检验和工程设备的检验测试，检验和测试结果、合格证明和证书等应提交监理。

（4）施工单位所采购的材料和工程设备所使用的原材料及其制成品质量必须达到国家标准或行业标准、施工验收规范以及设计技术要求，施工单位应对其质量负完全责任。

（5）施工单位采购的材料和工程设备不符合设计或有关标准要求时，施工单位应在监理单位要求的合理期限内将不符合设计或有关标准要求的物资设备运出施工现场，并重新采购符合要求的物资设备，由此增加的费用和（或）延误的工期，由施工单位承担。

6.3 主设备安装界面分工

推进“厂家主导安装”工作的贯彻落实，明确厂家全过程管控责任，促进参与设备安装的厂家与安装单位分工界面明确清晰，在总结以往工程经验的基础上，结合设备安装关键环节和管控要点，形成《特高压换流站主设备安装界面分工协议书》。

（1）强化“厂家主导安装”，明确了厂家与安装单位的安装界面分工。原则上，设备安装质量由制造厂总体负责，制造厂对安装单位所负责的安装部分进行全过程指导，对过程安装关键指标及参数进行检查确认，对成品设备质量及工艺进行把关，对设备投运前的各项调试及检查工作进行归口管理；设备安装过程中的安全管控由安装单位负责，制造厂应按照现场各项安全管理要求开展安装作业；设备安装过程中的整体施工组织由安装单位负责，按照设备安装需要提供必要的人机物资源。

（2）进一步强化及明确厂家负责安装部分的具体工作内容，如换流变内检、储油罐胶囊安装、换流阀冷却水管、阀内电气通流回路连接等。制造厂应服从现场安装统一管理，安装前应针对所负责安装内容编制专项作业指导书，制造厂履行厂内 “编审批” 手续后，报现场监理单位审批。监理单位应将厂家负责安装部分纳入现场统一管理，严格履行对施工和厂家安装过程跟踪、旁站、检查、签证和验收手续。

（3）对不同技术路线的设备安装界面分工进行统一和分类，如换流阀、换流变、平抗安装等。在安装内容上涵盖了不同技术路线设备的安装项目及分工，制造厂及安装单位结合各自设备特点，在开工前签订相应的设备安装界面分工要求，明确各方责任和义务。

（4）厂家、安装单位、监理、业主应根据本界面分工要求，严格执行“三级检验、四方签证”手续，真实规范填写“安全质量控制卡”，对主设备安装实行全过程、全覆盖管控。各主设备安装界面分工详见附录 A。

第7章 技 术 支 撑

根据国家电网公司特高压直流输电工程“总部统筹协调，属地公司建设管理，专业公司技术支撑”的工程建管模式，国网直流公司负责对由属地公司建管的受端换流站提供专业技术支撑服务。

1. 组织机构及职责

国网直流公司按单项工程成立技术支撑工作组。工程分管副总经理担任组长，相关职能部门和工程建设部分管主任担任副组长，各专业技术人员分别担任施工、调试、安质、技经、档案等专责。

国网直流公司送端站业主项目部指派技术支撑代表，负责与受端站业主项目部的日常沟通交流、收集周/月报和支撑需求信息、有关结果反馈；技术支撑工作组根据受端站需求和工程建设进展需要，组织相关专业人员，灵活采取调研座谈、方案审查、现场检查、专题分析等形式，开展定期或专项技术支撑工作。

技术支撑工作重点对受端站进度组织安排和重大技术行为的各类计划、策划、方案等提出审查意见和修改建议，参与重大问题的分析处理，不取代受端站建设管理单位的固有责任。

2. 技术支撑主要工作内容

根据不同工程、不同属地公司特点和需求，在工程的不同阶段提供差异化的“可选菜单”式技术支撑服务。主要包括：

（1）前期策划准备阶段。技术支撑工作组提供《建设管理大纲》《专项策划》、典型工期等模板，审查受端站编制的《建设管理大纲》《专项策划》和一级网络进度计划并提出修改意见。

在主体工程开工和电气安装单位进场前，分别组织建设管理交底培训，视需求情况组织重大施工/调试技术培训、档案、环/水保、工程创优等专题培训，规范和统一送、受端两站技术标准和工艺要求。

（2）施工阶段。技术支撑工作组（换流站管理部）集中组织对受端站重大施工方案如地基处理、防火墙浇筑、换流阀/换流变/GIS 安装、分系统试验等方案的审查，指派技术支撑代表参与重要施工图纸审查，履行技术把关责任。

技术支撑代表（业主项目部）负责收集受端站周/月报或参加其月度协调会，掌握受端站工程现场建设进展和一级网络计划执行情况并报换流站管理部，必要时提出纠偏措施建议，履行进度把关责任。

技术支撑工作组（安全质量部）定期或不定期组织对受端站现场的安全质量专项检查活动，形成过程记录、问题清单及整改建议。对重大异常问题及时提出纠偏措施。

技术支撑工作组（综合部）根据国家电网公司总部委托，通过专项培训、定期检查评比、专项验收等形式，执行和规范工程档案全过程管理。

根据国网直流部或属地公司需求，技术支撑工作组指派相关专业人员参加受端站工程建设过程中的专题协调、重大问题分析处理等活动，开展对受端站的技术指导工作。

（3）调试验收和后评估阶段。技术支撑工作组（换流站管理部）组织对受端站带电调试安全隔离方案的审查；技术支撑代表应参与其竣工预验收、竣工验收，有条件时参与现场带电调试；换流站管理部参与调试期间受端站重大技术问题的分析处理。

技术支撑工作组（安全质量部）统一组织工程整体创优申报和迎检，规范送、受端站创优活动的统一性、完整性。

技术支撑工作组（综合部）组织档案验收和移交。

特高压换流站技术支撑工作策划见表7–1。

表7–1　　特高压换流站技术支撑工作策划

序号	工作内容	责任部门	备　　注	完成时间	性质
一、初步设计阶段					
1	成立技术支撑工作组，参与组建联合业主项目部	换流站部、业主项目部	成立公司级技术支撑工作组，确定管理代表参与受端换流站业主项目部	工程核准后	必选
2	确定技术支撑工作范围和内容	换流站部、业主项目部	依据国网直流部要求、省公司需求，确定技术支撑工作内容	工程核准后	必选
3	审定《现场建设管理大纲》和其他策划文件	换流站部、业主项目部	换流站部审定《现场建设管理大纲》业主项目部审定其他策划文件 管理代表负责跟踪建设过程中策划文件落实情况，及时提出纠偏建议，及时反馈并做好记录	工程核准后	必选
4	审定项目进度实施计划（一级网络计划），及时提出纠偏措施	换流站部	国网直流公司只针对计划提出审定意见，不取代江苏公司作为建管单位的编、审、批职责	工程核准后	必选
二、“四通一平”施工					
5	直流项目管控系统	换流站部	对业主、设计、施工、监理进行管控系统使用培训	工程开工	可选
6	档案专题培训	换流站部、综合部	对“四通一平”施工、监理、设计单位进行档案归档培训。送、受端一起组织	“四通一平”进场	必选
7	施工专题协调会	换流站部、业主项目部等	协助解决重大施工、图纸问题	“四通一平”进场	可选
三、主体工程施工					
8	土建单位进场前，组织开展土建施工交底培训	换流站部、综合部、计划部、业主项目部	对工程建设管理大纲、创优、档案、设计变更等进行培训	土建施工进场	必选

续表

序号	工作内容	责任部门	备　注	完成时间	性质
9	合规性文件办理要求	换流站部、安质部、综合部	对工程达标投产、工程创优要求的合规性文件清单和办理流程进行交底，可以与交底培训一同开展	土建施工进场	必选
10	组织开展施工质量专项检查	换流站部、安质部、业主项目部	根据国网直流部安排定期或不定期组织检查，进行质量点评	施工过程	必选
11	换流变及防火墙基础、换流变运输轨道基础图会检	换流站部、业主项目部	管理代表参加重要卷册施工图会检及设计交底，提出图纸会审意见及相关建议	土建施工	可选
12	审定大体积混凝土施工方案、换流变防火墙施工等重要施工方案	换流站部、业主项目部	换流站管理部组织方案审定	土建施工	可选
13	组织开展工程档案专项检查	综合部	总经理工作部牵头组织开展工程档案专项检查、归档指导等，提出整改意见	阶段检查	必选
14	电气施工单位进场前，组织开展电气安装交底培训	换流站部、计划部、总经部、业主项目部	对工程建设管理大纲、创优、档案、设计变更等进行培训	电气安装	必选
15	审定项目进度实施计划	换流站部、业主项目部	换流站管理部组织方案审定	施工过程	必选
16	指导电气主接线及电气总平面图纸会检	换流站部、业主项目部	管理代表参加重要卷册施工图会检及设计交底，提出图纸会审意见及相关建议	电气安装	可选
17	审定换流变、换流阀、平波电抗器施工方案	换流站部、业主项目部	换流站管理部组织方案审定	电气安装	可选
18	审定分系统调试方案	换流站部、业主项目部	换流站管理部组织方案审定	电气安装	必选
19	审定大件设备运输方案	物资与监造部	物资与监造部对运输方案进行审定	电气安装	可选
20	审定交流部分带电隔离方案	换流站部、业主项目部	换流站管理部组织方案审定	电气安装	必选
21	审定双极低端带电隔离方案	换流站部、业主项目部	换流站管理部组织方案审定	电气安装	必选
22	参与分系统调试、系统调试重大问题分析处理	换流站部、业主项目部	换流站管理部协同工程建设部确定人员	电气安装	必选
23	参与双极高端分系统调试、系统调试重大问题分析处理	换流站部、业主项目部	换流站管理部协同工程建设部确定人员	电气安装	必选
四、工程竣工投产					
24	组织档案归档	综合部	省公司业主项目部负责在工程投运后3个月内，组织设计、施工、监理等单位，将整理组卷、录入归档并经审核合格的工程档案向国网直流公司档案室移交	投运后3个月	必选
25	创优申报、组织创优迎检	安质部	工程具备申优条件后，安全质量部组织编制整体工程申报材料（行优、国优）并进行申报	根据创优申报、检查时间确定	必选

第8章 制 度 汇 编

制度汇编见表 8–1～表 8–6。

表 8–1　　国家电网公司现行主要质量管理制度

序号	文 件 名 称	文号及标准号
1	国家电网公司基建质量管理规定	国网（基建/2）112—2015
2	国家电网公司输变电工程优质工程评定管理办法	国网（基建/3）182—2015
3	国家电网公司输变电工程验收管理办法	国网（基建/3）188—2015
4	国家电网公司输变电工程标准工艺管理办法	国网（基建/3）186—2015
5	国家电网公司输变电工程流动红旗竞赛管理办法	国网（基建/3）189—2015
6	国家电网公司输变电工程建设监理管理办法	国网（基建/3）190—2015
7	国家电网公司输变电工程安全文明施工标准化管理办法	国网（基建/3）187—2015
8	国家电网公司水电优质工程评定管理办法	国网（基建/3）793—2016
9	国家电网公司基建技术管理规定	国网（基建/2）174—2015
10	国家电网公司基建技经管理规定	国网（基建/2）175—2017
11	国家电网公司输变电工程进度计划管理办法	国网（基建/3）179—2015
12	国家电网公司输变电工程设计变更与现场签证管理办法	国网（基建/3）185—2017
13	国家电网公司输变电工程设计质量管理办法	国网（基建/3）117—2017
14	关于深化标准工艺研究与应用工作的重点措施和关于创优工作的重点措施	基建质量〔2012〕20 号
15	国网基建部关于发布《输变电工程设备安装质量管理重点措施（试行）》的通知	基建安质〔2014〕38 号
16	关于印发协调统一基建类和生产类标准差异条款（变电部分）的通知	办基建〔2008〕20 号
17	关于印发《协调统一基建类和生产类标准差异条款》的通知	国家电网科〔2011〕12 号
18	国家电网公司关于印发电网设备技术标准差异条款统一意见的通知	国家电网科〔2014〕315 号
19	国家电网公司输变电工程质量通病防治工作要求及技术措施	基建质量〔2010〕19 号
20	关于应用《国家电网公司输变电工程施工工艺示范》光盘的通知	基建质量〔2009〕290 号
21	关于应用《国家电网公司输变电工程典型施工方法》的通知	基建质量〔2011〕78 号
22	国家电网公司输变电工程试运行工作有关规定	国家电网基建〔2010〕613 号
23	输变电工程施工过程安全质量控制数码照片采集与管理工作要求	基建安质〔2016〕56 号
24	国网基建部关于推广应用输变电工程安全质量过程控制数码照片拍摄 APP 的通知	国网基建安质〔2016〕85 号

续表

序号	文 件 名 称	文号及标准号
25	关于印发《国家电网公司供电企业档案分类表（6~9 大类）》的通知	办文档〔2010〕56 号
26	关于印发《国家电网公司电网建设项目档案管理办法（试行）》的通知	国家电网办〔2010〕250 号
27	国家电网公司电力建设工程施工技术管理导则	国家电网工〔2003〕153 号
28	国家电网公司十八项电网重大反事故措施	国家电网生〔2012〕352 号
29	国网基建部关于印发 GIS 安装质量管控重点措施的通知	基建安质〔2016〕7 号
30	国网基建部关于应用《变电站工程主要电气设备安装质量工艺关键环节管控记录卡》的通知	基建安质〔2015〕42 号
31	国网基建部关于印发《国家电网公司优质工程评定“否决项”清单》的通知	基建安质〔2015〕65 号
32	国网基建部关于印发《专用旋挖钻机应用标准化手册（试行）》的通知	基建技术〔2015〕58 号
33	国家电网公司关于应用《气体绝缘金属封闭开关设备（GIS）安装作业指导书编制要求》的通知	国家电网基建〔2016〕542 号
34	国家电网公司关于印发 500 千伏及以上电压等级电流互感器质量管控重点措施的通知	国家电网基建〔2016〕932 号
35	国网基建部关于应用《输变电工程项目　职业安全健康管理体系和质量管理体系程序文件》及其评价记录表的通知	基建安质〔2016〕42 号
36	国家电网公司业主、施工、监理项目部标准化管理手册	2014 年版

表 8–2　　国家电网公司现行主要质量管理标准

序号	文 件 名 称	文号及标准号
1	750kV 变电站电气设备施工质量检验及评定规程	Q/GDW 120—2005
2	750kV 变电所构支架制作安装及验收规范	Q/GDW 119—2005
3	750kV 高压电气（GIS、隔离开关、避雷器）施工及验收规范	Q/GDW 123—2005
4	750kV 电力变压器、油浸电抗器、互感器施工及验收规范	Q/GDW 122—2005
5	1000kV 配电装置构支架制作施工及验收规范	Q/GDW 164—2007
6	1000kV 交流变电站构支架组立施工工艺导则	Q/GDW 1165—2014
7	变电（换流）站土建工程施工质量验收规范	Q/GDW 1183—2012
8	变电（换流）站土建工程施工质量评价规程	Q/GDW 1856—2012
9	输变电工程建设标准强制性条文实施管理规程	Q/GDW 10248—2016
10	1000kV 变电站电气设备施工质量检验及评定规程	Q/GDW 189—2008
11	1000kV 变电站二次接线施工工艺导则	Q/GDW 190—2008
12	1000kV 变电站接地装置施工工艺导则	Q/GDW 191—2008
13	1000kV 电力变压器、油浸电抗器、互感器施工及验收规范	Q/GDW 192—2008
14	1000kV 电力变压器、油浸电抗器施工工艺导则	Q/GDW 193—2008
15	1000kV 电容式电压互感器、避雷器、支柱绝缘子施工工艺导则	Q/GDW 194—2008
16	1000kV 高压电器（GIS、HGIS、隔离开关、避雷器）施工及验收规范	Q/GDW 195—2008
17	1000kV 隔离开关施工工艺导则	Q/GDW 196—2008
18	1000kV 母线装置施工工艺导则	Q/GDW 197—2008

续表

序号	文 件 名 称	文号及标准号
19	1000kV 母线装置施工及验收规范	Q/GDW 198—2008
20	1000kV 气体绝缘金属封闭开关设备施工工艺导则	Q/GDW 199—2008
21	1000kV 交流电气设备监造导则	Q/GDW 320—2009
22	1000kV 变电站接地技术规范	Q/GDW 278—2009
23	±800kV 换流站施工质量检验及评定规程	Q/GDW 217—2008
24	±800kV 换流站阀厅施工及验收规范	Q/GDW 1218—2014
25	±800kV 换流站直流高压电器施工及验收规范	Q/GDW 1219—2014
26	±800kV 换流站换流变压器施工及验收规范	Q/GDW 1220—2014
27	±800kV 换流站换流阀施工及验收规范	Q/GDW 1221—2014
28	±800kV 换流站交流滤波器施工及验收规范	Q/GDW 1222—2014
29	±800kV 换流站母线装置施工及验收规范	Q/GDW 1223—2014
30	±800kV 换流站屏、柜及二次回路接线施工及验收规范	Q/GDW 1224—2014
31	±800kV 直流输电系统接地极施工及验收规范	Q/GDW 227—2008
32	±800kV 直流输电系统接地极施工质量检验及评定规程	Q/GDW 228—2008
33	气体绝缘金属封闭开关设备的特快速瞬态过电压测量系统通用技术条件	Q/GDW 11219—2014
34	电子式电流互感器技术规范	Q/GDW 1847—2012
35	电子式电压互感器技术规范	Q/GDW 1848—2012
36	智能变电站自动化系统现场调试导则	Q/GDW10431—2016
37	±800kV 换流站工程换流变压器分系统调试规范	Q/GDW 1500—2016
38	1000kV 电气装置安装工程电气设备交接试验	Q/GDW 0310—2016

表 8–3　　电力行业现行主要质量管理标准

序号	文 件 名 称	文号及标准号
1	110kV～750kV 架空输电线路施工质量检验及评定规程	DL/T 5168—2016
2	110kV 及以上送变电工程启动及竣工验收规程	DL/T 782—2001
3	直流换流站二次电气设备交接试验规程	DL/T 1129—2009
4	高压直流输电工程系统试验规程	DL/T 1130—2009
5	±800kV 高压直流输电工程系统试验规程	DL/T 1131—2009
6	电力工程地下金属构筑物防腐技术导则	DL/T 5394—2007
7	电气装置安装工程质量检验及评定规程	DL/T 5161.1–5161.17—2002
8	电力设备典型消防规程	DL 5027—2015
9	±800kV 及以下直流输电接地极施工及验收规程	DL/T 5231—2010
10	±800kV 及以下直流换流站电气装置安装工程施工及验收规程	DL/T 5232—2010
11	±800kV 及以下直流换流站电气装置施工质量检验及评定规程	DL/T 5233—2010
12	±800kV 及以下直流输电工程启动及竣工验收规程	DL/T 5234—2010

续表

序号	文 件 名 称	文号及标准号
13	高压直流设备验收试验	DL/T 377—2010
14	±800kV 高压直流设备交接试验	DL/T 274—2012
15	中性点不接地系统电容电流测试规程	DL/T 308—2012
16	额定电压 66kV～220kV 交联聚乙烯绝缘电力电缆接头安装规程	DL/T 342—2010
17	高压直流接地极技术导则	DL/T 437—2012
18	气体绝缘金属封闭开关设备现场交接试验规程	DL/T 618—2011
19	变压器保护装置通用技术条件	DL/T 770—2012
20	输变电设施可靠性评价规程	DL/T 837—2012
21	电气设备六氟化硫激光检漏仪通用技术条件	DL/T 1140—2012
22	±800kV 及以下直流输电工程主要设备监造导则	DL/T 399—2010
23	超、特高压电力变压器（电抗器）设备监造技术导则	DL/T 363—2010
24	光纤通道传输保护信息通用技术条件	DL/T 364—2010
25	微机型防止电气误操作系统通用技术条件	DL/T 687—2010
26	高压交流隔离开关和接地开关	DL/T 486—2010
27	接地装置冲击特性参数测试导则	DL/T 266—2012
28	±800kV 及以下直流输电系统接地极施工质量检验及评定规程	DL/T 5275—2012
29	1000kV 电气设备监造导则	DL/T 1180—2012
30	母线焊接技术规程	DL/T 754—2013
31	±800kV 及以下换流站母线、跳线施工工艺导则	DL/T 5276—2012
32	直流电源系统绝缘监测装置技术条件	DL/T 1392—2014
33	高压直流换流站设计技术规定	DL/T 5223—2014
34	高压直流输电大地返回运行系统设计技术规程	DL/T 5224—2014
35	换流站站用电设计技术规定	DL/T 5460—2012
36	电气装置安装工程　电气设备交接试验报告统一格式	DL/T 5293—2013
37	电力工程接地用铜覆钢技术条件	DL/T 1312—2013
38	电力工程接地装置用放热焊剂技术条件	DL/T 1315—2013
39	软母线金具	DL/T 696—2013
40	硬母线金具	DL/T 697—2013
41	电力系统继电保护及安全自动装置柜（屏）通用技术条件	DL/T 720—2013
42	气体绝缘金属封闭开关设备选用导则	DL/T 728—2013
43	气体绝缘金属封闭开关设备现场冲击试验导则	DL/T 1300—2013
44	电力系统实时动态监测主站应用要求及验收细则	DL/T 1311—2013
45	交流滤波器保护装置通用技术条件	DL/T 1347—2014
46	自动准同期装置通用技术条件	DL/T 1348—2014
47	断路器保护装置通用技术条件	DL/T 1349—2014

续表

序号	文 件 名 称	文号及标准号
48	电力设备用六氟化硫气体	DL/T 1366—2014
49	电子式电流、电压互感器校验仪技术条件	DL/T 1394—2014
50	电力工程基桩检测技术规程	DL/T 5493—2014
51	电力工程电缆防火封堵施工工艺导则	DL/T 5707—2014
52	电力建设土建工程施工技术检验规范	DL/T 5710—2014
53	1000kV 电力互感器现场检验规范	DL/T 313—2010
54	气体继电器检验规程	DL/T 540—2013
55	六氟化硫气体密度继电器校验规程	DL/T 259—2012
56	油浸式电力变压器（电抗器）现场密封性试验导则	DL/T 264—2012
57	变压器有载分接开关现场试验导则	DL/T 265—2012
58	变压器油中颗粒度限值	DL/T 1096—2008
59	高压电气设备额定电压下介质损耗因数试验导则	DL/T 1154—2012
60	六氟化硫电气设备分解产物试验方法	DL/T 1205—2013
61	气体绝缘金属封闭开关设备带电超声局部放电检测应用导则	DL/T 1250—2013
62	直流融冰装置试验导则	DL/T 1299—2013
63	输变电工程达标投产验收规程	DL/T 5279—2012
64	电气设备用六氟化硫（SF_6）气体取样方法	DL/T 1032—2006
65	电力系统继电保护及安全自动装置（屏）通用技术条件	DL/T 720—2013
66	换流站二次系统设计技术规程	DL/T 5499—2015
67	电力系统继电保护设计技术规范	DL/T 5506—2015
68	数字化继电保护试验装置技术条件	DL/T 1501—2016
69	解体运输电力变压器现场组装与试验导则	DL/T 1560—2016
70	电子式电流互感器选用导则	DL/T 1542—2016
71	变电站噪声控制技术导则	DL/T 1518—2016
72	电子式电压互感器选用导则	DL/T 1543—2016
73	电子式互感器现场交接验收规范	DL/T 1544—2016

表 8-4　　国家现行主要质量管理标准

序号	文 件 名 称	文号及标准号
1	110～750kV 架空输电线路施工及验收规范	GB 50233—2014
2	电气装置安装工程　高压电器施工及验收规范	GB 50147—2010
3	电气装置安装工程　电力变压器、油浸电抗器、互感器施工及验收规范	GB 50148—2010
4	铝母线焊接工程施工及验收规范	GB 50586—2010
5	电气装置安装工程　母线装置施工及验收规范	GB 50149—2010
6	电气装置安装工程　电气设备交接试验标准	GB 50150—2016

续表

序号	文 件 名 称	文号及标准号
7	电气装置安装工程　电缆线路施工及验收规范	GB 50168—2006
8	电气装置安装工程　接地装置施工及验收规范	GB 50169—2016
9	电气装置安装工程　旋转电机施工及验收规范	GB 50170—2006
10	电气装置安装工程　盘、柜及二次回路接线施工及验收规范	GB 50171—2012
11	电气装置安装工程　蓄电池施工及验收规范	GB 50172—2012
12	电气装置安装工程　66kV 及以下架空电力线路施工及验收规范	GB 50173—2014
13	电气装置安装工程　低压电器施工及验收规范	GB 50254—2014
14	电气装置安装工程　电力变流设备施工及验收规范	GB 50255—2014
15	电气装置安装工程　爆炸和火灾危险环境电气装置施工及验收规范	GB 50257—2014
16	建筑工程施工质量验收统一标准	GB 50300—2013
17	建筑电气工程施工质量验收规范	GB 50303—2015
18	建筑地基基础工程施工质量验收规范	GB 50202—2002
19	混凝土结构工程施工质量验收规范	GB 50204—2015
20	混凝土结构工程施工规范	GB 50666—2011
21	电梯工程施工质量验收规范	GB 50310—2002
22	砌体结构工程施工质量验收规范	GB 50203—2011
23	建筑装饰装修工程质量验收规范	GB 50210—2001
24	建筑防腐蚀工程施工及验收规范	GB 50212—2014
25	建筑防腐蚀工程施工质量验收规范	GB 50224—2010
26	给水排水构筑物工程施工及验收规范	GB 50141—2008
27	建筑给水排水及采暖工程施工质量验收规范	GB 50242—2002
28	给水排水管道工程施工及验收规范	GB 50268—2008
29	聚合物水泥砂浆防腐蚀工程技术规程	CECS 18—2000
30	屋面工程质量验收规范	GB 50207—2012
31	屋面工程技术规范	GB 50345—2012
32	建筑地面工程施工质量验收规范	GB 50209—2010
33	通风与空调工程施工质量验收规范	GB 50243—2016
34	通风与空调工程施工规范	GB 50738—2011
35	混凝土质量控制标准	GB 50164—2011
36	混凝土强度检验评定标准	GB/T 50107—2010
37	混凝土外加剂	GB 8076—2008
38	通用硅酸盐水泥	GB 175—2007、 GB 175—2007/XG1—2009、 GB 175—2007/XG2—2015
39	通用硅酸盐水泥单	GB 175—2007 第 1、2 号修改
40	建设用卵石、碎石	GB/T 14685—2011

续表

序号	文 件 名 称	文号及标准号
41	建设用砂	GB/T 14684—2011
42	烧结普通砖	GB 5101—2003
43	建筑石油沥青	GB/T 494—2010
44	钢筋混凝土用钢　第 1 部分：热轧光圆钢筋	GB 1499.1—2008、 GB 1499.1—2008/XG1—2012
45	钢筋混凝土用钢　第 2 部分：热轧带肋钢筋	GB 1499.2—2007
46	混凝土外加剂应用技术规程	GB 50119—2013
47	用于水泥和混凝土中的粉煤灰	GB/T 1596—2005
48	建筑物防雷工程施工与质量验收规范	GB 50601—2010
49	高压直流输电用干式空心平波电抗器	GB/T 25092—2010
50	±800kV 直流系统用穿墙套管	GB/T 26166—2010
51	高压直流系统交流滤波器	GB/T 25093—2010
52	±800kV 特高压直流输电控制与保护设备技术导则	GB/Z 25843—2010
53	建筑工程施工质量评价标准	GB/T 50375—2016
54	建筑灭火器配置验收及检查规范	GB 50444—2008
55	工业设备及管道绝热工程施工规范	GB 50126—2008
56	建筑基坑工程监测技术规范	GB 50497—2009
57	大体积混凝土施工规范	GB 50496—2009
58	建筑安全玻璃　第 1 部分：防火玻璃	GB 15763.1—2009
59	建筑安全玻璃　第 2 部分：钢化玻璃	GB 15763.3—2009
60	建筑安全玻璃　第 3 部分：夹层玻璃	GB 15763.3—2009
61	建筑安全玻璃　第 4 部分：均质钢化玻璃	GB 15763.4—2009
62	砌体工程现场检测技术标准	GB/T 50315—2011
63	智能建筑工程施工规范	GB 50606—2010
64	脉冲电子围栏及其安装和安全运行	GB/T 7946—2015
65	水土保持综合治理验收规范	GB/T 15773—2008
66	民用建筑工程室内环境污染控制规范（2013 版）	GB 50325—2013
67	工业金属管道工程施工质量验收规范	GB 50184—2011
68	工业设备及管道绝热工程施工质量验收规范	GB 50185—2010
69	智能照明节电装置	GB/T 25125—2010
70	铝合金结构工程施工质量验收规范	GB 50576—2010
71	建筑施工组织设计规范	GB/T 50502—2009
72	建筑结构裂缝止裂带	GB/T 23660—2009
73	建筑用橡胶结构密封垫	GB/T 23661—2009
74	混凝土道路伸缩缝用橡胶密封件	GB/T 23662—2009

续表

序号	文 件 名 称	文号及标准号
75	建筑电气照明装置施工与验收规范	GB 50617—2010
76	环氧树脂自流平地面工程技术规范	GB/T 50589—2010
77	烧结路面砖	GB/T 26001—2010
78	建筑外墙外保温用岩棉制品	GB/T 25975—2010
79	高压直流旁路开关	GB/T 25307—2010
80	高压直流转换开关	GB/T 25309—2010
81	电力系统安全稳定控制技术导则	GB/T 26399—2011
82	防水用弹性体（SBS）改性沥青	GB/T 26528—2011
83	烧结多孔砖和多孔砌块	GB 13544—2011
84	烧结保温砖和保温砌块	GB 26538—2011
85	坡屋面工程技术规范	GB 50693—2011
86	灰渣混凝土空心隔墙板	GB/T 23449—2009
87	建筑隔墙用保温条板	GB/T 23450—2009
88	天然砂岩建筑板材	GB/T 23452—2009
89	天然石灰建筑板材	GB/T 23453—2009
90	卫生间用天然石材台面板	GB/T 23454—2009
91	外墙柔性腻子	GB/T 23455—2009
92	预铺/湿铺防水卷材	GB/T 23457—2009
93	广场用陶瓷砖	GB/T 23458—2009
94	建筑工程绿色施工评价标准	GB/T 50640—2010
95	钢结构焊接规范	GB 50661—2011
96	钢结构工程施工规范	GB 50755—2012
97	钢结构工程施工质量验收规范	GB 50205—2001
98	土方与爆破工程施工及验收规范	GB 50201—2012
99	预拌砂浆	GB/T 25181—2010
100	预拌混凝土	GB/T 14902—2012
101	高压直流隔离开关和接地开关	GB/T 25091—2010
102	节能建筑评价标准	GB/T 50668—2011
103	±800kV 及以下换流站干式平波电抗器施工及验收规范	GB 50774—2012
104	±800kV 及以下换流站换流阀施工及验收规范	GB 50775—2012
105	±800kV 及以下换流站换流变压器施工及验收规范	GB 50776—2012
106	±800kV 及以下换流站构支架施工及验收规范	GB 50777—2012
107	±800kV 及以下直流换流站土建工程施工质量验收规范	GB 50729—2012
108	±800kV 高压直流换流站设备的绝缘配合	GB/T 28541—2012
109	±800kV 特高压直流输电用晶闸管阀电气试验	GB/T 28563—2012

续表

序号	文 件 名 称	文号及标准号
110	高压直流输电晶闸管阀　第 1 部分：电气试验	GB/T 20990.1—2007
111	高压直流输电系统直流电流测量装置　第 1 部分：电子式直流电流测量装置	GB/T 26216.1—2010
112	高压直流输电系统直流电流测量装置　第 2 部分：电磁式直流电流测量装置	GB/T 26216.2—2010
113	高压直流输电系统直流电压测量装置	GB/T 26217—2010
114	高压直流输电系统直流滤波	GB/T 25308—2010
115	高压直流换流站的可听噪声	GB/T 22075—2008
116	±800kV 直流输电用油浸式换流变压器技术参数和要求	GB/T 25082—2010
117	±800kV 直流系统用金属氧化物避雷器	GB/T 25083—2010
118	高压直流输电用油浸式平波电抗器技术参数和要求	GB/T 20837—2007
119	高压直流输电系统用直流滤波电容器及中性母线冲击电容器	GB/T 20993—2012
120	高压直流输电系统用并联电容器及交流滤波电容器	GB/T 20994—2007
121	沥青路面施工及验收规范	GB 50092—1996
122	自动喷水灭火系统施工及验收规范	GB 50261—2005
123	泡沫灭火系统施工及验收规范	GB 50281—2006
124	气体灭火系统施工及验收规范	GB 50263—2007
125	建筑节能工程施工质量验收规范	GB 50411—2007

表 8–5　　建筑行业现行主要质量管理标准

序号	文 件 名 称	文号及标准号
1	补偿收缩混凝土应用技术规程	JGJ/T 178—2009
2	采暖通风与空气调节工程检测技术规程	JGJT 260—2011
3	地下工程渗漏治理技术规程	JGJ/T 212—2010
4	钢结构高强度螺栓连接的设计、施工及验收规范	JGJ 82—2011
5	电力建设土建工程施工技术检验规范	DL/T 5710—2014
6	混凝土防冻泵送剂	JGT 377—2012
7	混凝土结构防护用成膜型涂料	JGT 335—2011
8	混凝土结构防护用渗透型涂料	JGT 337—2011
9	混凝土结构工程用锚固胶	JGT 340—2011
10	混凝土耐久性检验评定标准	JGJ/T 193—2009
11	混凝土用水标准	JGJ 63—2006
12	混凝土中钢筋检测技术规程	JGJ/T 152—2008
13	建设电子文件与电子档案管理规范	CJJ/T 117—2007
14	建筑变形测量规范	JGJ 8—2007
15	建筑地基处理技术规范	JGJ 79—2012
16	建筑地面工程防滑技术规程	JGJ/T 331—2014

续表

序号	文 件 名 称	文号及标准号
17	混凝土泵送施工技术规程	JGJ/T 10—2011
18	钢筋焊接及验收规范	JGJ18—2012
19	钢筋机械连接技术规程	JGJ107—2010
20	钢筋机械连接用套筒	JG/T 163—2013
21	抹灰砂浆技术规程	JGJ/T 220—2010
22	建筑用玻璃与金属护栏	JGT 342—2012
23	冷轧带肋钢筋混凝土结构技术规程	JGJ 95—2011
24	普通混凝土配合比设计规程	JGJ 55—2011
25	普通混凝土用砂、石质量及检验方法标准	JGJ 52—2006
26	砌筑砂浆配合比设计规程	JGJT98—2011
27	清水混凝土应用技术规程	JGJ169—2009
28	柔性饰面砖	JGT 311—2011
29	埋地排水用钢带增强聚乙烯（PE）螺旋波纹管	CJ/T 225—2011
30	施工企业工程建设技术标准化管理规范	JGJT 198—2010
31	外墙内保温工程技术规程	JGJT 261—2011
32	现浇混凝土楼盖技术规程	JGJT 268—2012
33	早期推定混凝土强度试验方法标准	JGJ/T 15—2008
34	自流平地面工程技术规程	JGJ/T 175—2009
35	建筑涂饰工程施工及验收规程	JGJ/T 29—2003
36	建筑门窗反复启闭性能检测方法	JG/T 192—2006
37	建筑门窗工程检测技术规程	JGJ/T 205—2010
38	建筑排水塑料管道工程技术规程	CJJ/T 29—2010
39	建筑砂浆基本性能试验方法标准	JGJ 70—2009
40	建筑施工扣件式钢管脚手架安全技术规范	JGJ 130—2011
41	建筑工程饰面砖粘结强度检验标准	JGJ 110—2008
42	建筑给水复合管道工程技术规程	CJJ/T 155—2011
43	建筑工程冬期施工规程	JGJ/T 104—2011
44	建筑工程检测试验技术管理规范	JGJ190—2010
45	建筑钢结构防腐蚀技术规程	JGJT 251—2011

表 8–6　　主要安全管理制度

序号	文 件 名 称	文号及标准号
1	施工现场临时用电安全技术规范	JGJ 46—2005
2	关于开展输变电工程施工现场安全通病防治工作的通知	基建安全〔2010〕270 号
3	关于印发《国家电网公司十八项电网重大反事故措施》（修订版）的通知	国家电网生〔2012〕352 号

续表

序号	文 件 名 称	文号及标准号
4	电力建设安全工作规程 第3部分：变电站	DL5009.3—2013
5	国网基建部关于加强输变电工程分包动态监管工作的通知	基建安质〔2013〕33号
6	关于严格执行安全事故即时报告和调查处理的通知	安质一〔2013〕26号
7	国网基建部关于印发输变电工程施工安全管理及风险控制方案编制纲要（试行）的通知	基建安质〔2013〕42号
8	国家电网公司特高压直流线路工程劳务分包“同进同出”管理实施细则	直流线路〔2013〕269号
9	国家电网公司关于进一步规范电力建设工程安全生产费用提取与使用管理工作的通知	国家电网基建〔2013〕1286号
10	国家电网公司关于印发《国家电网公司安全生产反违章工作管理办法》的通知	国家电网企管〔2014〕70号
11	国家电网公司关于进一步规范电网工程建设管理的若干意见	国家电网基建〔2014〕87号
12	国网基建部关于印发施工分包管理十条规定的通知	基建安质〔2014〕1号
13	关于规范使用电网工程建设安全检查整改通知单的通知	安质二〔2014〕12号
14	国家电网公司关于印发《国家电网公司安全工作规定》的通知	国家电网企管〔2014〕1117号
15	国家电网公司关于印发《国家电网公司安全隐患排查治理管理办法》等7项通用制度的通知	国家电网企管〔2014〕1467号
16	国家电网公司关于印发《国家电网公司安全职责规范》的通知	国家电网安质〔2014〕1528号
17	国网信通部关于印发《国家电网公司网络和信息安全反违章措施–安全编码二十条（试行）》的通知	信通技术〔2014〕117号
18	国家电网公司关于印发《国家电网公司基建管理通则》等27项通用制度的通知	国家电网企管〔2015〕221号
19	国家电网公司关于印发《国家电网公司安全工作奖惩规定》的通知	国家电网企管〔2015〕266号
20	国家电网公司关于印发进一步规范和加强施工分包管理工作指导意见的通知	国家电网基建〔2015〕697号
21	国家电网公司关于印发国家电网公司输变电工程施工安全风险预警管控工作规范（试行）的通知	国家电网安质〔2015〕972号
22	国网办公厅关于印发国家电网公司大面积停电事件应急预案宣贯修订工作方案的通知	安质〔2016〕3号
23	国家电网公司关于印发《国家电网公司电力安全工作规程（电网建设部分）》（试行）的通知	国家电网安质〔2016〕212号
24	国网基建部关于全面使用输变电工程安全施工作业票模板（试行）的通知	基建安质〔2016〕32号
25	国网基建部关于输变电工程开展安全文明施工设施标准化配置试点工作的通知	基建安质〔2016〕35号
26	国家电网公司关于印发《国家电网公司大面积停电事件应急预案》（2016年修订版）的通知	安质〔2016〕232号
27	国网基建部关于印发《输变电工程安全质量过程控制数码照片管理工作要求》的通知	基建安质〔2016〕56号
28	国网基建部关于推广应用输变电工程安全质量过程控制数码照片拍摄APP的通知	基建安质〔2016〕85号
29	国网基建部关于对输变电工程作业现场施工分包人员全面实施“二维码”管理的通知	基建安质〔2016〕88号
30	输变电工程建设标准强制性条文实施管理规程	Q/GDW 10248—2016

续表

序号	文 件 名 称	文号及标准号
31	国家电网公司安全事故调查规程（2017 修正版）	国家电网安质〔2016〕1033 号
32	国家电网公司关于印发国家电网公司 2017 年安全生产工作意见的通知	国家电网安质〔2017〕2 号
33	国网安质部转发国务院国资委办公厅关于中央企业生产安全事故通报的通知	安质三〔2017〕3 号
34	国家电网公司关于做好 2017 年基建安全工作的通知	国家电网基建〔2017〕31 号
35	国家电网公司关于印发进一步加强输变电工程施工分包管理专项行动方案的通知	国家电网基建〔2017〕35 号

附录 A 主设备安装界面分工表

主设备安装界面分工表见表 A.1～表 A.14。

表 A.1 主设备安装通用界面分工表

序号	项目	内容	责任单位
一、管理方面			
1	总体管理	安装单位负责施工现场的整体组织和协调，确保现场的整体安全、质量和进度有序	安装单位
2	安全管控	安装单位负责对制造厂人员进行安全交底，对分批到场的厂家人员，要进行补充交底	安装单位
		安装单位负责现场的安全保卫工作，负责现场已接收物资材料的保管工作	安装单位
		安装单位负责现场的安全文明施工，负责安全围栏、警示图牌等设施的布置和维护，负责现场作业环境的清洁卫生工作，做到“工完料尽场地清”	安装单位
		制造厂人员应遵守国网公司及现场的各项安全管理规定，在现场工作着统一工装并正确佩戴安全帽	制造厂
3	劳动纪律	安装单位负责与制造厂沟通协商，制定符合现场要求的作息制度，制造厂应严格遵守纪律，不得迟到早退	安装单位 制造厂
4	人员管理	安装单位参与设备安装作业的人员，必须经过专业技术培训合格，具有一定安装经验和较强责任心。安装单位向制造厂提供现场人员组织名单，便于联络和沟通	安装单位
		制造厂人员必须是从事设备制造、安装且经验丰富的人员。入场时，制造厂向安装单位提供现场人员组织机构图，并向现场出具相关委托函及人员资质证明，便于联络和管理	制造厂
5	交底培训	制造厂负责根据现场安装单位需求时间节点，开展设备安装准备、安装指导及关键环节管控方面交底培训工作	制造厂
6	技术资料	安装单位负责根据制造厂提供的设备安装作业指导书，编写设备安装施工方案，并完成相关报审手续。 安装单位负责收集、整理管控记录卡和质量验评表等施工资料	安装单位
7	进度管理	为满足安装工艺的连续性要求，现场需要加班时，安装单位和制造厂应全力配合。加班所产生的费用各自承担	安装单位 制造厂
		安装单位编制本工程的设备安装进度计划，报监理单位和建设单位批准后实施	安装单位
		制造厂配合安装单位制定每日的工作计划，由安装单位实施。若出现施工进度不符合整体进度计划的，安装单位需进行动态调整和采取纠偏措施，保证按期完成	安装单位
8	物资材料	安装单位负责提供室内仓库，用于设备安装过程中的材料、图纸、工器具的临时存放	安装单位
		安装单位应提供规格标准、性能良好的施工器具、安全防护用具、起重机具，并对其安全性负责	安装单位
		安装单位负责设备安装后盖板临时保管、移交，安装期间应及时清理运走，不得影响现场文明施工	安装单位
		制造厂提供符合要求的专用工装，且数量需满足现场需求，具体提供套数根据进度情况协商确定	制造厂

表 A.2　　换流变压器安装界面分工表

序号	项目	内　　容	责任单位
一、管理方面			
1	防尘设施	汇控柜内部继电器表面应在出厂前覆盖一层塑料薄膜，做好防风沙措施。厂家应提供套管安装时的防风沙护罩	制造厂
		现场进行二次接线时，安装单位应根据实际情况做好柜体防尘措施，如给汇控柜加装防护罩，在防护罩内进行二次接线工作。提前检查继电器表面防沙薄膜是否完整，不完整的及时补漏。安装单位在换流变安装前应提前搭设好附件检查防尘棚（间）	安装单位
		安装单位及制造厂调试人员在进行换流变本体调试工作时，应尽量少打开汇控柜的开门数量并及时关闭不调试处的箱门	安装单位 制造厂
二、安装方面			
1	基础复测	制造厂负责就位前检查基础表面清洁程度，负责检查构筑物的预埋件及预留孔洞应符合设计要求	制造厂
		安装单位提供安装和就位所需要的基础中心线，负责换流变器身轴线定位符合产品技术要求，负责阀侧套管在阀厅内定位符合设计要求	安装单位
		制造厂对主要基础参数和指标进行复核，负责核实本体与基础接触紧密性符合设计要求	制造厂
2	冲撞记录仪检查	安装单位负责三维冲撞仪数据检查，经物资、监理、厂家、大件运输单位共同签字确认，要求符合产品技术要求	安装单位
3	附件清点	设备附件到货后，需要由厂家协同安装单位负责将设备附件清点，并将易碎件等不能保存户外的附件，移交给安装单位放入库房进行保管	安装单位
		制造厂负责提出明确的附件及设备保管存放要求	制造厂
4	散热器安装	厂家和安装单位负责对散热器表面进行外观检查	安装单位 制造厂
		厂家负责散热器拼装、吊装的技术指导，并提供足量的合格绝缘油保证散热器冲洗工作要求	制造厂
		安装单位负责散热器组装、吊装，负责配合厂家完成散热器的冲洗及密封试验	安装单位
5	油管路安装	厂家负责分配标记换流变各部位油管路，并指导安装连接	制造厂
6	油枕安装	厂家负责做好油枕内壁检查，胶囊的检查及安装，确保油枕内壁无毛刺，胶囊完好	制造厂
		施工单位配合胶囊充气检查，负责油枕的吊装安装	安装单位
7	换流变内检	厂家负责换流变内部检查，内检前明确内检内容，请监理及安装单位见证，厂家负责做好内部检查记录	制造厂
		安装单位负责持续向本体内充入干燥空气	安装单位
8	有载调压开关安装	厂家负责有载开关的内部接线，负责有载开关安装后的调试工作	制造厂
		安装单位负责有载开关的吊装和安装	安装单位
9	升高座及套管安装	厂家负责升高座、套管的安装技术指导，并提供专用的吊具	制造厂
		厂家负责升高座、套管安装时的引线连接、内部检查、内部均压罩或均压球的安装	制造厂
		施工单位配合厂家进行升高座、套管吊装，对吊装作业安全性负责	安装单位
		设备升高座法兰连接螺栓需齐全、紧固，满足厂家紧固螺栓顺序及螺栓力矩要求	安装单位

续表

序号	项目	内　　容	责任单位
10	管道、阀门安装	安装单位负责管道及相应阀门安装工作	安装单位
		厂家负责检查管道连接情况及阀门开闭方向	制造厂
11	压力释放阀安装	安装单位负责压力释放阀的校验，保证阀盖及弹簧无变动，密封良好，微动开关动作和复位情况正常	安装单位
12	表计、继电器安装	负责提供合格的表计、继电器，且需提供出厂校验报告及合格证	制造厂
		负责相关表计参数非电量定值表	制造厂
		负责表计、继电器安装及到场后的校验	安装单位
13	吸附剂安装	厂家负责吸附剂安装、更换工作，安装单位配合	制造厂
14	对接面	厂家负责所有对接法兰面清洁、润滑脂涂抹、密封圈更换等工作	制造厂
		安装单位负责法兰对接面的螺栓紧固，并达到制造厂技术要求	安装单位
15	牵引就位	安装单位负责换流变牵引就位，施工时应按照厂家技术说明书进行换流变的顶升、牵引	安装单位
16	真空滤油机检查	安装单位负责检查电器控制系统、恒温控制器、各泵轴封、各管路系统及密封处、液位控制、工作压力等相关情况，并进行自循环试运行、油色谱分析试验	安装单位
		制造厂负责提供自循环用油，并指导试验，对检查结果进行确认	制造厂
17	干燥空气发生器检查	安装单位负责检查压缩机油位、电源相序、各阀门开闭情况、变色硅胶颜色、输出露点等	安装单位
		制造厂对检查结果进行确认	制造厂
18	真空机组检查	安装单位负责抽真空前极限真空检测，对连接管路密封性进行检查	安装单位
		制造厂对检查结果进行确认	制造厂
19	抽真空	厂家负责换流变抽真空的专用工具，并提供抽真空的技术要求文件或工艺要求。并指导施工人员连接各抽真空点，同时明确换流变各部件的蝶阀开关情况	制造厂
		安装单位负责配备符合厂家技术要求的真空泵，按照厂家技术要求进行抽真空，安排好抽真空小组工作，抽真空阶段应对换流变及附件进行检查	安装单位
20	注油	厂家负责提供合格的绝缘油	制造厂
		厂家负责注油期间技术指导，特别是针对阀侧套管补油、油枕补油期间应一同与施工单位进行巡视，需明确油枕、套管补油期间及结束时各蝶阀的开关情况	制造厂
		厂家负责确认注油量	制造厂
		安装单位负责提供满足技术要求的滤油机，负责注油时的管路连接及注油工作，并与厂家一起进行补油工作及注油工作期间的巡视工作，按照厂家要求进行相应蝶阀的开、关	安装单位
21	热油循环	安装单位负责换流变的热油循环工作，并在工作期间检查换流变各部位是否有渗漏油现象	安装单位
		厂家应提供热油循环的工艺标准，并对热油循环期间发现的厂家问题及时进行处理	制造厂
		根据现场实际情况，如需采取低频加热措施，由安装单位联系加热装置厂家到场，厂家负责技术监督	安装单位
22	静置	厂家负责换流变本体静压密封试验，安装单位配合	制造厂

续表

序号	项目	内　　容	责任单位
23	换流变本体接地	制造厂负责提供换流变本体各连接法兰之间的接地材料，包括铁芯、夹件的接地引出线	制造厂
		安装单位负责按照厂家图纸对换流变各法兰进行跨接接地，并按设计图纸完成换流变本体、铁芯、夹件与主接地网的接地连接	安装单位
24	二次施工及本体调试	安装单位负责换流变就地汇控柜、控制柜的吊装就位，制造厂家确定就位的正确性。安装单位负责换流变本体二次接线及信号核对校验工作，负责冷却器风机、油泵的传动工作	安装单位
		厂家负责提供换流变设备自身的电缆及标牌、接线端子、槽盒、线号管（打印好线号）等附件，包括设备到机构、机构到汇控柜、汇控柜到PLC柜、汇控柜到在线监测柜等	制造厂
		厂家负责对其温度控制器内部相应参数进行调节并验证，如温度控制器内部可调节电阻等。厂家负责PLC柜程序的设定，且程序需满足设计、运检单位要求	制造厂
		厂家负责对有载开关的机械传动及档位调节进行调试，调试完成后移交安装单位进行电动调试	制造厂
25	封堵工艺	安装单位负责阀侧套管非导磁材料大封堵的采购及封堵工艺	安装单位
		厂家负责阀侧套管周边柔性材料小封堵的采购及封堵工艺	制造厂
26	试验调试	安装单位负责换流变设备所有交接试验，并实时准确记录试验结果，比对出厂数据，及时整理试验报告	安装单位
		安装单位负责常规试验、冷却器控制逻辑验证	
		特殊试验单位负责进行特殊试验项目，安装单位根据合同内容配合，厂家负责安排试验人员到场参与试验	特殊试验单位
27	问题整改	在安装、调试过程中，制造厂负责处理不符合基建和运检要求（根据合同技术条款）的产品自身质量缺陷	制造厂
		在安装、调试过程中，安装单位负责处理因施工造成的不符合基建和运检要求的质量缺陷	安装单位
28	质量验收	在竣工验收时，安装单位负责牵头质量消缺工作，制造厂配合	安装单位
		验收产生的缺陷，由制造厂产品本身原因造成的，由制造厂负责整改闭环	制造厂

表 A.3　　　　换流阀安装界面分工表

序号	项目	内　　容	责任单位
一、管理方面			
1	阀厅环境管控	制造厂在换流阀产品出厂运输时应做好防尘、防潮措施；换流阀产品到货时，阀厅屋面、地面、墙面需全部施工完毕，门窗密封良好，室内通风机空调系统安装完毕，投入使用，阀厅内需保持微正压力，阀厅内温度、相对湿度应符合设计要求和产品的安装技术规定	制造厂 安装单位
		安装单位负责所有换流阀产品的卸货、转运、保管、开箱等工作，卸货、转运过程中不得倒置、倾斜、碰撞或受到剧烈的振动，制造厂有特殊规定的应按产品的技术规定进行相关工作。 开箱场地的环境条件应符合产品的技术规定，安装单位负责开箱过程中产生废品、垃圾的处理，保持阀厅的清洁	安装单位
		安装单位及制造厂调试人员在进行换流阀产品安装调试工作时，应保持阀厅大门处理关闭状态，避免外面环境影响换流阀产品	安装单位 制造厂

续表

序号	项目	内容	责任单位
2	阀厅升降平台车使用	制造厂需在现场安装进度提前15天提供阀厅升降平台车，并提供产品质量合格证明、安装及其使用维护说明	制造厂
		施工单位专用升降平台操作人员应经过专业培训合格方可上岗，负责配合运行接收升降操作平台验收，施工过程负责做好日常保养维护记录	安装单位
二、安装方面			
1	施工准备	安装单位需要按照制造厂提供需要准备的工器具清单，提前校核完成	安装单位
		由制造厂提供的设备专用安装工器具提前准备好	制造厂
2	阀厅安装环境复检	制造厂、安装单位、监理单位对阀厅安装环境进行复检确认，记录相应湿度、温度、粉尘度。阀厅清洁、封堵、空调通风、照明已安装完成。阀厅交接后，厅内焊接等工作已完工，换流阀开始安装后不得再出现明火、焊接、切割等工作	安装单位 制造厂
		换流阀阀塔安装前，阀冷主管道安装完毕，且完成主管道水压试验	安装单位
3	阀厅钢结构安装尺寸复检	安装单位负责检查沿阀厅的钢屋架、墙面和地面布置的内冷却管道和光线槽盒安装到位。 安装单位负责检查阀悬吊结构安装完毕，螺栓紧固，预留开孔尺寸符合设计要求	安装单位
4	设备供货	由于阀厅内场地有限，制造厂需根据现场施工进度，与安装单位合理安排阀设备及其附件到货顺序和时间，保证设备安装的持续性和各工序施工的持续性	制造厂
5	设备到货及清点	换流阀设备到货前，制造厂提前3天通知施工单位具体到货时间并提供到货清单。安装单位接通知后，组织吊车等卸货机具。制造厂连同安装单位清点设备，并将换流阀产品移交安装单位放入阀厅内进行保管	制造厂 安装单位
		利用设备开箱板制作简易货架用于摆放安装零件，所有换流阀组件必须存放于阀厅且阀厅内开箱，小型附件及组件整齐摆放在货架上，主要设备按规格、型号及安装要求存放于地面，将原包装的塑料保护膜覆盖在设备上面，避免灰尘进入。器材员应每天对阀厅存放设备进行巡视，及时监视设备状态。标准件、工器具放置于专用的货架上，单独管理	安装单位
6	开箱检查	安装单位负责提出申请进行换流阀产品的开箱，监理单位、物资单位、建设单位、制造厂参与，与装箱单核对，并有相应的记录	安装单位
		制造厂负责开箱后元器件内包装有无破损、所有元器件与装箱单对应无误，所有元器件外观完好无损	制造厂
7	阀塔顶部吊件安装	安装单位按厂家指导要求做好换流阀产品相关吊件的吊装、对接、找平、紧固等工作。包括吊座、特制螺旋扣、光纤过渡桥架、悬挂支架、悬吊绝缘子等	安装单位
		制造厂负责跟踪吊件安装工艺，对安装完成后的安装精度、方向、紧固力矩及部件编号等确认后，方可转入下道工序	制造厂
8	阀塔顶部S型水管吊装	安装单位使用电动葫芦和手动葫芦（滑轮）在厂家的指导下进行吊装	安装单位
		制造厂负责指导安装单位施工，对水管的型号、布置方向及部件编号等确认	制造厂
9	顶部屏蔽罩部件安装	安装单位负责顶屏蔽罩工作。通过调节花篮螺栓使顶部框架满足产品技术要求	安装单位
		制造厂配合检查顶部框架的尺寸及水平，指导吊装工作	制造厂
10	阀塔层框架及底屏蔽罩安装	厂家负责做好阀塔层间框架连接件、附件清点检查。按照装配图、产品编号和规定的程序指导安装，负责跟踪绝缘子安装工艺，控制进度和螺栓紧固力矩	制造厂
		确认并指导吊装方法，吊带、吊点选择等	制造厂
		安装单位按厂家指导做好地面组装，从上往下吊装层间框架、完成对接、紧固等工作。吊装过程中，应做好平稳性控制，保证设备安全	安装单位

续表

序号	项目	内　容	责任单位
11	阀塔维修平台的安装	制造厂负责零部件的清点及指导组装、吊装工作，负责确认维修平台进出口位置	制造厂
		安装单位按照图纸将维修平台组装完成，并吊装至图纸要求位置	安装单位
12	阀组件安装	厂家负责提供阀组件（晶闸管、散热器、TCU、RC 回路）吊装专用工装，负责指导整个阀组件吊装就位过程，并检查其电气主回路的电流方向符合技术规定，厂家负责阀组件安装的工艺	制造厂
		安装单位负责按照厂家指导吊装阀组件，并做好连接紧固，安装时为保证阀塔的稳定性，两边同时交替将晶闸管组件推入铝支架上，并用螺栓固定，安装单位负责阀组件安装的安全控制	安装单位
13	电抗器组件吊装	制造厂负责提供电抗器组件吊装专用工装，负责指导整个吊装过程	制造厂
		安装单位负责按照厂家指导吊装电抗器组件，并做好连接紧固，安装单位负责电抗器组件安装的安全控制	安装单位
14	阀塔层间附件安装	厂家负责提供阀塔内模块间软连接、层间母线等电气连接点接触面处理工艺要求，并对成品工艺进行确认。厂家负责槽盒、角屏蔽等附件的部件编号确认等	制造厂
		安装单位按照厂家装配图安装层间附件，负责电气连接点的接触面处理及安装，并做好回路电阻记录	安装单位
15	阀避雷器安装	阀避雷器各连接处的金属表面应清洁，无氧化膜，各节位置，喷口方向应符合产品的技术规定，均压环安装应水平，与伞裙间隙均匀一致	安装单位
16	不锈钢水管安装	安装单位安装时将金属主水管表面、管口和内部清洁干净，避免水管内部有杂质、碎屑	安装单位
		制造厂负责指导安装不锈钢水管及其附件	制造厂
17	PVDF 冷却水管安装	安装单位负责阀体冷却水管安装，等电位电极的安装及连接应符合产品技术规定，水管在阀塔上应固定牢靠。（安装时注意密封圈的安装一定要按照厂家技术规定来执行，防止漏装和装偏现象）	安装单位
		制造厂负责水管安装前确认水管路无杂物遗留，确认临时堵头已拆除，对管路连接部位紧固确认。对过程中的水管对接工艺及本身质量负责	制造厂
18	阀塔注水	安装单位负责阀水冷系统的安装，负责阀厅通水前的主水管的清洗工作	安装单位
		制造厂负责确认内冷水注入条件，负责水流量及管路通水后的检查工作，安装单位配合检查	制造厂
19	屏蔽罩安装	安装单位负责屏蔽罩的安装工作，避免磕碰及损伤，并按照厂家屏蔽罩编号顺序进行安装	安装单位
		制造厂负责对屏蔽罩安装完成后的编号位置及外观情况进行确认	制造厂
20	母排安装及接触电阻测试	安装单位负责阀塔母排地面预组装，针对阀厅地面预组装部分打磨、螺栓紧固力矩并测量接触电阻。安装完成后逐点进行接触电阻测试，并记录	安装单位
		制造厂对阀厅内部的母排连接及测试工作进行全程跟踪，对过程中的处理工艺及母排本身质量负责	制造厂
21	金具连接及接触电阻测试	安装单位负责阀避雷器外部电气金具的吊装和接触电阻测试工作	安装单位
22	阀控施工	安装单位负责阀控设备的卸货、转运、吊装就位，制造厂家确定就位的正确性。安装单位负责换流阀本体与阀控设备的光纤铺设及信号核对校验工作	安装单位
		厂家负责提供阀控设备自身的标牌、光纤、接线端子、槽盒等附件，并负责指导安装单位完成阀控设备的施工	制造厂
23	光纤敷设前测试	光纤到货后，制造厂应进行地面测试，安装单位、监理单位共同见证	制造厂

续表

序号	项目	内容	责任单位
24	光缆敷设	安装单位对光纤敷设槽盒检查，槽盒应达到制造厂光缆敷设要求	安装单位
		制造厂负责阀塔光纤敷设前校对，负责光纤接入设备，光纤的弯曲度应符合产品的技术规定。 安装单位负责光纤的敷设工作，并做好成品保护。制造厂负责检查，确保光纤不受损伤	安装单位 制造厂
25	调试试验	安装单位负责换流阀设备所有交接试验，并实时准确记录试验结果，及时整理试验报告，所有试验的项目及内容应符合产品的技术规定。 安装试验：水压试验、光纤测试、避雷器试验主通流回路接触电阻测试； 调试试验：晶闸管触发试验、低压加压试验等项目	安装单位
		制造厂负责提供所有交接试验的技术规定，并协助安装单位完成所有的交接试验	制造厂
26	投运前检查	安装单位负责投运前换流阀清理工作，制造厂全程参与	安装单位
		制造厂、安装单位、监理单位、运行单位在投运前，对换流阀进行最后检查	安装单位 制造厂
27	问题整改	针对在安装、调试过程中出现的的问题，由于产品自身质量问题造成的，制造厂负责及时处理	制造厂
		针对在安装、调试过程中出现的由于安装单位施工造成的不符合要求的问题，安装单位负责处理	安装单位
28	质量验收	在竣工验收时，安装单位负责牵头质量验收工作，安装单位负责提供安装记录及交接试验报告，备品备件、专用工具的移交工作	安装单位
		制造厂配合安装单位进行竣工的验收工作，并提供相应产品的说明书、安装图纸、试验记录、产品合格证及其他技术规范中要求的资料	制造厂

表 A.4　　GIS 设备安装界面分工表

序号	项目	内容	责任单位
一、管理方面			
1	环境管理	安装单位负责除带行车的移动式装配车间之外的防尘室搭建、移动、拆除工作	安装单位
		安装单位负责防尘室内外的环境卫生清洁、除尘工作，包括地板革满铺、孔洞封堵等，为防尘室提供充足和稳定的电源，负责防尘室的进出管控等工作，维护防尘室内暖通、除尘、起重设施的正常运转，确保防尘室处于符合制造厂要求的状态	安装单位
		制造厂提供适用于现场安装的防尘室	制造厂
		制造厂负责带行车的移动式装配车间的搭建、移动、拆除工作	制造厂
		制造厂对安装前的环境进行动态确认	制造厂
2	备品资料管理	制造厂家向安装单位移交合同所要求的相关产品资料（含电子版）、备品备件、专用工具、仪器设备，并在监理的见证下，填写移交记录	制造厂
二、安装方面			
1	基础复测	安装单位负责检查混凝土基础达到的强度，负责检查基础表面清洁程度，负责检查构筑物的预埋件及预留孔洞应符合设计要求	安装单位
		安装单位负责检查与设备安装有关的建（构）筑物的基准、尺寸、空间位置	安装单位
2	定位画线	安装单位提供安装和就位所需要的基础中心线，制造厂对主要基础参数和指标进行复核	安装单位

续表

序号	项目	内　容	责任单位
3	设备就位	安装单位负责将设备就位，并校正间隔组件尺寸	安装单位
		制造厂负责指导安装单位将设备精确就位，并复核就位精度符合要求	制造厂
4	设备固定	安装单位负责 GIS 设备、汇控柜、爬梯、支架等与基础之间的固定工作，包括埋件焊接、地脚螺栓、化学螺栓等固定方式	安装单位
5	内部检查	制造厂负责拆除断路器机构防慢分卡销，检查断路器传动轴螺栓紧固程度，检查电刷接触有效	制造厂
		制造厂负责 GIS 罐体的内部点检工作	制造厂
6	导电部件	制造厂负责设备导体的清洁、连接、紧固，安装单位配合	制造厂
7	绝缘部件	制造厂负责盆式绝缘子、支柱绝缘子的清洁、安装、紧固工作，安装单位配合	制造厂
8	内壁卫生	制造厂负责罐体、套管、CT、PT、避雷器等内壁清洁，安装单位配合	制造厂
9	对接面	安装单位负责法兰对接面的螺栓紧固，并达到制造厂技术要求	安装单位
		制造厂负责所有对接法兰面清洁工作，安装单位配合	制造厂
		制造厂负责各类型圈清洁、安装，润滑脂涂抹，安装单位配合	制造厂
		制造厂负责密封脂、防水胶注入工作，安装单位配合	制造厂
10	吸附剂	制造厂负责吸附剂安装、更换工作，安装单位配合	制造厂
11	气路	制造厂负责密度继电器安装，安装单位配合	制造厂
		制造厂负责气管制作、连接、密封工作，安装单位配合	制造厂
		制造厂负责气路阀门安装工作，安装单位配合	制造厂
12	连杆安装	制造厂负责 GIS 隔离开关、接地开关的传动连杆的安装与调整	制造厂
13	气体处理	安装单位负责抽真空和充气工作，负责过程检测，制造厂指导	安装单位
		安装单位负责现场对接面的气密性试验，制造厂指导	安装单位
14	设备接地	安装单位负责 GIS 壳体、汇控柜、支架等接地引下线的供货和施工，负责相间导流排、法兰跨接等设备自身之间接地的现场连接	安装单位
		制造厂负责相间导流排、法兰跨接等设备自身之间的接地材料供货	制造厂
15	二次施工	安装单位负责 GIS 就地汇控柜、控制柜的吊装就位	安装单位
		安装单位负责 GIS 本体设备间联络电缆的现场敷设	安装单位
		制造厂负责提供 GIS 设备自身之间的联络电缆及标牌、接线端子、槽盒等附件，包括设备到机构、机构到汇控柜、汇控柜到汇控柜等	制造厂
		制造厂负责 GIS 本体设备间联络电缆的现场接线	制造厂
16	试验调试	安装单位负责 GIS 设备所有交接试验，并实时准确记录试验结果，比对出厂数据，及时整理试验报告	安装单位
		制造厂负责 GIS 设备的首次手动和电动操作和调整，首次操作完成后，制造厂对安装单位进行培训和移交	制造厂
		制造厂负责 GIS 设备自身之间的联锁回路的首次调试	制造厂
17	问题整改	在安装、调试过程中，制造厂负责处理不符合基建和运检要求的产品自身质量缺陷	制造厂
		在安装、调试过程中，安装单位负责处理因施工造成的不符合基建和运检要求的质量缺陷	安装单位

续表

序号	项目	内　容	责任单位
18	质量验收	在竣工验收时，安装单位负责牵头质量消缺工作，制造厂配合	安装单位
		验收过程中发现的缺陷，由制造厂产品本身原因造成的，由制造厂负责整改闭环	制造厂

表 A.5　　阀冷却设备安装界面分工表

序号	项目	内　容	责任单位
安装方面			
1	阀冷设备基础、建筑物交安复测	安装单位负责阀厅上部钢结构（特别是阀厅内管道的走向和在钢结构上的支撑点的位置）、阀冷却设备室、阀外冷设备间、VCCP 室、设备基础、预埋管、预埋件及预留孔等交接验收，确保符合阀冷设备安装要求	安装单位
		厂家负责配合施工单位进行阀厅上部钢构阀冷管道标高轴线复核、阀内能基础和外冷基础标高复核，穿墙孔洞标高轴线复核	制造厂
2	阀冷喷淋水池验收	安装单位负责地下喷淋水池的验收，检查水池管道位置标高是否符合设计要求，土建施工单位是否完成所有水池内清洁，具备水处理条件	安装单位
		厂家负责核对现场施工管道是否符合阀冷系统需求，预埋管道由管道预埋单位进行冲洗，水池内壁处理满足阀冷系统水质要求	制造厂
3	设备供货	制造厂需根据现场实际施工进度，配合安装单位合理安排阀冷设备及其附件到货顺序和时间，保证设备安装的持续性和各工序施工的持续性	制造厂
		安装单位负责根据现场安装进度计划和厂家提供的设备清单，编制物资需求计划，并上报物资、监理和业主	安装单位
4	设备到货及清点	阀冷设备到货前，制造厂提前 3 天通知施工单位具体到货时间并提供到货清单。安装单位接通知后，组织吊车等卸货机具。制造厂连同安装单位共同清点核对	制造厂 安装单位
5	开箱检查	安装单位负责提出申请进行阀冷设备的开箱，监理单位、物资单位、建设单位、制造厂参与，与装箱单核对，并留有相应的记录。 制造厂负责开箱后设备、管件等与装箱单对应无误，所有设备外观完好无损	安装单位 制造厂
6	管道定位	安装单位负责通过阀塔吊点位置标出阀厅主管道安装轴线和起始安装位置	安装单位
		厂家负责复核施工单位所标识的轴线是否与厂家图纸一致，分支管道伸出位置是否满足要求	制造厂
7	阀厅主冷却管道安装	安装单位负责按照厂家图纸连接水冷管道，负责管道安装的标高及轴线控制，管道内清洁，水管安装过程中防止撞击、挤压和扭曲而造成的水管变形、损坏，水管安装完成后应可靠接地	安装单位
		制造厂负责管道对接面质量工艺控制	制造厂
		制造厂负责保证管道到货的内壁卫生清洁，运输管道密封安装满足要求	制造厂
8	对界面	安装单位负责法兰对接面的螺栓紧固，并达到制造厂技术要求	安装单位
		制造厂负责所有对接法兰面清洁工作，安装单位配合	制造厂
		制造厂负责各类型圈清洁、安装，润滑脂涂抹，安装单位配合	制造厂
9	阀门安装	制造厂负责核对阀门型号及安装方向的确认，并进行阀门内部检查，指导阀门安装	制造厂
		安装单位负责按照制造厂设备图纸编号进行阀门安装	安装单位
10	主循环设备及去离子设备的安装	安装单位负责内冷主设备吊装及就位，部分设备应采用专用吊具吊装。吊装过程中，应做好平稳性控制，保证设备安全	安装单位
		厂家负责指导内冷设备吊装吊点选择，确认设备吊装顺序，制造厂配合设备就位后轴线，标高复核	制造厂

续表

序号	项目	内容	责任单位
11	卧式离心水泵安装	安装单位负责水泵设备的安装，冷却水管、放水管、放气管、接水漏斗齐全、安装牢固	安装单位
		制造厂负责指导卧式离心水泵安装工作，负责施工单位的安装工艺控制	制造厂
12	离子软化装置的安装	安装单位负责离子软化装置的安装工作。外观检查不冻裂，不脱水，不混淆，无杂物；树脂装填高度符合产品的技术规定	安装单位
		制造厂负责指导安装单位进行设备安装，对安装单位的质量工艺控制	制造厂
13	阀外冷支架	制造厂负责外冷支架就位方法指导，吊装时框架吊点选择等	制造厂
		安装单位按制造厂要求按图纸编号进行设备支架安装就位。吊装过程中，应做好平稳性控制，支架吊装安全	安装单位
14	外冷风机设备安装	安装单位按照制造厂要求，依据施工图纸进行施工，做好整体风机安装的吊装安全	安装单位
		制造厂负责指导安装单位进行风机吊装工作，提供风机吊点，并确认风机编号正确。对风机顺序的正确性负责	制造厂
15	电柜定位与安装	安装单位负责阀冷系统电柜及控制柜安装	安装单位
		厂家负责电缆、槽盒等物资的及时供应，槽盒需成套供应，并负责指导安装单位完成阀冷电柜的施工	制造厂
16	电缆敷设及二次接线工作	安装单位负责按照制造厂图纸电缆敷设工作及二次接线工作（表计线除外）	安装单位
		制造厂负责表计接线工作（含流速表、压力表等）	制造厂
17	阀冷系统水处理及加药	安装单位负责阀冷系统水务处理、补水、试压及加药加盐加碳等水处理作业	安装单位
		厂家负责指导安装单位进行水务处理及加药加盐加碳等工作，阀冷循环水（含清洗用水及正式循环水）由厂家提供，并保证循环水质量	制造厂
18	试验调试	安装单位负责配合厂家完成阀冷却系统试验和试运行	安装单位
		制造厂主导阀冷却系统试验和试运行	制造厂
19	投运前检查	安装单位负责投运前阀冷设备清理工作，制造厂全程参与	安装单位
		制造厂、安装单位、监理单位、运行单位在换流阀投运前，对阀冷进行最后检查	安装单位 制造厂
20	问题整改	针对在安装、调试过程中出现的的问题，由于产品自身质量问题造成的，制造厂负责及时处理	制造厂
		针对在安装中出现的由于安装单位施工造成的不符合要求的问题，安装单位负责处理	安装单位
21	质量验收	在竣工验收时，安装单位负责牵头质量验收工作，安装单位负责提供安装记录及交接试验报告，备品备件、专用工具的移交工作	安装单位
		制造厂配合安装单位进行竣工的验收工作，并提供相应产品的说明书、安装图纸、试验记录、产品合格证及其他技术规范中要求的资料	制造厂

表 A.6　　控制保护系统安装界面分工表

序号	项目	内容	责任单位
一、管理方面			
1	质量管控	屏柜质量由制造厂负责，并提供产品合格证明文件，厂供光缆、总线的接线质量由制造厂负责	制造厂
		屏柜安装质量由安装单位负责，安装单位在安装过程中形成安装记录	安装单位

续表

<table>
<tr><th>序号</th><th>项目</th><th>内　　容</th><th>责任单位</th></tr>
<tr><td rowspan="2">2</td><td rowspan="2">技术管控</td><td>制造厂提供控保系统安装调试的技术支撑，全程参与安装调试过程，指导安装单位施工</td><td>制造厂</td></tr>
<tr><td>安装单位在制造厂指导下，配备专业调试人员，共同完成控制保护系统接口的调试</td><td>安装单位</td></tr>
<tr><td colspan="4">二、安装方面</td></tr>
<tr><td>1</td><td>环境复检</td><td>安装单位负责检查主控楼的安装和工作环境，相应温度、湿度、封闭性应符合要求</td><td>安装单位</td></tr>
<tr><td>2</td><td>设备供货</td><td>制造厂应合理安排二次屏柜、光缆总线及其附件到货顺序和时间，保证控制系统安装及组网工作的持续性和各工序施工的完整性</td><td>制造厂</td></tr>
<tr><td>3</td><td>设备到货及清点</td><td>控保系统设备到货前，制造厂提前通知施工单位具体到货时间并提供到货清单。安装单位负责组织吊车等卸货机具。制造厂连同安装单位清点设备，将屏柜、线缆、附件等合理保管</td><td>制造厂
安装单位</td></tr>
<tr><td>4</td><td>开箱检查</td><td>屏柜、光缆、总线、设备附件等开箱，应在安装单位和制造厂共同见证下开箱检查，清点。
制造厂负责核对供货数量与供货清单相符</td><td>安装单位
制造厂</td></tr>
<tr><td rowspan="2">5</td><td rowspan="2">屏柜安装</td><td>安装单位按照图纸设计的位置，依照安装规范，将二次屏柜就位、固定</td><td>安装单位</td></tr>
<tr><td>厂家负责检查屏柜的规格、型号与设计相符，标示、附件等齐全完整</td><td>制造厂</td></tr>
<tr><td rowspan="3">6</td><td rowspan="3">线缆敷设</td><td>安装单位对光纤敷设槽盒检查，槽盒应符合设计要求，达到制造厂光缆敷设要求</td><td>安装单位</td></tr>
<tr><td>安装单位负责厂供光缆、总线、网线的敷设。
光缆敷设完成后，安装单位做好成品保护</td><td>安装单位</td></tr>
<tr><td>制造厂负责指导安装单位进行光缆、总线、网线的敷设，负责对成品保护措施进行检查，负责核对线缆的两端位置正确</td><td>制造厂</td></tr>
<tr><td rowspan="2">7</td><td rowspan="2">组网调试</td><td>制造厂负责完成控保系统屏柜的光缆、总线、网线的制作和接入，负责保证硬件和软件的正确性、完整性，负责完成组网，具备分系统调试条件</td><td>制造厂</td></tr>
<tr><td>安装单位负责配合制造厂完成控保系统的组网、二次回路检查、接口调试等工作</td><td>安装单位</td></tr>
<tr><td rowspan="2">8</td><td rowspan="2">与换流阀的接口调试</td><td>安装单位负责组织控制保护设备厂家与换流阀厂家交接试验，并及时准确记录试验结果</td><td>安装单位</td></tr>
<tr><td>制造厂负责控制保护与换流阀的接口一致，满足国网标准化接口技术规范</td><td>制造厂</td></tr>
<tr><td rowspan="2">9</td><td rowspan="2">与阀冷的接口调试</td><td>安装单位负责组织控制保护设备厂家与阀冷厂家设备的光纤、网线、电缆的敷设工作，并完成相关分系统试验，并实时准确记录试验结果，及时整理试验报告</td><td>安装单位</td></tr>
<tr><td>制造厂负责控制保护与阀冷的接口一致，满足国网标准化接口技术规范</td><td>制造厂</td></tr>
<tr><td rowspan="2">10</td><td rowspan="2">与换流变的接口调试</td><td>安装单位负责组织控制保护设备厂家换流变厂家设备的光线、电缆的敷设工作，并完成相关分系统试验，并实时准确记录试验结果，及时整理试验报告</td><td>安装单位</td></tr>
<tr><td>制造厂负责控制保护与换流变的接口一致，满足特高压直流工程换流站设备通用二次接口规范</td><td>制造厂</td></tr>
<tr><td rowspan="2">11</td><td rowspan="2">模拟量、开关量调试</td><td>安装单位负责控制保护设备与一次设备所有的模拟量（换流变进线电压和电流、直流电压和电流等）、开关量等状态的校核，保证模拟量采集的相序和大小的正确性，保证开关量采集的正确性，并实时准确记录试验结果</td><td>安装单位</td></tr>
<tr><td>制造厂负责全程跟踪技术指导，对参与控保逻辑的模拟量、开关量调试的特殊要求进行及时交底和监督</td><td>制造厂</td></tr>
</table>

续表

序号	项目	内　　容	责任单位
12	其他设备的接口调试	安装单位负责控制保护设备与交流场、交滤场、直流场、阀厅、站用电等区域断路器、隔离刀闸、地刀等设备的调试工作，负责调试时所有一次设备状态和联锁的正确性，并实时准确记录试验结果	安装单位
		制造厂负责对安装单位调试结果进行确认，负责技术支撑及指导工作	制造厂
13	试验调试	安装单位负责控制保护设备所有交接试验，并实时准确记录试验结果，及时整理试验报告，所有试验的项目及内容应符合产品的技术规定	安装单位
		制造厂负责提供所有交接试验的技术规范，并协助安装单位完成所有的交接试验项目	制造厂
14	软件隔离措施	制造厂负责编制分期投运控保软件隔离措施，负责实施及恢复工作，安装单位配合完成工作	制造厂
15	软件程序更改	制造厂是控保软件程序的第一责任单位，控保设备在联调试验后，如在现场调试过程中发现问题或缺陷，务必按照正式的软件更改流程完成相应的审批程序后方可更改，任何单位及个人不得在现场任意更改程序	制造厂
16	投运前检查	安装单位与制造厂共同配合监理单位、运行单位的验收工作	安装单位 制造厂
		制造厂、安装单位、监理单位、运行单位在投运前，对控保系统进行最后的检查	制造厂
17	问题整改	屏柜内设备、光缆、总线、网线等出现的问题，由于产品自身质量问题造成的，制造厂负责及时处理	制造厂
		在安装、调试过程中出现的由于安装单位施工造成的不符合要求的问题，安装单位负责处理	安装单位
18	质量验收	在竣工验收时，安装单位负责牵头质量验收工作，安装单位负责提供安装记录及交接试验报告，备品备件、图纸资料的移交工作	安装单位
		制造厂配合安装单位进行竣工的验收工作，并提供相应产品的说明书、图纸、试验记录、产品合格证及其他技术规范中要求的资料	制造厂

表 A.7　　平波电抗器安装界面分工表

序号	项目	内　　容	责任单位
一、管理方面（通用）			
二、安装方面			
1	施工准备	安装单位需要按照制造厂提供需要准备的工器具清单，提前准备	安装单位
		由制造厂提供的专用吊具应按时到场	制造厂
2	基础复测	安装单位、制造厂负责检查基础表面清洁程度，负责检查构筑物的预埋件应符合设计要求	制造厂 安装单位
3	设备安装前的检查与保管	设备到货后，需要由制造厂协同安装单位负责将设备开箱清点并做好记录，并将易碎件等不能保存户外的附件，移交给安装单位放入库房进行保管	制造厂 安装单位
		制造厂提出设备及附件的保管要求	制造厂
4	底座安装	制造厂负责提前供给土建单位的基础预埋螺栓、垫片、螺帽，满足现场基础施工进度要求。并参加基础施工图纸交底会，对预埋件位置、型式等确认	制造厂
		土建单位负责按照图纸及厂家确认要求施工。土建单位在底座安装前应与安装单位应进行交接	土建单位
		安装单位负责底座安装、定位及找正，厂家配合	安装单位

续表

序号	项目	内　　容	责任单位
5	极线侧绝缘子及拉筋安装	对极线侧平抗，安装单位负责支柱绝缘子及拉筋安装	安装单位
		制造厂进行过程指导，保证各部件安装位置正确，每层安装后对安装水平度、距离、螺栓力矩等进行检查确认，满足要求后方可转入下一层安装	制造厂
6	中性线侧支柱绝缘子和钢支架安装	对中性线侧平抗，安装单位负责支柱绝缘子和钢支架安装	安装单位
		制造厂进行过程指导，保证各部件安装位置正确，钢支架安装后对安装水平度、距离、螺栓力矩等进行检查确认，满足要求后方可转入下一层绝缘子安装	制造厂
7	电抗器平台及平台支座安装	安装单位负责平台、平台支座安装，如有地面组装工作需厂家确认组装正确后方可吊装	安装单位
		制造厂进行过程指导，对地面组装、安装完成后精度、螺栓紧固进行检查，满足要求后，转入下道工序	制造厂
8	内部吸声筒组装	如有内部吸声筒设计，制造厂现场检查内部吸声筒是否在出厂前已经被安装到电抗器内部	制造厂
9	降噪主体、降噪隔板及降噪顶盖组装	安装单位负责平抗用降噪主体、降噪隔板及降噪顶盖地面组装	安装单位
		制造厂进行过程指导，在吊装前对降噪设施进行确认	制造厂
10	平抗接长件、外部吸声筒地面组装	安装单位负责平抗接长件、外部吸声筒、本体电晕环组装	安装单位
		制造厂进行过程指导，在吊装前对降噪设施进行确认	制造厂
11	平抗与接线端子、均压环地面组装	安装单位负责平抗与接线端子、本体均压环的地面组装	安装单位
		制造厂进行过程指导，在吊装前对各部件连接正确性、螺栓紧固进行检查，满足要求后，转入下道工序	制造厂
12	主体线圈吊装就位	安装单位使用制造厂提供的专用吊装工具进行吊装	安装单位
		制造厂负责现场检查整个吊装过程吊点是否正确	制造厂
		制造厂负责检查吊装后主体是否有形变	制造厂
13	消声器主体和隔板安装	安装单位负责消声器主体和隔板安装	安装单位
		制造厂进行指导，并对安装质量进行检查	制造厂
14	消声器顶盖安装	安装单位负责上部消声器顶盖安装，制造厂进行指导	安装单位
		制造厂对消声器顶盖螺栓紧固进行检查，安装单位进行配合	制造厂
15	底部栅式消声器安装	安装单位负责底部栅式消声器安装，制造厂进行指导，并对安装质量进行检查	安装单位 制造厂
		制造厂对底部栅式消声器螺栓紧固进行检查，安装单位进行配合	制造厂
16	保护伞安装	如采用保护伞设计，安装单位负责保护伞的地面组装，制造厂家确认组装正确后，安装单位再负责进行保护伞安装	安装单位
		制造厂进行指导，并对安装质量进行检查，安装单位进行配合	制造厂
17	避雷器安装	安装单位负责避雷器安装，制造厂进行指导，并对安装质量进行检查	安装单位
		制造厂负责避雷器前后安装外观检查，安装单位进行配合	制造厂
18	上下引线连接	安装单位负责上下引线连接，制造厂指导	安装单位
		制造厂负责引线连接后检查电抗器端子是否完好，安装单位进行配合	制造厂
19	电晕环安装	安装单位负责电晕环安装，制造厂进行指导	安装单位
		制造厂负责对安装质量进行检查，包括电晕环平面，电晕环之间间隙，安装螺栓紧固力矩检查	制造厂

续表

序号	项目	内　　容	责任单位
20	防鸟栅安装	如采用防鸟栅设计，安装单位负责防鸟栅的安装	安装单位
		制造厂进行指导，并对安装位置、质量进行检查	制造厂
21	平抗间连接金具、管母安装	安装单位负责对平抗间连接的金具及管母进行安装，制造厂进行指导	安装单位
22	连接螺栓力矩检查	安装单位对平抗上所有连接螺栓按制造厂要求力矩检查	安装单位
		制造厂对平抗上所有螺栓紧固力矩进行复查、画线	制造厂
23	遗留物检查	安装后制造厂、安装单位应进行全面检查，保证设备上没有遗留物	安装单位 制造厂
24	试验调试	安装单位负责平波电抗器交接试验，并实时准确记录试验结果，比对出厂数据，及时整理试验报告	安装单位
		避雷器交接试验由特殊试验单位负责	特殊试验单位
25	问题整改	在安装、调试过程中，制造厂负责处理不符合基建和运检要求（根据合同技术条款）的产品自身质量缺陷	制造厂
		在安装、调试过程中，安装单位负责处理因施工造成的不符合基建和运检要求的质量缺陷	安装单位
26	质量验收	在竣工验收时，安装单位负责牵头质量消缺工作，制造厂配合	安装单位 制造厂
		验收产生的缺陷，由制造厂产品本身原因造成的，由制造厂负责整改闭环	制造厂

表 A.8　　　　直流穿墙套管安装界面分工表

序号	项目	内　　容	责任单位
一、管理方面			
1	现场安装环境管控	直流套管产品在出厂时应做好防潮措施	制造厂
		现场安装环境需满足产品的安装技术规定	安装单位
		安装单位负责所有直流套管设备的卸货、转运、保管、开箱工作，卸货、转运过程中不得倒置、倾斜、碰撞或受到剧烈的振动，制造厂有特殊规定的应按产品的技术规定进行相关工作。 开箱场地的环境条件应符合产品的技术规定，安装单位，保持安装场区的清洁	安装单位
二、安装方面			
1	施工准备	安装单位需要按照制造厂提供需要准备的工器具清单，提前准备好	安装单位
		由制造厂提供的充气头、专用吊装工具按时到场，型号满足设备安装要求。制造厂提供厂供电缆牌、线号头、电缆头制作材料	制造厂
2	安装尺寸复检	安装单位负责确认直流套管安装位置，安装标高，阀厅外墙开孔尺寸符合设计要求	安装单位 土建单位
3	设备到货及清点	直流套管设备到货前，制造厂提前 3 天通知施工单位具体到货时间并提供到货清单。安装单位接通知后，组织吊车等卸货机具。制造厂连同安装单位清点设备，并由安装单位进行保管	安装单位 制造厂
4	开箱检查	安装单位负责提出申请进行直流套管产品的开箱，监理单位、物资单位、建设单位、制造厂参与，与装箱单核对，并有相应的记录	安装单位
		制造厂负责开箱后元器件内包装有无破损、所有元器件与装箱单对应无误，所有元器件外观完好无损	制造厂

续表

序号	项目	内　容	责任单位
5	安装前交接试验	安装单位负责直流套管设备安装前交接试验，并实时准确记录试验结果，及时整理试验报告，所有试验的项目及内容应符合产品的技术规定。 试验有：绝缘电阻测量、电容量和介质损耗因数测试、测量套管两个接线端子之间的电阻、测量正压运输设备本体内 SF_6 气体微水等	安装单位
		制造厂负责提供所有交接试验的技术规定，并协助安装单位完成安装前交接试验	制造厂
6	导体固定杆拆除	如设备运输装有导体固定杆，制造厂负责拆除直流套管导体固定杆，并更换 O 型垫圈，安装防爆膜。（设备不带固定杆运输无此项工作）	制造厂
7	抽真空	如需现场抽真空工作的设备，制造厂负责吸附剂更换工作，负责提供明确的真空值及真空保持时间等处理工艺要求	制造厂
		安装单位负责提供合格真空泵机组，负责真空工作，真空值及真空保持时间按照制造厂要求安装	安装单位
8	直流套管安装	安装单位按厂家指导要求做好直流套管产品相关设备的吊装、紧固工作	安装单位
		制造厂负责跟踪直流套管安装工艺，对安装完成后的安装精度、方向、紧固力矩及部件编号等确认画线	制造厂
9	充 SF_6 气体	SF_6 瓶装气体全组分分析由特殊试验单位完成	特殊试验单位
		安装单位检查 SF_6 瓶装气体微水复检是否合格，将合格的 SF_6 瓶装气体充入设备	安装单位
		制造厂提供 SF_6 瓶装气体，并在现场负责核实注入设备气体压力是否符合产品要求	制造厂
		安装单位负责套管注气后，设备检漏工作	安装单位
10	均压环安装	安装单位负责均压环安装工作，制造厂指导安装	安装单位
11	厂供电缆敷设及二次接线	安装单位敷设厂供电缆及二次接线工作，制造厂负责指导，并提供相应辅材	安装单位
12	安装后试验	安装单位负责直流套管设备安装后交接试验，并实时准确记录试验结果，及时整理试验报告，所有试验的项目及内容应符合产品的技术规定。试验项目：电容量和介质损耗因数测试、SF_6 气体微水测试等项目	安装单位
		制造厂负责提供交接试验的技术规定，并协助安装单位完成交接试验	制造厂
13	投运前检查	安装单位负责投运前直流套管清理工作，制造厂全程参与	安装单位
		制造厂、安装单位、监理单位、运行单位在投运前，对穿墙套管进行最后检查	安装单位 制造厂
14	问题整改	针对在安装、调试过程中出现的的问题，由于产品自身质量问题造成的，制造厂负责及时处理	制造厂
		针对在安装、调试过程中出现的由于安装单位施工造成的不符合要求的问题，安装单位负责处理	安装单位
15	质量验收	在竣工验收时，安装单位负责牵头质量验收工作，安装单位负责提供安装记录及交接试验报告，备品备件、专用工具的移交工作	安装单位
		制造厂配合安装单位进行竣工的验收工作，并提供相应产品的说明书、安装图纸、试验记录、产品合格证及其他技术规范中要求的资料	制造厂

表 A.9　　直流断路器安装界面分工表

序号	项目	内　　容	责任单位
一、管理方面（通用）			
二、安装方面			
1	施工准备	安装单位需要按照制造厂提供需要准备的工器具清单，提前准备	安装单位
		由制造厂提供 SF_6 充气接头，数量满足现场安装要求，根据合同要求提供厂供电缆牌、线号头、电缆头制作材料	制造厂
2	基础复测	安装单位、制造厂负责检查基础表面清洁程度，负责检查构筑物的预埋件及预留孔洞应符合设计要求	制造厂 安装单位
3	设备安装前的检查与保管	设备到货后，需要由制造厂协同安装单位负责将设备开箱清点并做好记录，并将易碎件等不能保存户外的附件，移交给安装单位放入库房进行保管	制造厂 安装单位
4	断路器底部支架及平台安装	安装单位负责断路器底部支架及平台安装，制造厂指导	安装单位
		制造厂检查支架安装的水平度，按制造厂要求检查螺栓紧固力矩	制造厂
5	避雷器安装	安装单位负责避雷器的安装，制造厂指导	安装单位
		制造厂检查避雷器的安装位置，及检查螺栓紧固力矩	制造厂
6	电容器安装	安装单位负责电容器的安装，制造厂指导	安装单位
		制造厂检查电容器的安装位置，及检查螺栓紧固力矩	制造厂
7	分断装置安装	安装单位负责分断装置极柱、断口安装，制造厂指导	安装单位
		制造厂检查所有部件的安装位置正确，并按制造厂规定要求保持其应有的水平或垂直位置	制造厂
8	设备内部连线及二次接线	制造厂负责设备内部连线及二次接线	制造厂
		振荡回路设备一次连线由安装单位负责，制造厂进行复核	安装单位
		机构箱安装固定由安装单位负责，制造厂指导	安装单位
9	注气	安装单位负责对到场设备预充的 SF_6 气体进行微水检测，制造厂确认	安装单位
		SF_6 气体全分析试验由特殊试验单位负责	特殊试验单位
		制造厂负责注气，并核对充气压力，施工单位配合。SF_6 表计由制造厂安装	制造厂
		施工单位负责气室微水检测并进行检漏，制造厂确认	施工单位
10	接地	安装单位负责断路器接地工艺	安装单位
11	断路器调整	制造厂负责断路器调整	制造厂
12	试验调试	安装单位负责设备交接试验（特殊试验项目根据合同内容执行），并实时准确记录试验结果，比对出厂数据，及时整理试验报告，负责厂供电缆的校线	安装单位
		特殊试验单位负责断路器震荡特性试验	特殊试验单位
		制造厂负责断路器分合闸特性试验，施工单位配合	制造厂
13	问题整改	在安装、调试过程中，制造厂负责处理不符合基建和运检要求（根据合同技术条款）的产品自身质量缺陷	制造厂
		在安装、调试过程中，安装单位负责处理因施工造成的不符合基建和运检要求的质量缺陷	安装单位
14	质量验收	在竣工验收时，安装单位负责牵头质量消缺工作，制造厂配合	安装单位 制造厂
		验收产生的缺陷，由制造厂产品本身原因造成的，由制造厂负责整改	制造厂

表 A.10　　直流隔离开关安装界面分工表

序号	项目	内　　容	责任单位
一、管理方面（通用）			
二、安装方面			
1	施工准备	安装单位需要按照制造厂提供需要准备的工器具清单，提前准备好	安装单位
2	基础复测	安装单位、制造厂负责检查基础表面清洁程度，负责检查构筑物的预埋件应符合设计要求	制造厂 安装单位
3	设备安装前的检查与保管	设备到货后，需要由制造厂协同安装单位负责将设备开箱清点并做好记录，并将易碎件等不能保存户外的附件，移交给安装单位放入库房进行保管	制造厂 安装单位
4	支架安装	安装单位负责支架安装，确保支架的水平度、垂直度、高度符合要求，制造厂确认	安装单位
		制造厂对支架安装的水平度、垂直度、高度进行复核确认	制造厂
5	绝缘子吊装	制造厂负责检查吊装绑扎点位置是否正确，检查绝缘子吊装后外观质量	制造厂
		安装单位负责绝缘子吊装	安装单位
6	静触头安装	制造厂负责静触头吊装过程的技术指导，对安装位置、方向、紧固及触头完好情况进行确认	制造厂
		安装单位负责静触头吊装及固定	安装单位
7	动触头安装	制造厂负责动触头吊装过程的技术指导，对安装位置、方向、紧固、拐臂动作路径及触头完好情况进行确认，负责动、静触头安装完成后的操作验证及调整，满足现场产品质量要求，并对现场大风、多次连续操作等情况操作稳定性进行确认	制造厂
		安装单位负责动触头吊装及固定，配合制造厂进行操作验证	安装单位
8	机构箱安装	制造厂负责机构箱安装过程指导，对机构箱安装位置、连杆转动有无卡涩、润滑、手动操作正确性等进行操作验证	制造厂
		安装单位负责机构箱安装及固定，配合制造厂进行操作验证	安装单位
9	隔离开关调整	安装单位负责隔离开关调整，制造厂对调整结果进行确认	安装单位
10	设备内部连线及二次接线	制造厂负责内部连线、正确性校验及接线防松措施验证，对行程开关及辅助节点与一次设备摇杆位置对应情况负责。配合分系统调试工作	制造厂
11	试验调试	安装单位负责设备交接试验（特殊试验项目根据合同内容执行），并实时准确记录试验结果，比对出厂数据，及时整理试验报告	安装单位
12	问题整改	在安装、调试过程中，制造厂负责处理不符合基建和运检要求（根据合同技术条款）的产品自身质量缺陷	制造厂
		在安装、调试过程中，安装单位负责处理因施工造成的不符合基建和运检要求的质量缺陷	安装单位
13	质量验收	在竣工验收时，安装单位负责牵头质量消缺工作，制造厂配合	安装单位 制造厂
		验收产生的缺陷，由制造厂产品本身原因造成的，由制造厂负责整改闭环	制造厂

表 A.11　　直流分压器安装界面分工表

序号	项目	内　　容	责任单位
一、管理方面（通用）			
二、安装方面			
1	施工准备	安装单位需要按照制造厂提供需要准备的工器具清单，提前准备好	安装单位
		由制造厂提供 SF_6 充气接头，数量满足现场安装要求，根据合同要求提供厂供电缆牌、线号头、电缆头制作材料	制造厂

续表

序号	项目	内　容	责任单位
2	支架复测	安装单位负责检查钢支架垂直度、高度、水平度应符合设计要求	安装单位
3	设备安装前的检查与保管	设备到货后，需要由制造厂协同安装单位负责将设备开箱清点并做好记录，并将易碎件等不能保存户外的附件，移交给安装单位放入库房进行保管	制造厂 安装单位
4	分压器吊装	安装单位负责分压器吊装，制造厂指导。安装单位做好吊装过程中防碰撞保护套安装	安装单位
5	均压环	安装单位按照制造厂指导进行均压环安装。安装单位做好吊装过程中防碰撞保护套安装	安装单位
6	注气	安装单位负责对到场设备预充的SF_6气体进行微水检测，制造厂确认	安装单位
		SF_6气体全分析试验由特殊试验单位负责	特殊试验单位
		制造厂负责注气，并核对充气压力，施工单位配合。SF_6表计由制造厂安装	制造厂
		安装单位负责气室微水检测并进行检漏，制造厂确认	施工单位
7	光纤、电缆敷设	安装单位负责厂供光缆、电缆从一次设备本体敷设至二次屏柜	安装单位
8	PT 系统内部接线	光缆、电缆内部接线由制造厂完成并负责 PT 两端光纤熔接工作	制造厂
9	试验调试	安装单位负责设备交接试验（特殊试验项目根据合同内容执行），并实时准确记录试验结果，比对出厂数据，及时整理试验报告	安装单位
		采用电缆传输模拟信号的，电缆长度确定后，制造厂负责现场电容补偿调节工作；采用光纤传输的，对二次元器件进行状态量检查	制造厂
10	问题整改	在安装、调试过程中，制造厂负责处理不符合基建和运检要求（根据合同技术条款）的产品自身质量缺陷	制造厂
		在安装、调试过程中，安装单位负责处理因施工造成的不符合基建和运检要求的质量缺陷	安装单位
11	质量验收	在竣工验收时，安装单位负责牵头质量消缺工作，制造厂配合	安装单位 制造厂
		验收产生的缺陷，由制造厂产品本身原因造成的，由制造厂负责整改闭环	制造厂

表 A.12　　　　直流场 TA 安装界面分工表

序号	项目	内　容	责任单位
一、管理方面（通用）			
二、安装方面			
2.1　零磁通电流互感器安装			
1	施工准备	安装单位需要按照制造厂提供需要准备的工器具清单，提前准备好	安装单位
2	基础复测	安装单位、制造厂负责检查基础表面清洁程度，负责检查构筑物的预埋件及预留孔洞应符合设计要求	制造厂 安装单位
3	设备安装前的检查与保管	设备到货后，需要由制造厂协同安装单位负责将设备开箱清点并做好记录，并将易碎件等不能保存户外的附件，移交给安装单位放入库房进行保管	制造厂 安装单位
4	零磁通本体设备安装	安装单位根据制造厂安装图纸指导进行设备安装	安装单位
		制造厂核实安装方向及极性是否正确	制造厂
5	均压环	安装单位按照制造厂指导进行均压环安装	安装单位
		制造厂检查安装螺栓力矩	制造厂

续表

序号	项目	内容	责任单位
6	电缆敷设	安装单位负责户外设备测量本体至户内屏柜的电缆敷设，电缆由制造厂提供	安装单位 制造厂
7	二次接线	制造厂负责设备内部连线，安装单位配合。厂家负责外部的测量本体至屏柜的航空插头制作及连接	制造厂
8	试验调试	安装单位负责设备交接试验（特殊试验项目根据合同内容执行），并实时准确记录试验结果，比对出厂数据，及时整理试验报告	安装单位
		制造厂负责对设备安装完成后测量结果、精度等进行调整和确认	制造厂
9	问题整改	在安装、调试过程中，制造厂负责处理不符合基建和运检要求（根据合同技术条款）的产品自身质量缺陷	制造厂
10	质量验收	在竣工验收时，安装单位负责牵头质量消缺工作，制造厂配合	安装单位 制造厂
		验收产生的缺陷，由制造厂产品本身原因造成的，由制造厂负责整改闭环	制造厂
2.2 光 TA 安装			
1	施工准备	安装单位需要按照制造厂提供需要准备的工器具清单，提前准备好	安装单位
2	基础复测	安装单位、制造厂负责检查基础表面清洁程度，负责检查构筑物的预埋件及预留孔洞应符合设计要求	制造厂 安装单位
3	设备安装前的检查与保管	设备到货后，需要由制造厂协同安装单位负责将设备开箱清点并做好记录，并将易碎件等不能保存户外的附件，移交给安装单位放入库房进行保管	制造厂 安装单位
4	固定金具安装	安装单位负责固定金具安装，厂家指导	安装单位
		制造厂负责检查螺栓力矩	制造厂
5	互感器安装	安装单位负责互感器本体安装，厂家指导	安装单位
		制造厂负责检查 P1 到 P2 方向，检查螺栓力矩	制造厂
6	屏蔽罩安装	安装单位负责屏蔽罩安装，制造厂指导	安装单位
7	电缆光缆敷设	安装单位负责厂供光缆、电缆敷设	安装单位
		制造厂指导并把关光纤损耗测试满足需求	制造厂
8	设备连线	安装单位负责设备连线安装，制造厂指导	安装单位
9	光纤头连接连接	制造厂负责光纤熔接及接头连接	制造厂
		安装单位负责接头标识制作及安装，制造厂指导	安装单位
10	试验调试	安装单位负责设备交接试验（特殊试验项目根据合同内容执行），并实时准确记录试验结果，比对出厂数据，及时整理试验报告	安装单位
		制造厂负责对设备安装完成后测量结果、精度等进行调整和确认	制造厂
11	问题整改	在安装、调试过程中，制造厂负责处理不符合基建和运检要求（根据合同技术条款）的产品自身质量缺陷	制造厂
		在安装、调试过程中，安装单位负责处理因施工造成的不符合基建和运检要求的质量缺陷	安装单位
12	质量验收	在竣工验收时，安装单位负责牵头质量消缺工作，制造厂配合	安装单位 制造厂
		验收产生的缺陷，由制造厂产品本身原因造成的，由制造厂负责整改闭环	制造厂

表 A.13 直流场滤波器安装界面分工表

序号	项目	内 容	责任单位
一、管理方面（通用）			
二、安装方面			
2.1 电容器安装			
1	施工准备	安装单位需要按照制造厂提供需要准备的工器具清单，提前准备好	安装单位
2	基础复测	安装单位、制造厂负责检查基础表面清洁程度，负责检查构筑物的预埋件应符合设计要求	制造厂 安装单位
3	设备安装前的检查与保管	设备到货后，需要由制造厂协同安装单位负责将设备开箱清点并做好记录，并将易碎件等不能保存户外的附件，移交给安装单位放入库房进行保管	制造厂 安装单位
4	电容器塔底板、支柱绝缘子安装	安装单位负责安装，制造厂指导	安装单位
5	电容器支架固定	安装单位负责支架固定	安装单位
		制造厂负责检查固定情况	制造厂
6	电容器支架防腐	制造厂负责支架防腐	制造厂
7	电容器塔层拼装	安装单位负责电容器塔层拼装，制造厂指导	安装单位
8	电容器塔层吊装、支持绝缘子吊装	安装单位负责吊装，制造厂指导	安装单位
9	均压罩、管母安装	安装单位负责均压罩、管母安装，制造厂指导	安装单位
10	电容器连线	安装单位负责均压罩、管母安装，制造厂指导	安装单位
		制造厂负责电容器及连线螺栓紧固检查	制造厂
11	试验调试	安装单位负责设备交接试验（特殊试验项目根据合同内容执行），并实时准确记录试验结果，比对出厂数据，及时整理试验报告	安装单位
12	问题整改	在安装、调试过程中，制造厂负责处理不符合基建和运检要求的产品自身质量缺陷	制造厂
		在安装、调试过程中，安装单位负责处理因施工造成的不符合基建和运检要求的质量缺陷	安装单位
13	质量验收	在竣工验收时，安装单位负责牵头质量消缺工作，制造厂配合	安装单位 制造厂
		验收产生的缺陷，由制造厂产品本身原因造成的，由制造厂负责整改闭环	制造厂
2.2 电抗器安装			
1	施工准备	安装单位需要按照制造厂提供需要准备的工器具清单，提前准备好	安装单位
2	基础复测	安装单位、制造厂负责检查基础表面清洁程度，负责检查构筑物的预埋件应符合设计要求	制造厂 安装单位
3	设备安装前的检查与保管	设备到货后，需要由制造厂协同安装单位负责将设备开箱清点并做好记录，并将易碎件等不能保存户外的附件，移交给安装单位放入库房进行保管	制造厂 安装单位
4	支柱绝缘子安装	安装单位负责支柱绝缘子安装	安装单位

续表

序号	项目	内　　容	责任单位
5	电抗器吊装	安装单位负责电抗器吊装，制造厂指导	安装单位
6	隔声屏障安装	安装单位负责隔声屏障安装，制造厂指导	安装单位
7	试验调试	安装单位负责设备交接试验（特殊试验项目根据合同内容执行），并实时准确记录试验结果，比对出厂数据，及时整理试验报告	安装单位
8	问题整改	在安装、调试过程中，制造厂负责处理不符合基建和运检要求的产品自身质量缺陷	制造厂
		在安装、调试过程中，安装单位负责处理因施工造成的不符合基建和运检要求的质量缺陷	安装单位
9	质量验收	在竣工验收时，安装单位负责牵头质量消缺工作，制造厂配合	安装单位 制造厂
		验收产生的缺陷，由制造厂产品本身原因造成的，由制造厂负责整改闭环	制造厂
2.3　电阻箱安装			
1	施工准备	安装单位需要按照制造厂提供需要准备的工器具清单，提前准备好	安装单位
2	基础复测	安装单位、制造厂负责检查基础表面清洁程度，负责检查构筑物的预埋件应符合设计要求	制造厂 安装单位
3	设备安装前的检查与保管	设备到货后，需要由制造厂协同安装单位负责将设备开箱清点并做好记录，并将易碎件等不能保存户外的附件，移交给安装单位放入库房进行保管	制造厂 安装单位
4	支柱绝缘子安装	安装单位负责支柱绝缘子安装	安装单位
5	电阻箱吊装	安装单位负责电阻箱吊装	安装单位
		制造厂负责检查电阻箱内电阻螺栓紧固检查，检查箱体内部是否有遗留物	制造厂
6	试验调试	安装单位负责设备交接试验（特殊试验项目根据合同内容执行），并实时准确记录试验结果，比对出厂数据，及时整理试验报告	安装单位
7	问题整改	在安装、调试过程中，制造厂负责处理不符合基建和运检要求的产品自身质量缺陷	制造厂
		在安装、调试过程中，安装单位负责处理因施工造成的不符合基建和运检要求的质量缺陷	安装单位
8	质量验收	在竣工验收时，安装单位负责牵头质量消缺工作，制造厂配合	安装单位 制造厂
		验收产生的缺陷，由制造厂产品本身原因造成的，由制造厂负责整改闭环	制造厂
2.4　电流互感器安装			
1	施工准备	安装单位需要按照制造厂提供需要准备的工器具清单，提前准备好	安装单位
2	支架复测	安装单位负责检查支架应符合设计要求	安装单位
3	设备安装前的检查与保管	设备到货后，需要由制造厂协同安装单位负责将设备开箱清点并做好记录，并将易碎件等不能保存户外的附件，移交给安装单位放入库房进行保管	制造厂 安装单位
4	电流互感器吊装	安装单位负责电流互感器吊装，制造厂负责指导	安装单位
5	电流互感器备用二次绕组接地	安装单位负责设备备用二次绕组接地	安装单位
		制造厂负责检查接地情况	制造厂
6	试验调试	安装单位负责设备交接试验（特殊试验项目根据合同内容执行），并实时准确记录试验结果，比对出厂数据，及时整理试验报告	安装单位

续表

序号	项目	内　　容	责任单位
7	问题整改	在安装、调试过程中，制造厂负责处理不符合基建和运检要求的产品自身质量缺陷	制造厂
		在安装、调试过程中，安装单位负责处理因施工造成的不符合基建和运检要求的质量缺陷	安装单位
8	质量验收	在竣工验收时，安装单位负责牵头质量消缺工作，制造厂配合	安装单位 制造厂
		验收产生的缺陷，由制造厂产品本身原因造成的，由制造厂负责整改闭环	制造厂
2.5　避雷器安装			
1	施工准备	安装单位需要按照制造厂提供需要准备的工器具清单，提前准备好	安装单位
2	支架复测	安装单位负责检查支架应符合设计要求	安装单位
3	设备安装前的检查与保管	设备到货后，需要由制造厂协同安装单位负责将设备开箱清点并做好记录，并将易碎件等不能保存户外的附件，移交给安装单位放入库房进行保管	制造厂 安装单位
4	避雷器吊装	安装单位负责避雷器吊装，制造厂负责指导	安装单位
5	试验调试	避雷器交接试验由业主委托第三方检测单位负责	特殊试验单位
6	问题整改	在安装、调试过程中，制造厂负责处理不符合基建和运检要求的产品自身质量缺陷	制造厂
		在安装、调试过程中，安装单位负责处理因施工造成的不符合基建和运检要求的质量缺陷	安装单位
7	质量验收	在竣工验收时，安装单位负责牵头质量消缺工作，制造厂配合	安装单位 制造厂
		验收产生的缺陷，由制造厂产品本身原因造成的，由制造厂负责整改闭环	制造厂

表 A.14　　交流滤波器场断路器安装界面分工表

序号	项目	内　　容	责任单位
一、管理方面			
1	防尘措施	安装单位根据厂家要求提供必要的防尘措施	安装单位
		安装单位及制造厂调试人员在进行设备检查及调试工作时，应做好防尘措施，防止异物进入设备内部	安装单位 制造厂
二、安装方面			
1	施工准备	安装单位需要按照制造厂提供需要准备的工器具清单，提前准备好	安装单位
		由制造厂提供 SF_6 充气接头，数量满足现场安装要求，根据合同要求提供厂供电缆牌、线号头、电缆头制作材料	制造厂
2	基础复测	安装单位负责检查基础表面清洁程度，负责检查构筑物的预埋件及预留孔洞应符合设计要求，提供验收确认单，由制造厂确认	制造厂 安装单位
3	设备安装前的检查与保管	设备到货后，需要由制造厂协同安装单位负责将设备开箱清点并做好记录，并将易碎件等不能保存户外的附件，移交给安装单位放入库房进行保管	制造厂 安装单位
4	内部检查	制造厂负责拆除断路器机构防慢分卡销，检查断路器传动轴螺栓紧固程度，检查电刷接触有效	制造厂
		制造厂负责本体内部点检工作	制造厂
5	导电部件	制造厂负责设备导体的清洁、连接、紧固，安装单位配合	制造厂

续表

序号	项目	内容	责任单位
6	绝缘部件	制造厂负责盆式绝缘子、支柱绝缘子的清洁、安装、紧固工作，安装单位配合	制造厂
7	内壁卫生	制造厂负责本体内壁清洁，安装单位配合	制造厂
8	对接面	安装单位负责法兰对接面的螺栓紧固，并达到制造厂技术要求	安装单位
		制造厂负责所有对接法兰面清洁工作，安装单位配合	制造厂
		制造厂负责各类型圈清洁、安装，润滑脂涂抹，安装单位配合	制造厂
		制造厂负责密封脂、防水胶注入工作，安装单位配合	制造厂
9	吸附剂	制造厂负责吸附剂安装、更换工作，安装单位配合	制造厂
10	气路	制造厂负责密度继电器安装，安装单位配合	制造厂
		制造厂负责气管连接、密封工作，安装单位配合	制造厂
		制造厂负责气路阀门安装工作，安装单位配合	制造厂
11	连杆安装	制造厂负责传动连杆的安装与调整	制造厂
12	断路器本体安装	安装单位负责断路器底部支架及平台安装，制造厂指导	安装单位
		制造厂配合安装单位检查支架安装的水平度，按制造厂要求安装单位进行螺栓力矩紧固，制造厂进行检查	制造厂
13	套管（瓷柱）吊装	安装单位负责瓷柱安装，制造厂指导	安装单位
		安装单位负责绑扎吊点，制造厂负责检查吊点位置，制造厂负责检查安装完成时瓷柱情况	制造厂
14	注 SF_6 气体	安装单位负责设备抽真空	安装单位
		安装单位检查 SF_6 瓶装气体微水复检是否合格	安装单位
		SF_6 气体全组分分析试验由特殊试验单位负责	特殊试验单位
		制造厂指导安装单位将合格的 SF_6 瓶装气体充入设备，并负责检查充气压力	制造厂
15	汇控箱安装	安装单位负责汇控箱安装	安装单位
16	电缆敷设、二次接线	安装单位负责厂供电缆敷设、二次接线	安装单位
		制造厂负责厂供电缆指导接线	制造厂
17	断路器接地	安装单位负责断路器接地	安装单位
18	断路器调整	制造厂负责断路器调整	制造厂
19	试验调试	安装单位负责设备交接试验（特殊试验项目根据合同内容执行），并实时准确记录试验结果，比对出厂数据，及时整理试验报告，负责厂供电缆的校线	安装单位
20	问题整改	在安装、调试过程中，制造厂负责处理不符合基建和运检要求（根据合同技术条款）的产品自身质量缺陷	制造厂
		在安装、调试过程中，安装单位负责处理因施工造成的不符合基建和运检要求的质量缺陷	安装单位
21	质量验收	在竣工验收时，安装单位负责牵头质量消缺工作，制造厂配合	安装单位 制造厂
		验收产生的缺陷，由制造厂产品本身原因造成的，由制造厂负责整改闭环	制造厂

附录B　特高压直流工程施工图审查要点

B.1　换流站土建专业施工图审查要点

1. 土建专业说明书

1.1　说明书

1.1.1　说明书深度是否满足初步设计深度内容规定。

1.1.2　说明书与图纸是否表达一致。

1.2　建筑材料寿命

通过合理选择更加安全可靠的建筑材料及建筑装饰材料，实现输变电工程建构筑物使用寿命达到60年以上，实现工程各类设备、建筑之间寿命和功能的优化匹配，进一步提高换流站的抗灾能力。

2. 总图专业

2.1　站区总平面布置图

2.1.1　根据站址地形、水文及工程地质条件，结合站址地材、施工条件合理确定站址标高、站区边界支护、站区排水等方案，在确保工程安全的前提下，减少土方工程量和用地面积，降低工程费用。

2.1.2　站区总平面布置是否满足总体规划要求，是否符合上阶段评审意见，使站内工艺布置合理，功能分区明确，交通便利，节约用地。

2.1.3　站区竖向布置是否合理利用自然地形，提出合理的设计高程，尽量减小土石方工程量。

2.1.4　站区道路与建（构）筑物间距离及各建（构）筑物间距离是否满足规范要求。

2.1.5　地下管线与沟道布置是否统筹规划，在平面与竖向上相互协调，远近期相结合，合理布置，便于扩建。

2.1.6　站内外排水方式、排水坡度及雨水口设置，是否根据地形、降雨量、汇水面积、土壤类别并结合总平面布置及道路形式使雨水迅速排出站外。

2.1.7　站前区的布置应合理，靠近大门，并预留相应的停车位。

2.1.8　在站内辅助生产区检修备品库附近设置室外堆场，以便于运行检修。

2.2　站区竖向布置图

2.2.1　全站竖向布置和土方平衡计算由A包统一设计，B包需提供B包范围内建(构)

筑物基槽余土和进站道路土方工程量以便 A 包完成站区土方平衡计算和确定站区竖向标高。

2.2.2 根据站区环境特点及站址周围建筑材料分布，由 A 包和 B 包共同确定站区边坡形式及构造。

2.2.3 站内主要建筑物室内零米应至少高出室外场平 0.3m，尤其注意阀厅零米标高和换流变压器零米标高的确定。

2.2.4 合理确定换流变压器广场的坡度，既要满足换流变压器安装、检修要求，又要能及时排掉场地的雨水。

2.3 场地平整及围墙施工图

2.3.1 站区场地标高应满足百年一遇洪水位及内涝水位。

2.3.2 站区竖向布置型式的选择应满足工艺专业要求。站区场地坡度应综合考虑场地排水、工艺以及自然地形等确定。

2.3.3 在满足防洪要求的前提下，全站土方应尽量按照自平衡原则设计，包括建构筑物基槽余土和进站道路土方工程量，从而确定站区竖向标高。

2.3.4 综合考虑站外用地，尽量减少站外耕地，尤其是基本农田，确定合理的站区边坡型式。

2.3.5 站区围墙型式的选择应与站区降噪方案相协调。

2.4 进站道路平面布置及纵断面图

2.4.1 进站道路引接路径及方向应符合站区总体规划原则。

2.4.2 进站道路纵断面设计应保证进站口处于填方区，杜绝站外雨水经进站口倒灌。

2.4.3 进站道路平面布置及纵断面设计方案应满足换流站消防、运输和检修对进站道路的宽度、坡度及转弯半径的要求。

2.4.4 进站道路平面布置及纵断面设计方案应充分考虑进站感官效果，力求美观大方。

2.5 站内道路

2.5.1 站内道路的选型（城市型、郊区型）。

2.5.2 道路先施工混凝土安全文明施工道路。厚度不少于 180mm。

2.5.3 站区内应采用沥青道路（粗粒式+细粒式两层）。

2.6 边坡

2.6.1 永久性边坡的设计使用年限，应不低于受其影响相邻建筑的使用年限。

2.6.2 立柱、面板、挡墙及其基础的抗压、抗弯、抗剪及局部抗压承载力以及锚杆杆体的抗拉承载力等均应满足现行相应标准的要求。

2.6.3 边坡支护结构应计算锚杆锚固体的抗拔承载力和立柱与挡墙基础的地基承载力。

2.6.4 边坡邻近有重要建（构）筑物、地质条件复杂、破坏后果很严重的边坡工程的设计与施工应进行专门论证。

3. 建筑专业

3.1 一般原则

3.1.1 全站建筑物色彩应统一协调，全站建筑物除综合楼、警传室等外，其余建筑物外墙铺设压型钢板。在满足运行要求的条件下是否满足对环境、噪声、节能及朝向、景观方面的要求。

3.1.2 建筑物安全疏散通道是否符合规范要求，疏散通道的门是否采用乙级防火门。

3.1.3 站内建筑物外墙保温隔热材料是否满足国家规定的防火材料要求。

3.1.4 全站建筑用雨水管材料及色彩应统一。雨水管宜优先采用不锈钢或彩铝管。在北方寒冷地区，设计应对落水管提出选型及引下等要求。

3.1.5 全站建筑物设置屋面检修梯，第一踏距地面不大于450mm。

3.1.6 风沙较大地区建筑物应设置门斗（外门斗或内门斗）

3.1.7 主控制楼、辅控制楼应分别设置一部不少于1.6t的客货两用电梯，综合楼宜设置电梯考虑人性化需求。

3.1.8 主控楼一层电缆沟道宜采用电缆夹层方案。

3.1.9 建筑物照明采用LED智能照明，主控制楼设智能照明控制。

3.1.10 设备房间不能设置通往屋面的门。

3.1.11 地表构筑物应采取防沉陷及防冻胀处理措施。

3.1.12 换流变油坑采用防风沙盖板，材质宜选择镀锌花纹钢板，表面冲孔。

3.2 建筑物火灾危险类别、耐火等级

3.2.1 换流站内建筑物耐火等级均为二级。

3.2.2 专用品库（若存放SF_6绝缘气罐以及其他可燃烧特殊物质）的火灾危险性类别为丙类。

3.2.3 阀厅、站用电室、检修备品库（若存放油设备）、车库、专用品库（若存放SF_6绝缘气罐以及其他难燃烧特殊物质）的火灾危险性类别为丁类。

3.2.4 主辅控制楼、GIS室、继电器室、备用平波电抗器室、综合楼、检修备品库（无含油设备）、综合水泵房、泡沫消防间（雨淋阀室）、空冷器保温室、消防小室、警传室为戊类。

3.2.5 当建筑物采用联合布置时，建筑物的火灾危险性类别及耐火等级除另有防火隔离措施外，按火灾危险性类别高者选用。

3.3 建筑工艺要求

3.3.1 对空气质量要求较高的房间应设置排风扇，排风扇应对滤网规格提出要求。建筑物墙上的百叶窗应有防雨、防虫、防尘措施。

3.3.2 站内建筑四线（弱电）布置通道应由有统一归口专业，并预留站外至站内备班楼的电缆通道。

3.3.3 建筑物结构梁柱设计应考虑与建筑墙体的统一，梁、柱一边应与墙平齐，处于

外露部分的梁应尽可能与墙同宽。

3.3.4 换流站建筑物窗户需考虑节能隔声要求，控制楼、继电器室窗户需考虑屏蔽要求。控制楼屏蔽窗户可采用镀膜屏蔽玻璃或内夹屏蔽钢丝网中空玻璃的断桥铝合金窗，窗户颜色应根据建筑所在区域建筑外墙颜色统一考虑。

3.3.5 换流站阀厅宜采用环氧树脂地面，备品库地面宜采用环氧自流平地坪，控制楼宜根据实际需求采用地砖或防静电地板。

3.4 建筑物屋面防水等级及屋面排水

3.4.1 阀厅、控制楼、继电器小室等设有重要电气设备的建筑物及综合楼屋面应采用Ⅰ级防水，其余建筑物屋面宜采用Ⅱ级防水。

3.4.2 换流站内建筑除阀厅、GIS 室等轻型钢结构屋面采用坡屋面外，其他建筑物若屋面上布置有空调等其他设备宜采用平顶屋面。如无特殊要求的建筑物屋面根据建筑风格及造型需要选择采用坡屋面或平屋面。

3.4.3 屋面排水宜采用有组织排水，平屋面建筑找坡不应小于 2%、结构找坡不宜小于 3%。

3.4.4 当年降水量较大时，可适当加大坡度，平屋面建筑找坡不应小于 3%、结构找坡不应小于 5%。

3.4.5 钢筋混凝土屋面宜采用刚性保护层屋面做法。

3.5 轨道广场

3.5.1 轨道广场宜采用共轨设计，钢轨材质不低于 QU80。

3.5.2 非寒冷地区采用电缆隧道+综合管沟（水管、消防管、排油管）。

3.5.3 严寒地区轨道广场下严禁设置直埋给水管、消防管。

3.5.4 严禁轨道广场水排入事故油池！多雨地区设单排水明沟、不设雨水口，沟底设双镀锌钢管接入检查井。少雨地区也采用有组织排水排入排水井。

3.6 综合楼

3.6.1 综合楼建筑设计应符合民用建筑设计要求，合理布局，为运行人员办公、休息及生活创造良好的条件。

3.6.2 外立面材料、风格、色彩与全站建筑物是否统一。

3.6.3 明确建筑结构形式。

3.7 检修备品库

3.7.1 平面功能布置是否满足换流站的要求。

3.7.2 外立面材料、风格、色彩与全站建筑物是否统一。

3.7.3 明确建筑结构形式。

3.8 综合水泵房及车库

3.8.1 平面功能布置是否满足换流站的要求。

3.8.2 外立面材料、风格、色彩与全站建筑物是否统一。

3.8.3 明确建筑结构形式。

3.9 围墙

采用现浇框架围墙方案时不宜采用砂浆撮毛方案，应采用干粘石方案或其他适应工程所在地气候条件的工艺。

3.10 警卫传达室及大门

3.10.1 平面功能布置是否满足换流站的要求。

3.10.2 外立面材料、风格、色彩与全站建筑物是否统一。

3.10.3 明确建筑结构形式。

4. 结构专业

4.1 一般原则

4.1.1 建（构）筑物结构选型是否合理。

4.1.2 结构体系确定、结构布置原则是否合理，结构计算简图与结构实际工作性状是否相符；结构变形缝宽度是否满足抗震缝要求；结构变形是否满足规范和使用要求（结构变形控制以控制混凝土构件的裂缝，结构层层间位移角为主）。

4.1.3 建（构）筑物抗震设防类别、抗震等级及基础安全等级是否准确无误，主要设计计算输入数据及计算工况是否正确。

4.1.4 建（构）筑物地基处理方案是否合理。基础持力层选择、基础埋深及基础型式等是否正确合理；地基处理是否全站统一。

4.1.5 结构安全等级（阀厅、主辅控楼、GIS 室、继电器小室结构安全等级采用一级，其余建筑物按二级设计）、抗震等级、地基基础设计等级（阀厅、主辅控楼、GIS 室、继电器小室等建筑物地基基础设计等级为乙级，其余辅助及附属建筑基础设计等级为丙级）等确定是否正确。

4.1.6 基本风压（阀厅、主控楼、辅控楼基本风压采用 100 年一遇风压，其余建筑物基本风压采用 50 年一遇风压）、地震烈度、地基承载力特征值等原始设计输入是否正确；荷载计算及荷载组合是否正确、完整；计算软件是否为有效版本，计算书是否正确。

4.2 高、低端阀厅

4.2.1 高端阀厅的结构选型（纯钢结构或钢 钢筋混凝土混合结构）。

4.2.2 低端阀厅结构选型（纯钢结构或钢 钢筋混凝土混合结构）。

4.2.3 低端阀厅中间框架结构选型（纯钢结构或钢筋混凝土框架结构或钢筋混凝土抗震墙结构）。

4.2.4 阀厅内电缆沟和暖通沟的布置方案（阀厅宜采用上送风方案，取消室内电缆沟）。

4.2.5 阀厅的接地。

4.2.6 屋架宜采用钢屋架和复合压型钢板屋盖体系。

4.3　高、低端换流变压器防火墙

4.3.1　防火墙结构选型是否合理。

4.3.2　低端阀厅防火墙宜优先采用现浇钢筋混凝土抗震墙结构，防火墙侧不设钢柱，钢桁架直接坐落在防火墙上。

4.3.3　高端阀厅防火墙宜优先采用现浇钢筋混凝土抗震墙结构，取消 V 字口，防火墙侧不设钢柱。

4.4　主、辅控制楼

4.4.1　结构选型（钢结构或钢筋混凝土框架）。

4.4.2　建筑平面布置（功能房间是否满足要求）。

4.4.3　外围护结构形式是否合理。

4.4.4　阀内冷设备间单轨吊设备选型。

4.4.5　阀厅空调和控制楼本体空调的布置方案。

4.4.6　主控制室满足运行要求设计为大开间。

4.4.7　辅控制楼层高突出屋面的楼梯间及电梯井是否超限问题。

4.5　阀外冷设备间、空冷器保温室

4.5.1　阀外冷设备的布置与换流变压器及控制楼的相对位置是否协调。

4.5.2　空冷器保温室、雨淋阀室的结构选型是否合理。

4.5.3　空冷器保温室的采暖及负荷问题。

4.6　检修备品库、综合水泵房及车库、继电器室

4.6.1　检修备品库选型（钢筋混凝土排架结构+屋架采用轻型钢屋架）。

4.6.2　综合水泵房及车库选型（钢筋混凝土框架结构，现浇钢筋混凝土屋面及雨篷）。

4.6.3　继电器室选型（钢筋混凝土框架结构+文化石勒脚+单层彩钢板围护）。

4.7　站区电缆沟及其他

4.7.1　站区电缆沟宜采用钢筋混凝土结构，暗埋电缆沟建议采用整体现浇留检修口方案。

4.7.2　过路电缆沟宜采用钢筋混凝土结构装配式电缆沟，800 以下采用埋管。

4.7.3　平抗基础采用环形清水混凝土基础。

4.7.4　场地封闭为铺设面包砖方案时，面包砖采取现场租地现场加工制作方案，要确保工艺先进、设备先进、成品质量优良；场地封闭为铺设透水性地砖方案时，地基要采用配套工艺。

4.7.5　交流滤波器场及直流场设备区域围栏宜采用热镀锌钢板网围栏。

4.7.6　全站构架应安装护笼或防坠落装置。

5. 水工专业

5.1　水源

5.1.1　换流站宜有两路独立可靠水源，宜优先考虑自来水供水方案。若仅有一路水源，

蓄水池的容积应能充分满足给水系统的维修时间，站外取水系统应能根据蓄水池水量自动启停水泵。换流站内工业水池容量应满足 3 天最大用水量。

5.1.2　核实外接水源的接管管径、坐标、高程等原始数据采用是否正确。

5.1.3　防洪、排洪方案是否符合要求。

5.2　消防系统

5.2.1　在新、扩建工程设计中，消防水系统同工业水系统分离，以确保消防水量、水压不受其他系统影响。

5.2.2　消防系统设计参数、系统组成、设备选型与控制方式是否合理。

5.2.3　消防设施的备用电源应由保安电源供给，未设置保安电源的应按Ⅱ类负荷供电。

5.2.4　站内换流变压器、联络变采用泡沫喷雾灭火系统或水喷淋系统。

5.3　污水处理系统

5.3.1　主控楼前设化粪池。

5.3.2　污水处理系统要与雨水排水系统分开设置。

5.3.3　采用蒸发方式时工业水必须独立设置蒸发池。

5.4　消防水管、排水管

5.4.1　消防水管道建议采用不锈钢管材，分段设置阀门。

5.4.2　站区排水管宜采用钢筋混凝土排水管。

6. 暖通专业

6.1　暖通专业

6.1.1　如有采暖，核实各建筑物采暖方案是否符合要求，核实采暖热负荷计算和设备选型计算。

6.1.2　各建筑物通风方案是否符合要求，通风管道的设置是否合理。

6.1.3　各建筑物空调系统设计参数、系统组成、设备选型与控制方式是否合理。

B.2　换流站电气专业施工图审查要点

1. 电气一次

1.1　主接线图

1.1.1　一致性：主接线与系统资料内容是否一致，有否遗漏。

1.1.2　扩建：过渡接线是否合理；扩建工程的接口与现实情况是否一致，原有设备、母线及导线等是否仍可利用，应在何时更换。

1.1.3　设备型号：各回路设备型号是否正确合理（有无淘汰产品），有无其他特殊要求（如防污、切空载长线、系统稳定要求等）。

1.1.4 截面：母线及引线的截面能否满足远景及过渡要求。

1.1.5 互感器：电流互感器是否满足保护及测量要求，是否与近期及远期的最大负荷电流相配合。

1.1.6 开关柜：开关柜的选型是否正确合理。

1.1.7 接地开关：接地开关的配置是否正确合理。

1.1.8 站用电：站用电备用电源是否考虑，材料是否已开列。

1.2 电气总平面

1.2.1 运输通道：站内交通运输是否方便，是否方便运行、维护、检修。

1.2.2 扩建：有无发展场地，过渡是否方便。

1.2.3 布置：各回出线排列及相序是否正确。

1.3 配电装置布置及安装图

1.3.1 施工说明：主要包括图纸上没有或者无法反映出来的但对工程实施有重大影响的事项，例如设计范围及分界、建设规模、电气安全距离要求、设备外绝缘设计标准、设备订货注意事项、施工安装注意事项、出线构架允许核载以及出线导线最大允许偏角等。

1.3.2 施工说明：审核主要设计依据及对初步设计评审意见的执行情况；如采用新技术、新设备、新材料、新工艺时，详细说明技术特性及注意事项；主要设备材料清册中的设备名称、型号及规格、单位及数量。

1.3.3 一致性：要注意初步设计方案与施工图的一致性，加强设计校核与施工图检查，确保电气接线图、平面布置图、断面图、安装施工图之间一致、正确。

1.3.4 断面图："断面图"应准确定位并标注换流变、构架、导线挂点、道路的位置；应注明设备、构架、道路的中心线、以及设备间距以及间隔的总体尺寸；本图应开列设备材料表；图中设备应表明"编号"，该编号应与"设备材料表"中的"编号"一致；"编号"应连续并从主要设备到次要设备依次编号，相同设备的编号应连续。

1.3.5 带电距离：对全站带电部位的带电距离进行仔细校核。尤其是换流变消防管道与换流变进线避雷器之间，交流滤波器场路灯与过路管母之间，继电器室屋面对带电体之间，直流转换开关并联避雷器与操作围栏之间的带电距离等。

1.3.6 导线安装：《导线安装曲线表》应注明"仅供参考"字样。本图应以表格的形式表示各跨导线在不同温度下的水平拉力、导线弧垂、导线长度，并用示意图说明导线跨的位置。

1.3.7 设备安装："设备安装图"应详细表明设备的安装尺寸、安装方式、安装要求以及与安装有关的设备总体外形尺寸等。一般应按照三极安装图绘制，当每极设备之间没有任何联系且每极安装方式、材料完全相同时才可以按照单极安装图绘制。

1.3.8 平面布置图：定位并标注设备、导线、构架、导线挂点、道路、防火墙和阀厅的位置；应注明设备、构架、道路的中心线、设备间距以及配电装置的总体尺寸；应标明配电装置的方位；必要时标明配电装置断面图的视图位置。

1.3.9 配电装置图：审核其与主接线中设备、导体的型号、参数的一致性，是否标注各间隔名称、相序、母线编号等；要求有安全净距校验，包括设备带电部分与运输通道、相邻构筑物、相邻带电体等的安全净距；审核软导线跨线“温度　弧垂　张力”关系的放线表；审核母线架构高度、母线高度、母线固定支持金具、母线滑动支持金具、母线伸缩线夹、母线接地器、隔离开关静触头安装位置；设备安装图要表示设备外形及尺寸、设备基础及设备支架高度、设备底部安装孔孔径间距、一次接线板（材质、外形尺寸、孔径及孔间距），并说明安装件的加工要求，表示设备接地引线安装要求，对于有二次电缆进入的设备应表示二次电缆位置。

1.3.10　换流变：断面应详细标注设备、支架等中心线之间的距离，标注断面总尺寸；断面应标注管型母线的标高、设备安装支架高度，需要时标注设备高度；断面应标注各种必要的安全净距；换流变安装图应包括备用换流变的安装图，包括控制箱、油色谱在线监测装置安装，表示换流变铁芯、夹件和钢格栅的接地，表示换流变的固定方法，表示电缆埋管或者电缆槽盒；设备安装图中应表示一次接线板（材质、外形尺寸、孔径及孔间距），二次电缆接线位置，接地引线安装要求；换流变升高座及屏蔽罩通过换流变本体接地，应无其他接地线。

1.3.11　阀厅电气设备：审核各相设备名称、相序和安装单位号；要求表示各种必要的安全净距；充气式穿墙套管安装图应表示气体压力控制装置；设备基础、设备支架高度及设备底部安装孔孔径间距；二次电缆进入的设备应表示二次电缆位置；安装材料表应注明编号、名称、型号及规格、单位、数量及备注，所需材料按设备数量成套统计。

1.3.12　避雷器计数器朝向：避雷器的泄漏电流表/计数器应布置在易于运行人员观测的地方，宜尽量统一避雷器表计的安装高度。避雷器的防爆口不应指向泄漏电流表方向。

1.3.13　接待端子统一：全站接地端子（耳朵）应统一优化设计，使接地端子（耳朵）方向统一、高度统一、大小一致。

1.3.14　TA 编号：交流配电装置中 TA 的编号应与控制保护中 TA 的编号保持一致，确保后台 TA 事件的正确性。

1.3.15　金具搭接：换流站阀厅和直流场通流回路的设备、金具等端子板连接的搭接面积按照 DL/T 5222—2005《导体和电器选择设计技术规定》计算时，电流密度宜留有至少 1.2 倍裕度。

1.3.16　管母线夹：合理选择管母连接线夹，避免线夹偏小导致连接线与管母金具碰触发热。

1.3.17　电抗器接地：平波电抗器、PLC 电抗器等干式电抗器构架、接地不应形成金属闭环。

1.3.18　换流变固定：换流变固定原则上采用预埋铁焊接方式，如厂家确需采用螺栓连接方式，则在方案中需要考虑由于施工造成的安装螺栓对位不准造成设备安装不便的问题。

1.3.19　悬挂设备管母设计：设备以悬挂方式连接在管母线上时，应尽量减少管母跨度，降低管母挠度。

1.3.20　隔离开关机构箱设计：±800kV 隔离开关采用成品字形的三支柱支撑，机构箱布置在三支柱中间，机构箱设置有前门和侧门，应避免机构箱的前门正对其中一根支柱，导致开门空间较小，运行人员操作不方便。此外，机构箱应固定牢固，避免运行过程中移

位引发故障。

1.3.21　站用电直流系统网络：站用直流系统馈出网络应采用辐射状供电，不得采用环状供电方式，以防发生直流接地时增加直流接地的范围，加大跳闸回路误出口的可能性。

1.3.22　站用电直流系统网络：站用直流系统的三台充电装置的交流电源宜来自站内不同 10kV 母线；两套独立的 UPS 系统交流电源应取自站内不同 10kV 母线段。

1.3.23　站外电源线设计：站用电站外进线应设置进线刀闸，以方便该条支路相应设备检修。

1.3.24　站用电系统：核各站用变压器引接电源、高压侧、中压侧设备参数、低压侧的接线及运行方式；审核站用电系统至换流阀内冷、换流阀外冷、阀厅空调、控制楼空调、各动力箱（屏）、照明箱、消防泵等重要负荷的引接方式；审核各段母线回路排列、回路名称、设备的型号规格及参数、电缆编号、型号及规格、开关柜外形尺寸；审核站用变压器容量、导体、元器件参数和电缆的选择计算；是否对站用电回路的保护配置和导体电缆规格按短路电流水平进行回路电压降、热稳定、保护灵敏度校验。

1.3.25　防雷及接地：审核被保护物及避雷针（线）的相对位置尺寸，避雷针（线）编号，高度及其保护范围；独立避雷针（线）及构架避雷针（线）数量、位置、针（线）高、保护范围的计算结果；审核主接地网、集中接地体及设备引下线等材质及截面选择计算；审核接地电阻、接地网的地电位升、接触电势及跨步电压等计算。当接地电阻、地电位升、最大接触电势或跨步电压不满足要求时应按照采取解决措施后的条件进行验算；审核主接地网、加强接地网及集中接地装置的水平接地体和垂直接地体的布置，主接地网网格尺寸，换流站大门和控制楼入口处地下的均压措施；阀厅接地引上点及地干线的走向布置，与主接地网的连接点及引接方式；阀厅钢结构接地点、地面屏蔽网及墙体屏蔽网接地连接点及引接方式；审核 GIS、H–GIS 设备、高土壤电阻率地区等特殊接地方式的接地布置及安装要求；审核主接地网过道路、电缆沟等的敷设要求，以及对接地网敷设层的要求；审核临时接地端子型式、加工制作方法、制作所需材料及其施工注意事项；审核接地引入集中接地装置连接点详图以及接地体搭接、延长等安装详图。

1.3.26　电缆及其设施：审核换流站站区、各级配电装置、阀厅、控制楼、继电器小室以及辅助建筑物内电缆沟、电缆桥架、防火设施及电缆敷设路径的布置；审核电缆沟“十”“T”型接口处所采取的支架加强设施；审核阀厅、控制楼各楼层、继电器小室电缆出入口屏蔽模块的布置、规格、数量及其汇总；要求电缆清册中表示出每根电缆的编号、规格、始点位置、终点位置、长度，并计列厂家供货的电缆（单独计列），以供施工单位核算安装工作量。

1.3.27　照明：审核照明电源系统、工作及事故照明电源系统、动力系统的供电方式及运行方式，审核各配电箱名称、型号、进线回路工作容量、工作电流、开关规格和型号、导体规格和型号等；要求照明箱、灯具位置，照明回路、照明灯数量、容量、安装高度、导线和电缆敷设路径、导线根数及截面，穿管及电缆敷设的图例说明表示完整。

1.3.28　照明：所区照明方式是否与初步设计审批文件一致。所内各个区域的照明方式及照明种类设置是否合理，是否兼顾了远景规模。所内各个区域的光源、照明器的选择是否合理，是否满足要求。所内各个区域的照度是否满足要求。负荷统计是否准确。所区照明检修电源系统是否合理，是否满足要求。照明线路的截面是否满足线路计算电流、电压损失、机械强度以及与保护装置之间的配合要求。所内各个区域的照明是否均进行了设计，不能遗漏，尤其是大门的照明。

1.3.29 照明回路：照明的远方控制回路相关的接触器及辅助接点应配备齐全。

1.3.30 主接地网施工图：校验接地体敷设、安装详图是否与本工程一致。校验室内接地网布置是否合理，与户外或者上（下）曾接地网的连接是否合理。校验接地网网格尺寸以及布置位置是否合理、可行。

1.3.31 螺栓匹配：设备预埋件及构支架预留螺栓孔应与设备固定螺栓规格相匹配。

1.3.32 设备支架安装：对随设备支柱一体加工的隔离开关机构箱固定基座误差提出要求，以保证隔离开关垂直拉杆的垂直度。

1.3.33 设备支架安装：设备支架柱（杆）头板的几何形状与尺寸，不得影响电缆穿管与设备接线盒的连接；混凝土环形杆杆头板加筋肋的位置不得影响接地扁铁的焊接。

1.3.34 设备支架基础：设备支架柱（杆）的基础应不影响操作机构箱电缆穿管的顺畅穿入。

1.3.35 接地端子：对设备厂家设计的本体接地端子，设计应提出满足变电站设备接地引线搭接面积的要求。

1.3.36 绝缘子污秽等级：根据工程所在地的污染等级合理配置绝缘子的污秽等级、爬距等。

1.3.37 设备选型：设备的性能参数（额定电流、电压，短路电流、电压等）除满足正常工作时可靠运行要求，还要满足发生故障时不致产生损坏，开关设备还必须具备足够的断流能力，并适应所处位置（户内或户外）、环境温度、海拔高度、以及防火、防尘、防爆、防腐、防风沙等环境条件。

1.3.38 电流互感器：电流互感器极性方向是否与主接线一致。

1.3.39 避雷针、避雷线：避雷针、避雷线的保护角、保护范围是否满足要求。

1.3.40 架空线：架空线挂点位置挂环大小是否与U型挂环匹配。

2. 电气二次

2.1 一般要求

2.1.1 屏柜布置：二次线专业的屏柜统一规划布置（直流屏、蓄电池、UPS柜、极1极2控制保护柜、公用柜、端子排等）。

2.1.2 监控配置：计算机监控系统的配置要求，与监控厂家的配合，其他辅助系统、直流系统、保护等的接口配合。

2.1.3 等电位地网：二次线专业各分册与系统保护、远动分册间的配合；各继电器小室、主控室、计算机室及极控制保护室应按照反措要求采用单独铜接地网与主接地网一点连接。

2.1.4 扩建：各继电器小室、主控室、计算机室及极控制保护室布置屏位要留有足够的备用，不仅要考虑最终规模的要求，还要考虑扩建的可能。

2.1.5　保护装置电源：两套保护装置的交流电压、交流电流应分别取自电压互感器和电流互感器互相独立的绕组，其保护范围应交叉重叠，避免死区。

2.1.6　非电量保护节点信号：非电量保护跳闸节点和模拟量采样不宜经过中间元件转接，应直接接入控制保护系统或直接接入非电量保护屏。

2.1.7　动力、控制电缆敷设：换流站内动力、控制电缆尽量不同沟分开敷设，如果同沟宜不同侧，如果同侧宜采用防火墙隔板等措施。

2.1.8　二次与主接线：需核实电压互感器、电流互感器配置应与二次要求一致，包括次级数、额定变比、次级精度、容量等；对于电流互感器还需注意 P1、P2 极性应与电气二次的要求一致；核实换流变压器连接组别应与二次一致；核实设备安装代号应与二次一致。

2.1.9　电流互感器：电流互感器的二次回路应只有一点接地，宜在就地端子箱接地，几组电流互感器有电路直接联系的保护回路，应在保护屏上经端子排接地。

2.1.10　电压互感器：电压互感器的一次侧隔离开关断开后，其二次回路应有防止电压反馈的措施；电压互感器的接地点宜设在保护室。

2.1.11　继电保护：两套保护装置的交流电流应分别取自电流互感器互相独立的绕组；交流电压宜分别取自电压互感器互相独立的绕组。其保护范围应交叉重叠，避免死区；两套保护装置的直流电源应取自不同蓄电池组供电的直流母线段。

2.2　换流变压器二次线

2.2.1　厂家配合：根据换流变厂家资料进行控制接线设计。特别要注意的是与计算机监控系统、保护装置的接点引接的配合。与主接线核对进行测量部分电流电压回路的设计。

2.2.2　电流电压回路：主接线图配合 TA、TV 的配置，核对其极性正确性。

2.2.3　保护配合：根据保护的要求注意与继电保护专业（失灵保护、母线保护、失灵起动等）的配合。注意与极控极保护的电流电压回路，跳闸闭锁换流阀接口的配合。

2.2.4　一致性：电缆清册内电缆截面、芯数、去向是否与图纸一致，并无遗漏。二次安装设计强、弱电电缆是否分开。

2.2.5　一致性：换流变端子箱与换流变端子箱安装基础相一致。

2.3　滤波器二次线

2.3.1　配合：注意的是与计算机监控系统的接点引接的配合。

2.3.2　电流电压回路：与主接线核对进行测量部分电流电压回路的设计（表计的配置按规程执行）。进行保护及录波部分电流电压回路的设计。

2.3.3　设备配合：与配电装置之间相互引用的接点、回路编号及电缆联系要互相配合好，不要漏项或互相对不起来。

2.3.4　联锁：注意隔离开关接地刀闸的配置及联锁情况，做好防误操作闭锁回路。

2.3.5　电缆走向：注意本专业各分册间配合以避免电缆去向错误。

2.3.6　故障录波：滤波器小组中的各 TA 电流量均应进录波，不要遗漏。

2.4　极控及换流阀二次线

2.4.1　厂家配合：根据控制保护系统厂家资料和 VBE 厂家资料进行 VBE 接口回路接

线设计。

2.4.2　电源独立：控制保护柜装置电源，信号电源应独立提供。

2.4.3　保护配置：换流阀冷却控制保护系统至少应双重化配置，并具备完善的自检和防误动措施。作用于跳闸的内冷水传感器应按照三套独立冗余配置，每个系统的内冷水保护对传感器采集量按照“三取二”原则出口。控制保护装置及各传感器电源应由两套电源同时供电，任一电源失电不影响控制保护及传感器的稳定运行。当阀冷保护检测到严重泄漏、注水流量过低或者进阀水温过高时，应自动闭锁换流器以防止换流阀损坏。

2.5　直流场二次线

2.5.1　厂家配合：确认断路器、隔离开关厂家资料是否满足计算机监控系统的要求，并根据断路器厂家资料及监控装置资料进行断路器控制回路的设计。

2.5.2　一致性：断路器、隔离开关装设位置，TA、TV 的数量，变比，准确等级，二次线线圈数量、装设位置是否与主接线图一致，是否满足控制保护的要求。

2.5.3　回路设计：跳、合闸回路是否与一次设备操动机构一致。是否设有防跳回路。防跳回路在机构箱与操作箱内是否重复设置。控制图是否设有电源监视、跳合闸回路完整性监视。

2.5.4　寄生回路：图中接点开闭位置应正确，图中有无寄生回路。

2.6　站用电二次线

2.6.1　一致性：核对图中 TA、TV 的数量，变比，准确等级，二次线线圈数量、装设位置是否与主接线图一致，是否满足保护、自动装置和测量仪表的要求。

2.6.2　回路设计：跳、合闸回路是否与一次设备操动机构一致。是否设有防跳回路。防跳回路在机构箱与操作箱内是否重复设置。控制图是否设有电源监视、跳合闸回路完整性监视。

2.6.3　寄生回路：图中接点开闭位置应正确，图中有无寄生回路。

2.6.4　回路接地：核对电流互感器，电压互感器回路的接地。核对电流回路，电压回路电缆截面选择是否满足要求。

2.6.5　一致性：设备表内设备符号、编号、数量、规范是否与展开图一致。

2.6.6　回路设计：图纸间端子排电缆联系是否正确。联锁回路是否采用继电器常开接点，以防在熔断器熔断时造成联锁回路误动作。

2.7　直流系统

2.7.1　直流回路设计：校核直流系统图与计算书内容是否一致。

2.7.2　保护配合：直流系统图是否有防止二组蓄电池长期并列的措施，并且在切换时不会暂时失电。校核信号、测量等与监控系统的接口是否满足要求。校核保护电器选择的上、下级配合是否符合要求，避免越级跳闸。

2.7.3　电缆截面：校核电缆截面的选择是否满足压降要求。

2.7.4　蓄电池：直流屏、蓄电池的布置是否满足规程要求的距离。直流屏室、蓄电池室对建筑、暖通等专业的要求是否满足规程及设备的要求。蓄电池室内电缆埋管是否遗漏、

位置是否正确。直流系统各图与厂家资料是否一致。直流各馈线的地点是否正确。

2.7.5　回路设计：电缆清册内电缆截面、芯数、去向是否与图纸一致，并无遗漏。

2.7.6　直流负荷：直流负荷提电气二次专业应完整，容量应满足应急照明要求，应包括主控室长明灯负荷。

2.8　交流不停电电源

2.8.1　复核计算：根据施工图阶段的 UPS 负荷资料进行 UPS 系统设备复核计算。旁路输入是否经过隔离变压器（对 220VAC）或降压变压器（对 380VAC）。

2.8.2　接口：校核信号、测量等与监控系统的接口是否满足要求（例如通信接口是否满足通信规约的要求）。

2.8.3　一致性：UPS 系统各图与厂家资料是否一致。注意 UPS 系统三路电源的引接。电缆清册内电缆截面、芯数、去向是否与图纸一致，并无遗漏。

2.8.4　切换装置：UPS 两段母线间不配置自动切换装置，避免当一段馈线故障时，自动切换装置将运行正常的母线切换至故障馈线，导致两路 UPS 均失电。

2.9　阀冷却系统二次线及安装接线图

2.9.1　一致性：图中的控制设备装设位置是否与主接线图一致，是否满足控制和测量的要求。

2.9.2　冗余配置：各控制量及测量信号是否采用冗余配置。

2.10　计算机控制系统订货及安装图

2.10.1　厂家配合：确认计算机控制保护系统厂家资料。负责计算机控制保护系统相关分册的协调配合。

2.10.2　供货方：明确计算机控制保护系统所有网络电缆的供货方，特别是继电器室到主控制室的光缆。一般要求监控厂家提供全部网络电缆，继电器室到主控制室的光缆应留有备用芯并要求穿保护管敷设。

2.10.3　测点清册：测点清册是否按不同类型的测点分类统计，测点清册表中各项填写得是否与各分册图纸相符。光缆及线缆清册内芯数、去向及长度应注明，并无遗漏。

2.11　火灾报警系统设计

2.11.1　厂家配合：根据使用环境，选择火灾报警探测器的类型。根据建筑物的结构、面积布置火灾报警探测器和报警设备。与火灾报警系统厂家配合提出火灾报警系统的组屏方案及设备安装要求。确认火灾报警系统厂家资料，提出与其他系统的配合要求。提出火灾报警系统自动灭火装置的连锁控制条件。

2.11.2　防火区域：应根据工程情况，将变电站划分防火区域，各区域之间要设有隔离模块。

2.11.3　接口：应明确与计算机监控系统、图像监视系统与火灾报警系统的接口方式，确认火灾报警系统所配置的接口设备的通信口是否满足要求。

2.11.4　联动：应明确火灾报警系统与视频、空调、风机和消防水泵的联动及信号。

2.11.5　跳闸：明确阀厅火灾报警跳闸功能，阀厅 VESTA 的最高级别告警信号，紫外线火线探测器报警信号，应接入直流控制保护系统，系统经过“三取二”逻辑判断后，立即发出阀厅闭锁指令，使阀厅换流阀闭锁。

2.11.6　预留节点：电气设备间配电箱需核实应预留火灾报警远方控制接点。

2.12　图像监控系统设计

2.12.1　接口：应明确计算机监控系统、火灾报警系统与图像监视系统的接口方式，确认图像监视系统所配置的接口设备的通信口以及联动要求。

2.12.2　设备安装：站区安防设备的安装应注意围墙是否有台阶，根据实际情况选择安防设备型号和数量。

2.13　GPS 对时系统

2.13.1　预留：注意主时钟柜及扩展柜配置是否满足本期工程需要。主时钟柜及扩展柜上的对时输出量是否满足控制及保护设备的需要，并留有一定的备用。

2.13.2　北斗：GPS 对时方式支持中国北斗卫星导航系统。

2.14　换流变泡沫消防系统采购及安装

2.14.1　功能：泡沫消防系统自动灭火装置的连锁控制条件。

2.14.2　3C：检查泡沫消防系统自动灭火装置型号是否满足 3C 要求。

2.14.3　阻燃：所有连接电缆的敷设要求采取阻燃措施。

2.15　直流测量接口装置

2.15.1　接口：注意各测量量是否满足保护系统及故障录波的接口要求。

2.15.2　电缆选择：不同的输出量公用一根电缆时应采用双对芯屏蔽电缆。

2.15.3　电源独立：A/B 系统或 A/B/C 系统的电源及输入输出回路是否完全独立。

2.16　电缆敷设

2.16.1　电缆通道：室外电缆进入泵房时宜采用电缆桥架从室外地坪以上进入，避免雨水从地下开孔处渗入泵房内。水泵房内电缆通道宜采用电缆桥架架空敷设，不宜设置电缆沟，以避免电缆沟内积水。

2.16.2　电缆通道：所内电缆及电缆构筑物的防火方式是否与初步设计审批文件一致。所内各个区域电缆构筑物的选择、尺寸及布置是否合理，是否兼顾了远景规模。对各种类型电缆在电缆构筑物中的排列顺序、电缆之间的距离要求、电缆敷设深度、电缆及电缆的弯曲半径要求以及电缆防火要求等是否进行了说明。核对各电气设备的电缆进孔位置，检查各电缆保护管的埋设位置是否合理。各区域电缆防火方式是否合理、电缆防火封堵的设置是否满足防火要求、是否兼顾了远期扩建的方便，在换流站中应用的电缆防火封堵型式均应有详细的安装详图。电缆埋管是否有遗漏。

2.16.3　直流电缆：直流系统的电缆应采用阻燃电缆，两组蓄电池的电缆应分别铺设在各自独立的通道内，尽量避免与交流电缆并排铺设，在穿越电缆竖井时，应加穿金属套管。

2.16.4　电缆清册：电缆清册应完整齐备，特别是二次专业提供的相关电缆。

2.16.5　电缆清册：电缆清册内电缆截面、芯数、去向是否与图纸一致，并无遗漏。

2.16.6　电缆沟：电缆沟安装支架后，底部及顶部距离是否满足规范要求。

2.16.7　电缆埋管、电缆敷设路径：电缆埋管、电缆敷设路径是否合理，是否有全部通道布置不均匀的现象。

2.16.8　二次回路：审查二次回路正确性，是否存在漏设现象，是否存在一根电缆一端接入端子一端悬空的现象。

2.16.9　端子排：端子排电缆设计，强、弱电电缆是否分开。